U0914749

核电厂物理热工

主　编　杨兰和

副主编　戚屯锋

中国原子能出版社

图书在版编目(CIP)数据

核电厂物理热工/杨兰和主编．—北京：中国原子能出版社，2012.1

ISBN 978-7-5022-5431-5

Ⅰ．①核…　Ⅱ．①杨…　Ⅲ．①反应堆—热力工程　Ⅳ．①TL33

中国版本图书馆 CIP 数据核字(2012)第 010076 号

内 容 简 介

本教材以 CP600 核电厂压水堆核电厂为例，系统地阐述了核电厂物理热工主要内容和方法。共分为 13 章，包括反应堆物理基础、反应堆动力学理论、反应性系数、反应性的控制、反应堆功率及其分布、堆芯裂变产物和毒物、反应堆启动与停堆、反应堆物理试验与堆芯监督(调试物理试验、启动物理试验和定期物理试验等)、反应堆热工水力、核电厂效率与热力系统性能分析、堆芯燃料管理和换料设计等相关内容。

本教材对反应堆物理热工的介绍涵盖了基础理论知识和 CP600 核电厂压水堆核电厂实际运行经验两个方面，实现了理论和实践相结合。因此，教材可作为理工科大专院校相关专业师生和核电专业新员工的培训教材或参考用书，也可作为核电行业从事反应堆物理热工相关工作人员提高的岗位培训教材和参考资料。

核电厂物理热工

出版发行　中国原子能出版社(北京市海淀区阜成路 43 号　100048)
责任编辑　刘　岩
技术编辑　丁怀兰　王亚翠
责任印制　潘玉玲
印　　刷　保定市中画美凯印刷有限公司
经　　销　全国新华书店
开　　本　787mm×1092mm　1/16
印　　张　15.25　　**字　数**　384 千字
版　　次　2012 年 3 月第 1 版　2012 年 3 月第 1 次印刷
书　　号　ISBN 978-7-5022-5431-5　　**定　价**　**75.00 元**

网址：http://www.aep.com.cn　　**E-mail：atomep123@126.com**
发行电话：010-68452845

中国核工业集团公司
核电培训教材编审委员会

《核电厂物理热工》
编　辑　部

主　　编： 杨兰和

副 主 编： 戚屯锋

校　　审： 张兴田　秦建华　叶丹萌

编　　写： 潘泽飞　叶国栋　詹勇杰　代前进　汪聪梅
何子帅　张佶翱　项骏军　纵　骋　刘　臻
高永恒　王勇智　杨卓芳

编　　辑： 潘泽飞　詹勇杰　叶国栋　黄洁琳　廖兰蜀

统　　审： 程建秀　丁建国

总　序

核工业作为国家高科技战略性产业，是国家安全的重要基石、重要的清洁能源供应，以及综合国力和大国地位的重要标志。

1978年以来，我国核工业第二次创业。中国核工业集团公司走出了一条以我为主发展民族核电的成功道路。在长期的核电设计、建造、运行和管理过程中，积累了丰富的实践和理论经验，在与国际同行合作过程中，实现了技术和管理与国际先进水平相接轨，取得了骄人的业绩。

中国核工业集团公司在三十多年的核电建设中，经历了起步、小批量建设、快速发展三个阶段。我国先后建成了秦山、大亚湾、田湾三大核电基地，实现了我国大陆核电“零”的突破、国产化的重大跨越、核电管理与国际接轨，走出了一条以我为主，发展民族核电的成功之路。在最近几年中，发展尤为迅猛。截至2008年底，核电运行机组11台，装机容量907.82万千瓦，全部稳定运行，态势良好。

进入新世纪，党中央、国务院和中央军委对核工业发展高度重视、极为关怀，对核工业做出了新的战略决策。胡锦涛总书记指出：“无论从促进经济社会发展看，还是从保障国家安全看，我们都必须切实把我国核事业发展好”。发展核电是优化能源结构、保障能源安全、满足经济社会发展需求的重要途径。2007年10月，国务院正式颁布了《核电中长期发展规划(2005—2020年)》。核电进入了快速、规模化、跨越式发展的新阶段。

在中国核电大发展之际，中国核工业集团公司继续以“核安全是核工业的生命线”的核安全文化理念和“透明、坦诚和开放”的企业管理心态，以推动核电又好又快又安全发展为己任，为加速培养核电发展所需的各类人才，组织核电领域专家，全面系统地对核电设计、工程建造、电站调试、生产准备和生产运营等各阶段的知识进行了梳理，构造了有逻辑性、系统性的核电知识体系，形成了覆盖核电各阶段的核电工程培训系列教材。

这套教材作为培养核电人才的重要工具，是国内目前第一套专业化、体系化、公开出版的核电人才培养系列教材，有助于开展培训工作，提高培训质量、节约培训成本，夯实核电发展基础。它集中了全集团的优势，突出高起点、实用性强，是集团化、专业化运作的又一次实践，是中国核工业50余年知识管理的积淀，是中国核工业10万人多年总结和实践经验的结晶。

21世纪是“以人为本”的知识经济时代，拥有足够的优秀人才是企业持续发展的重要基础。中国核工业集团公司愿以这套教材为核电发展开路，为业界理论探讨、实践交流提供参考。

我们要继续以科学发展观为指导，认真贯彻落实党中央、国务院的指示精神，积极推进核电产业发展。特别是要把总结核电建设经验作为一项长期的工作来抓，不断更新和完善人才教育培训体系。

核电培训系列教材可广泛用于核电厂人员培训，也可用于核电管理者的学习工具书，对于有针对性地解决核电厂生产实践和管理问题具有重要的参考价值。

中国核工业集团公司总经理 孙勤

2009年9月9日

前　言

反应堆物理和反应堆热工水力知识作为从事核电厂反应堆运行和燃料管理最为重要的基础理论课程之一，对于理解和掌握核电厂反应堆运行的工作原理和反应性变化的各种物理现象，以及其特性有着非常重要的意义和作用。反应堆物理理论可以精确描述堆芯中子与各种物质原子核的相互作用过程，反应堆热工水力理论可以精确描述堆芯中的裂变核能的传热、输热过程。

为了更好地指导压水堆核电厂开展反应堆物理和反应堆热工水力的相关工作，充分了解和掌握基本的核物理理论、反应堆物理、反应堆热工水力、堆芯换料设计、反应堆物理试验，以及这些方面的工作内容，特编制本教材。本教材以 CP600 核电厂物理热工岗位人员所从事工作为基础，全面介绍加压轻水型核电厂反应堆物理热工岗位所涉及反应堆物理和反应堆热工水力技术工作的基本概念和知识，同时阐述了核电厂反应堆物理、反应堆热工水力和堆芯燃料管理工作的主要原理和基本方法。正确理解和准确掌握反应堆物理和反应堆热工水力基本理论和工作方法是确保核电厂安全、稳定和经济运行的基础。

教材共分 13 章。第 1 章总体概述，介绍了核电厂物理热工相关的主要工作。第 2 章至第 9 章介绍了核电厂反应堆物理的相关知识，包括反应堆物理基础、动力学基础、反应性系数、反应性控制、反应堆功率及其分布、裂变产物的产生与中毒、反应堆启动与停堆、反应堆物理试验。第 10、11 章介绍了核电厂反应堆热工水力的相关知识，包括了反应堆热工水力基础和核电厂热力系统的效率与性能分析。最后第 12、13 章结合核电厂的工作实践，介绍了电厂燃料管理的相关知识，包括堆芯燃料管理基础知识和堆芯换料设计的相关基础知识。

本教材的编写人员主要有潘泽飞、詹勇杰、叶国栋、何子帅、汪聪梅、刘臻、张信翱、代前进、项骏军、纵骋、高永恒等，校审人员主要有张兴田、秦建华等，并得到了核电秦山联营有限公司培训教育委员会和外部专家的指导，在此一并表示感谢！

根据核电基础理论培训要求，本教材为压水堆核电厂从事反应堆物理、热工水力和堆芯燃料管理岗位工作人员编写的、通用的基础理论培训教材。教材可作为理工科大专院校反应堆工程相关专业师生和核电厂相关专业新招收员工的专业培训教材或参考用书，也可作为核电行业从事反应堆运行的操纵人员、反应堆物理热工相关工作的技术人员和核电厂生产管理相关工作人员等，在提高其岗位专业知识和技能等方面的培训教材和参考资料。

由于编者均为核电厂生产一线的工作人员，受自身的知识水平所限，书中难免有片面、不妥，甚至谬误之处，恳请广大读者提出宝贵意见。

编　者

2011 年 9 月

目　　录

第 1 章　概　述

第 2 章　反应堆物理基础

第 3 章　反应堆动力学

第4章 反应性系数

第5章 反应性的控制

第6章 反应堆功率及其分布

第 7 章 裂变产物的产生与中毒

第 8 章 反应堆启动与停堆

第9章 反应堆物理试验与堆芯监督

第 10 章　反应堆热工水力基础

第 11 章　核电厂效率与热力系统性能分析

第 12 章 堆芯燃料管理

第 13 章　堆芯换料设计基础

第1章 概 述

1.1 反应堆物理热工简介

核电是人类利用原子核裂变过程中释放的核能来发电的一种新型能源，它开辟了人类大规模和平利用核能的新时代。

核反应堆是核电厂的心脏，它是一种能以可控方式产生自持链式裂变反应的装置。在这个由核燃料、冷却剂、慢化剂、结构材料和中子吸收材料等组成的堆芯中，承载着中子与堆内各种物质原子核的相互作用，承载着将核裂变产生的核能向堆内冷却剂热能转换的传热过程，承载着冷却剂将热能传出堆芯的输热过程。在这个复杂的能量形式转换过程中，反应堆物理和反应堆热工水力是其最为重要的理论基础之一，同时也是核电厂从事反应堆物理、热工水力和堆芯燃料管理工作的主要工作内容。

反应堆物理理论包括涉及反应堆物理相关的原子核物理基础知识、中子与原子核的各种相互作用、中子在堆内的产生、慢化、吸收、泄漏和输运的运动规律，反应堆临界理论、反应性及反应性系数概念、反应性随时间的变化及其控制、堆芯各种核素的产生和消耗过程、中子动力学方程，以及堆芯燃料管理等内容。反应堆热工水力理论包括反应堆内的热源产生及其分布，燃料元件的传热及其温度分布，堆芯热量在一回路冷却剂系统中的传输过程，流体在堆内输热过程的特征和主要的物理性质，堆芯冷却剂流量的分配，以及反应堆热工水力设计准则等内容。

核电厂的物理热工是对反应堆物理和反应堆热工水力理论的一种工程应用，因而本教材更偏重于应用性方面。从反应堆物理工作来说，在核电厂反应堆的运行过程中，特别关注的是对反应堆，或者说是对堆芯反应性的控制上，这涉及反应堆的动力学、各种反应性系数、裂变毒物的产生和消耗，以及反应性的控制手段、反应堆的启停堆控制等等。从核电厂热工工作来说，主要关注堆芯的热功率的测量与控制、堆芯功率分布及对热工、安全参数的影响等。同时，对于核电厂而言，热工知识还包括了二回路的热平衡理论，以及电厂热力系统的效率和性能分析等内容。

1.2 CP600 核电厂物理热工工作内容

由于各核电厂在反应堆物理热工岗位的职责设置和分工不同，因此其工作内容和工作范围也略有差异。CP600 核电厂物理热工岗位的职责和工作内容包括：反应堆物理试验、堆芯监督管理、反应堆热工水力、安全分析和堆芯燃料管理等工作。其中，反应堆物理试验分为反应堆启动物理试验和反应堆正常功率运行期间的定期物理试验；堆芯监督管理主要包括根据《核电厂运行技术规格书》的要求来监督反应堆的运行数据，并对这些运行参数进行管理和分析，同时提供反应堆运行过程中的各类反应性计算和技术支持等；反应堆热工水力和安全分析工作主要包括反应堆热功率的测量，堆芯热功率的计算，根据热平衡测量结果计算反应堆冷却剂流量，以及对涉及影响堆芯热功率和燃料组件功率的各种热工、水力运行参数和关键安全参数、安全裕量等进行管理和分析；堆芯燃料管理主要包括堆芯燃耗统计、燃料组件燃耗计算、换料堆芯设计管理和核材料衡算管理与控制等工作内容。

堆芯燃料管理工作涉及核电厂中长期的运行规划、电厂能量需求与堆芯燃料管理策略的研究、核燃料的利用以及核材料衡算等重要工作，是核电厂物理热工人员除物理、热工工作外另一方面极其重要的工作内容。

第2章 反应堆物理基础

核反应堆是一种能够实现自持链式核反应可控的裂变反应或聚变反应的装置，因而有裂变堆和聚变堆两种类型。迄今为止世界上已建成和广泛使用的反应堆都是裂变堆，聚变堆尚处于研究设计阶段。因此本书中核反应堆仅指核电厂普遍采用的类型——裂变反应堆。在反应堆内，中子与核燃料中的易裂变原子核相互作用，不断地发生裂变反应并释放出能量和中子。除了核燃料外，在反应堆中还有冷却剂、慢化剂、结构材料和中子吸收体等材料存在。要将反应堆由次临界状态启动到临界，再提升至一定的功率水平，并自动保持在给定的功率水平上运行，或对反应堆实行事故保护、停止链式反应并使反应堆进入次临界状态，都必须调节反应堆内的中子平衡、中子注量率水平以及维持合理的中子注量率分布。我们可以用增殖系数和反应性来描述一个反应堆系统的核物理特性。本章将阐述裂变链式核反应、裂变能、裂变产物和反应堆的临界概念，包括增殖系数、中子注量率分布、临界方程及中子注量率与反应堆功率的关系等问题。

2.1 核裂变

核反应堆内的主要核过程是中子与核反应堆内的各种核素的相互作用的过程。中子与原子核的相互作用的方式有三种：势散射、直接相互作用和复合核的形成。这些相互作用可引起下列核反应：(n，γ)、(n，α)、(n，β)、(n，f)、(n，p)、(n，n)等。核裂变(n，f)是反应堆内最重要的中子与核相互作用的过程。它的重要性在于：核裂变过程有大量的能量释放出来，同时释放出中子。这就有可能在适当的条件下使这一反应自动地持续下去，从而能够连续不断地释放出大量的能量和多个中子。

在反应堆物理分析中研究中子与原子核的相互作用时，通常按中子的能量把它们分为：① 快中子(0.1 MeV以上)；② 超热中子(1 eV～0.1 MeV)；③ 热中子(1 eV以下)。

2.1.1 裂变反应

一个中子轰击一个重核，重核被分成两个或三个中等质量数的裂变碎片的核反应称作裂变反应(三裂变碎片极少)。在这种核反应过程中，靶核俘获一个中子形成一个复合核，并在极短的时间内分裂成两个碎片，同时放出2至3个中子和释放出大量的能量。目前，热中子反应堆内最常用的核燃料是裂变同位素铀-235。其裂变反应如下：

$$^{235}_{92}U + ^{1}_{0}n \rightarrow ^{A1}_{Z1}X + ^{A2}_{Z2}X + \nu ^{1}_{0}n + W \quad (2\text{-}1\text{-}1)$$

式中：$^{A1}_{Z1}X$、$^{A2}_{Z2}X$——中等质量数的核，称作裂变碎片；

ν——每次裂变平均放出的中子数；

W——表示裂变释放的能量。

2.1.2 裂变产物与裂变中子

(1) 裂变产物

核裂变反应的一个重要结果是产生裂变碎片和放出裂变中子。核裂变的方式有很多种，其绝大多数反应是裂变成两个碎片。裂变碎片的质量-产额曲线如图 2-1-1 所示，从图中可以看出，引起裂变的中子能量不同，曲线的形状也是不同的。对于热中子裂变来说，目前已发现有 80 种以上的裂变碎片，这说明铀-235 核差不多要以 40 种以上的不同裂变途径裂变，裂变碎片的质量数大约分布在 72～161 之间。对称裂变(两个碎片的质量相等，如 $A=118$)的产额对热中子裂变只有 0.01%；非对称裂变的最大产额为 6%(两个碎片的质量数分别为 95 和 139)。

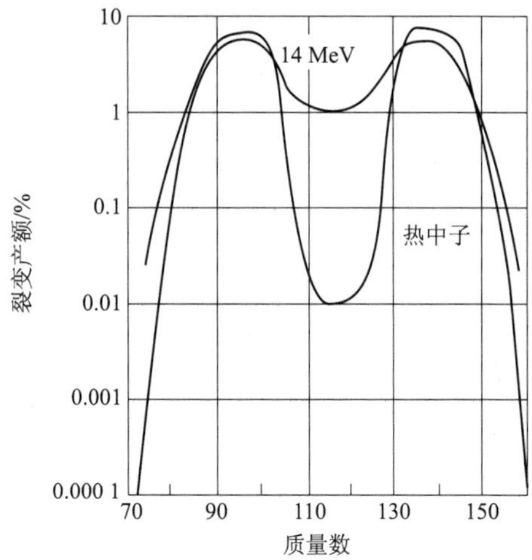

图 2-1-1 铀-235 核裂变碎片的质量-产额曲线

几乎在所有的情况下，这些裂变碎片都是丰中子(质子)素，具有过大的中子-质子比，极不稳定。它们通常要经过一系列的 β 衰变，将过剩的中子(质子)转变为质子(中子)才成为稳定核。裂变碎片和它们的衰变产物都叫做裂变产物。裂变产物中有些核素，如氙-135 和钐-149，具有相当大的热中子吸收截面，它们将消耗堆内的中子，通常把这些中子吸收截面大的裂变产物叫做毒物。

由于裂变产物具有很强的放射性，主要是 β 和 γ 射线，且部分裂变产物半衰期较长，需要经过很长的时间才会逐步减弱下来。所以，增加了人们对它们的处理难度。

(2) 裂变中子

裂变中子是在裂变反应过程中放出的新的次级中子。裂变放出的中子数和裂变方式有关。在实际计算中需要的是每次裂变放出的平均中子数，一般用 $\nu(E)$ 表示。它的大小依赖于裂变核和引起裂变的中子能量，$\nu(E)$ 值由下式给出：

$$\nu_{235}(E)=2.416+0.133E \tag{2-1-2}$$

$$\nu_{239}(E)=2.862+0.135E \tag{2-1-3}$$

式中：E 为引起核裂变的中子能量，MeV。通常若热中子轰击铀-235，ν 值取 2.43(即每次裂变平均放出 2.43 个次级中子)；若热中子轰击钚-239，ν 值取 2.98(即每次裂变平均放出 2.98 个次级中子)。

在裂变反应放出的次级中子中，99%以上的裂变中子是在裂变瞬间(约 10^{-14} s)发射出来的，这些裂变中子叫做瞬发中子。它们的能量大约分布在从低于 0.05 MeV 到 10 MeV 相当大的范围内。另外，还有不到 1%的裂变中子(对于铀-235 裂变，约有 0.65%)是在裂变碎片衰变过程中发射出来的，把这些裂变中子叫做缓发中子。就是说，缓发中子的发射与裂变瞬间相比有一段时间延迟。通常按裂变发生到中子释放所经过的平均时间，一般可将轻水堆中的缓发中子分成六组。表 2-1-1 给出了铀-235 热中子核裂变时缓发中子的有关数据。

表 2-1-1　铀-235 核热中子裂变时缓发中子的数据

组	半衰期 T_i/s	能量/keV	产额 β_i	平均寿命 l_i/s
1	54.51	250	0.000 247	78.64
2	21.84	560	0.001 385	31.51
3	6.00	430	0.001 222	8.66
4	2.23	620	0.002 645	3.22
5	0.496	420	0.000 832	0.716
6	0.179	430	0.000 169	0.258

缓发中子在全部裂变中子中所占的份额用 β 表示：

$$\beta = \sum_i \beta_i = 0.006\,5 \tag{2-1-4}$$

缓发中子的平均寿命用 $\bar{l}$ 表示：

$$\bar{l} = \sum_i \beta_i l_i / \sum_i \beta_i = 12.74(\mathrm{s}) \tag{2-1-5}$$

6 组缓发中子先驱核的衰变常数 $\lambda_i = 1/l_i$。

表 2-1-1 中：β_i——第 i 组缓发中子在全部裂变中子(瞬发的＋缓发的)中所占的份额；

T_i——第 i 组缓发中子先驱核的半衰期。

由先驱核产生的缓发中子能量比裂变直接产生的瞬发中子能量低，因此缓发中子具有较小的中子泄漏概率，也即具有较高的价值。为了考虑两者价值上的差异，将先驱核第 i 群的份额乘以价值因子 I_i，可得到第 i 群有效缓发中子份额：

$$\bar{\beta}_{i\mathrm{eff}} = \bar{I}_i \cdot \beta_i \tag{2-1-6}$$

设对先驱核所有能群，其缓发中子平均价值都相同，则可给出总的有效缓发中子份额：

$$\bar{\beta}_{\mathrm{eff}} = \bar{I} \sum_{i=1}^{6} \beta_i \tag{2-1-7}$$

对于所考虑的可裂变同位素，每个先驱核的缓发中子份额一般来说是不同的，表 2-1-2 给出了秦山核电二期工程第一循环缓发中子的计算结果。

表 2-1-2　秦山核电二期工程 CYCLE 1 缓发中子数据

群	寿期初(BOL)		寿期末(EOL)	
	$\beta_i \times 10^5$	λ_i/s^{-1}	$\beta_i \times 10^5$	λ_i/s^{-1}
1	21.7	0.012 5	14.6	0.012 6
2	146.3	0.030 8	111.8	0.030 7
3	135.3	0.114 7	98.7	0.119 3
4	282.4	0.310 2	200.2	0.318 6
5	96.2	1.232 5	72.1	1.246 6
6	32.4	3.287 4	25.2	3.268
总计	714.3		522.6	
瞬发中子寿命/μs	25.43		25.97	

注：I=0.97。

虽然，缓发中子在裂变中子中所占份额很小，但它对反应堆的动力学过程却有非常重要的影响。

2.1.3 裂变能量

核裂变反应的另一个重要结果是释放出大量能量。根据裂变反应前后核素的质量亏损，可以计算出核裂变能。实验证明，每个铀-235 原子核裂变反应释放出的能量大约为 200 MeV。其中 80%的能量是以裂变碎片的动能形式释放出来的。裂变能量的大致分配方式如表 2-1-3 所示。

表 2-1-3 铀-235 核裂变释放的能量

能量形式	能量/MeV	发射时间
裂变碎片的动能	168	瞬发
裂变中子的动能	5	瞬发
瞬发 γ 能量	7	瞬发
裂变产物 γ 衰变能量	7	缓发
裂变产物 β 衰变能量	8	缓发
中微子能量	12	缓发
总计	207	

在反应堆内，核裂变产生的能量绝大部分以裂变碎片动能的形式出现，且都在核燃料内转换成热能。裂变中子本身有一部分将被堆内各种材料吸收，发生(n，γ)反应，放出 3～12 MeV 的能量。虽然这部分能量并不是核裂变直接放出来的，但它也是裂变带来的后果，并且这部分能量的绝大部分也是在堆内转变成热能，故而通常把它们也归入到裂变反应所释放出的可利用能量之内。由于中微子不带电，它几乎不与堆内任何物质作用。故而中微子所带有的 12 MeV 能量在核反应堆内是无法利用的。确切地讲，每次核裂变反应后所放出的可利用能量会随着反应堆的堆型而不同，一般计算时，可以近似地认为铀-235 核每次裂变，堆芯可利用的能量约为 200 MeV。可利用的裂变能量中约 97%是分配在燃料内，不到 1%(为 γ 射线能量)在堆屏蔽层内，其余能量则分配在冷却剂和结构材料内。可利用的能量中还包括了裂变产物衰变过程中放出的 γ 和 β 射线，但这部分能量的释放是有一段时间延迟，它们占总可利用能量的 4%～5%。反应堆一旦停止运行，裂变能量的大部分由于裂变反应的终止而不再释放，而由裂变产物的 β 和 γ 衰变放出的能量短时间内不会消失，并维持一个时期。因此，反应堆在停堆后仍然需要进行冷却和屏蔽。

2.2 链式裂变反应

2.2.1 自持链式裂变反应

从上面的讨论我们知道，当中子与裂变物质作用而发生核裂变反应时，裂变物质的原子核通常分裂为两个中等质量数的核(称为裂变碎片)。与此同时，还将平均地产生两个以上的新的裂变中子，并释放出蕴藏在原子核内部的核能。在适当的条件下，这些裂变中子又会引起周围其他裂变核素的裂变反应，如此连续不断地持续下去，这种核反应称为链式裂变反应。

如果每次裂变反应产生的中子数目大于引起核裂变反应所消耗的中子数目，那么一旦在少数的原子核中引起了裂变反应之后，就有可能不再依靠外界的作用而使裂变反应不断地进行下去，这样的核裂变反应称为自持链式裂变反应。核反应堆就是一种可控的自持链式裂变反应的装置，并能够以一定的速率将蕴藏在原子核内部的能量释放出来。

一个热中子反应堆要维持自持链式裂变反应的最低限度条件是：

(1) 一个可裂变物质的核(如铀核)俘获一个热中子产生裂变；

(2) 在新产生的中子中，至少有一个热中子被俘获，并再次引起另一个核的裂变。

但是，由于核反应堆是由核燃料、慢化剂、冷却剂以及结构材料等所组成的装置，所以在核反应堆内，并不是全部的裂变中子都能引起新的裂变反应，有一部分不可避免地要被堆内非裂变材料吸收和会从反应堆内泄漏损失掉。一个核反应堆能否实现自持链式裂变反应，取决于上述裂变、吸收和泄漏等过程中中子的产生率与消失率之间的平衡关系。

2.2.2 反应堆临界条件

核反应堆自持链式裂变反应的条件可以很方便地用有效增殖因子 k 来表示。它的定义为：对给定的系统，新生一代的中子数和产生它的直属上一代中子数之比，或中子的产生率与中子的消失率之比。即：

$$k=\frac{\text{新生一代的中子数}}{\text{直属上一代的中子数}} \tag{2-2-1}$$

或

$$k=\frac{\text{系统内中子的产生率}}{\text{系统内中子的总消失率(吸收+泄漏)}} \tag{2-2-2}$$

显然，有效增殖因子 k 与系统的材料成分、结构(易裂变同位素的富集度、燃料-慢化剂的比等)和反应堆的大小(中子的泄漏程度)有关。对于无限大介质的反应堆的增殖因子，可以用 k_∞ 表示。这时的中子泄漏率等于零，k_∞ 可表示成：

$$k_\infty=\frac{\text{系统内中子的产生率}}{\text{系统内中子的吸收率}} \tag{2-2-3}$$

对于有限大小的反应堆，总避免不了中子的泄漏。一般来说，堆芯愈大，不泄漏概率也愈大。为了维持反应堆的链式裂变反应，有限尺寸堆芯的临界条件为：

$$k_{\text{eff}}=k_\infty \times P_{\text{L}} \tag{2-2-4}$$

式中：P_{L}——总的不泄漏概率。

P_{L} 主要取决于反应堆堆芯的大小和几何形状，定义如下：

$$P_{\text{L}}=\frac{\text{系统内中子的吸收率}}{\text{系统内中子的吸收率+系统内中子的泄漏率}} \tag{2-2-5}$$

k_{eff}——有限大小反应堆的有效增殖系数，它等于某一代中每一个被裂变材料吸收的热中子所产生，而且能保留在反应堆内再被吸收的热中子数目。

即：

$$k_{\text{eff}}=\frac{\text{系统内中子的产生率}}{\text{系统内中子的总消失率(吸收+泄漏)}} \tag{2-2-6}$$

当：

$k_{eff}>1$，反应堆内产生的中子大于堆内消失的中子，系统内的中子数目将随时间而不断增加，反应堆为超临界，堆功率将随时间而增大；

$k_{eff}=1$，反应堆内产生的中子等于堆内消失的中子，系统内的中子数目将不随时间而增加，反应堆为临界，堆功率将保持在给定的功率水平上；

$k_{eff}<1$，反应堆内产生的中子小于堆内消失的中子，系统内的中子数目将随时间而不断减少，反应堆为次临界，堆功率将随时间而降低。

式(2-11)为反应堆的临界条件。因此，要使核反应堆维持自持链式裂变反应，首先必须要求 $k_\infty>1$。如果对于由特定材料组成和布置的系统，它的无限介质增殖因子 $k_\infty>1$。那么，对于这种系统必定可以通过改变反应堆堆芯的大小，找到一个合适的堆芯尺寸，恰好满足 $k_\infty P_L=1$，亦即反应堆处于临界。此时堆芯的尺寸称为临界尺寸，堆内所装载的核燃料数量称为临界质量。

反应堆临界尺寸的大小取决于反应堆的材料组成和几何形状。例如，对于采用浓缩铀的反应堆，它的 k_∞ 比较大，所以其不泄漏概率就可以小一点，仍然可以满足 $k_\infty P_L=1$ 的条件。这样，对于同等功率设计要求，用浓缩铀做燃料的核反应堆其临界尺寸必定小于用天然铀做燃料的核反应堆。决定临界大小的另一个因素是反应堆的几何形状，由于中子总是通过反应堆的表面泄漏出去，而中子的产生则发生在反应堆的整个体积中，因而，要减少中子的泄漏损失，也就是要增加不泄漏概率，就需要减少反应堆的表面积与体积之比。通常球形的表面积与体积之比最小，亦即球形反应堆的中子泄漏损失最小。然而，在实际工程上的动力核反应堆多数都被设计成圆柱形反应堆。

2.2.3 反应堆内的中子循环

在热中子反应堆中，由裂变反应产生的中子都是快中子，它们具有的能量最大平均约为 2 MeV。这些裂变中子在堆内运动过程中将与慢化剂的原子核发生碰撞，降低能量直到其能量与介质原子核热运动的动能平衡为止(亦即慢化成热中子)。这一过程称为慢化过程。这些热中子在介质内仍需要进行运动，通常称为热中子的扩散过程，最后被介质吸收，并引起新的裂变反应。如此代代循环，重复不已。热中子反应堆每代中子循环内中子数目的增减与平衡，主要取决于下列几个过程：

- 铀-238 的快中子倍增(快中子增殖系数 ε)；
- 燃料吸收热中子引起的裂变(每次吸收的中子产额 η)；
- 慢化剂以及结构材料等物质的辐射俘获(热中子利用系数 f)；
- 慢化过程中的共振吸收(逃脱共振俘获概率 p)；
- 中子的泄漏，包括：

—慢化过程中的泄漏(P_s)；

—热中子扩散过程中的泄漏(P_d)。

反应堆内中子数目的变化取决上述五种过程竞争的结果(如图 2-2-1 所示)。其中，前两个过程将使反应堆内的中子数目增加，后三个过程将使中子数目减少。下面将具体描述。

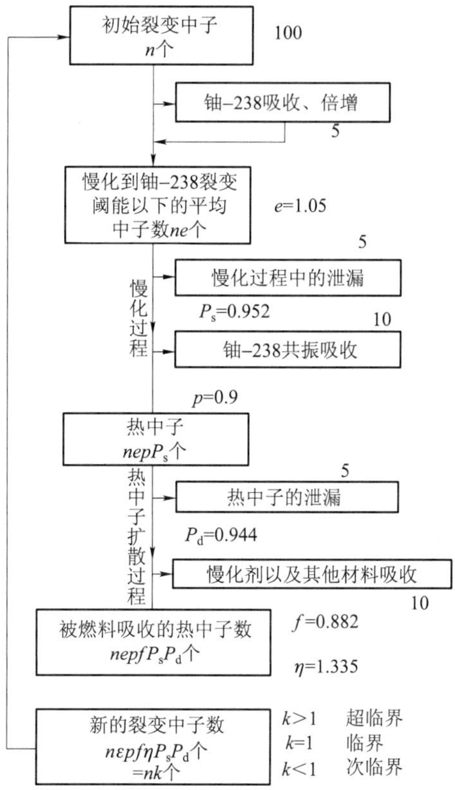

图 2-2-1　热中子反应堆内的中子平衡

(1) 快中子倍增系数 ε

定义：由所有各种能量的中子引起裂变而产生的快中子总数，与仅由热中子裂变而产生的快中子总数的比值。

$$\varepsilon=\frac{\text{所有各种能量的中子引起裂变所产生的快中子总数}}{\text{仅由热中子裂变所产生的快中子总数}} \tag{2-2-7}$$

(2) 有效次级中子数 η

定义：燃料每吸收一个热中子所产生的平均裂变中子数。由于燃料每吸收一个热中子引起裂变的概率为：Σ_f/Σ_a，若每次裂变所产生的平均裂变中子数为 ν，则显然有：

$$\eta=\frac{\Sigma_f}{\Sigma_a}\upsilon \tag{2-2-8}$$

式中：Σ_f、Σ_a——分别为燃料的宏观裂变截面和热中子宏观吸收截面；

υ——铀-235 每次裂变所产生的平均裂变中子数。

(3) 热中子利用因子 f

定义：表示被燃料吸收的热中子数占被堆芯所有物质（包括燃料）吸收的热中子数的份额。即：

$$f=\frac{\text{燃料吸收的热中子数}}{\text{被吸收的热中子数}} \tag{2-2-9}$$

这里分母包括燃料、慢化剂、冷却剂和结构材料等所有物质吸收的热中子总数。

(4) 逃脱共振概率 p

定义:在慢化过程中中子逃脱共振吸收的概率。

(5) 不泄漏概率 P_L

定义:它是裂变中子在慢化过程和热中子在扩散过程中不泄漏概率的乘积。即:

$$P_L = P_s P_d \tag{2-2-10}$$

式中:P_s——慢化过程中的不泄漏概率;

P_d——热中子在扩散过程中的不泄漏概率。

由此可见中子在堆内的循环过程如下所述:假设在某一代开始时有 n 个裂变中子,在 n 个中子被有效地慢化以前,由于铀-238 快中子倍增的结果,中子数目将增加到 $n\varepsilon$ 个。这些中子将继续慢化,但是由于共振吸收的结果将损失一部分中子,所以只有 $n\varepsilon p$ 个中子能够逃脱共振吸收而慢化成热中子。在裂变快中子慢化过程和热中子扩散过程中,由于泄漏损失的结果,实际上被燃料吸收的热中子数目只有 $n\varepsilon p P_s P_d$ 个。显然,能够被燃料吸收利用的热中子数目为 $n\varepsilon p f P_s P_d$ 个,其余部分的热中子被其他材料吸收。被燃料吸收的热中子将使燃料核发生新的裂变反应,重新放出裂变中子。由于燃料每吸收一个热中子将产生 η 个裂变中子,因而新的裂变中子数目等于 $n\varepsilon p f \eta P_s P_d$ 个。图 2-2-1 给出上述各过程的形象描述和一些典型数据。

根据有效增殖因素的定义,可以得出:

$$k_{\text{eff}} = \frac{n\varepsilon p f \eta P_s P_d}{n} = k_\infty P_L \tag{2-2-11}$$

其中,$P_L = P_s P_d$。因此有:

$$k_\infty = \varepsilon p f \eta \tag{2-2-12}$$

这个表达式通常被称为四因子公式。上面对热中子反应堆内中子平衡的分析方法称为“四因子模型”。在早期的反应堆物理分析和计算中,它被广泛地应用。同时,它对热中子反应堆内中子的循环过程给出了清晰的物理概念和形象的描述。但是,它仅仅是对充分热化的热中子反应堆内的物理过程的一种近似的简单的描述,并不能严格地描述一些更为复杂的反应堆物理过程。尽管如此,无限增殖系数仍然是一个极其重要的物理参数,它对堆芯燃料管理的计算有着极其重要的意义。

2.2.4 临界方程

综上所述,$P_L = P_s P_d$,随堆芯体积的增大而增大。如果改变堆的形状来减小表面积与体积之比,P_s 和 P_d 也增大。因此,可以用影响反应堆体积和形状的几何参数来计算 P_s 和 P_d:

$$P_s = e^{-B_m^2 \tau} \tag{2-2-13}$$

$$P_d = \frac{1}{1 + B_g^2 L^2} \tag{2-2-14}$$

式中:B_g^2、B_m^2 分别称为反应堆几何曲率和材料曲率,单位都为 cm^{-2}。对于裸堆而言,几何曲率 B_g^2 只与反应堆的几何形状和尺寸大小有关(例如对于球形裸堆,$B_g^2 = (\pi/R)^2$)。材料曲率 B_m^2 反映增殖介质材料的特性,它的数值只取决于反应堆的材料成分和特性(如 L^2,τ,k_∞ 等),而与反应堆的几何形状及大小无关。τ 称为中子年龄,它是在无穷大介质中快中子从产生点到变成热中子点直线距离均方值的六分之一。L^2 为热中子扩散长度(距离),它是无穷大介质中,中子从变成热中子点到它被吸收点的直线距离均方值的六分之一。

在引进材料曲率和几何曲率概念以后,反应堆临界条件可变为:材料曲率等于几何曲率时,反应堆临界。即临界方程可以写为:$B_g^2=B_m^2$。若 $B_g^2<B_m^2$,反应堆超临界;若 $B_g^2>B_m^2$,反应堆处于次临界状态。

2.3 反应堆功率

2.3.1 反应堆热功率

反应堆单位时间释放的热能称为反应堆的热功率。前面已经介绍了,一次核裂变将产生大约 200 MeV 的核能,这些能量将以热能的形式释放出来。因此,反应堆功率将取决于该体积单位时间内总的裂变次数,即裂变反应率 R(单位时间、单位体积内中子与可裂变物质发生裂变反应的次数)。若假设以铀-235 为燃料的反应堆平均热中子注量率为 φ($\mathrm{n/cm^2\cdot s}$),$\varphi=nv$;铀-235 的宏观裂变截面为 Σ_f($\mathrm{cm^{-1}}$),$\Sigma_f=N\sigma_f$;裂变反应率 R 为:

$$R=\varphi\Sigma_f=\varphi N\sigma_f \tag{2-3-1}$$

其中:N 为单位体积内可能发生裂变反应的原子核数;σ_f 是微观裂变截面(b 或 $\mathrm{cm^2}$);n 是中子密度(中子数);v 是中子速度($\mathrm{1/cm^2\cdot s}$)。若假设堆芯体积为 V($\mathrm{cm^3}$);每次裂变所放出的能量为 E_f(W · s),则反应堆的热功率 P 可表示为:

$$P=RVE_f=\varphi\Sigma_f VE_f \tag{2-3-2}$$

若铀-235 核每次裂变释放出的能量为 200 MeV,而 1 MeV$=1.6\times10^{-13}$ W · s(J)。那么,铀-235 核每次裂变释放出的能量为 3.2×10^{-11} W · s。因而有:

1 焦耳的能量$=3.125\times10^{10}$次铀-235 核裂变所释放出的能量

反应堆热功率为:

$$P=\frac{\Sigma_f\varphi V}{3.125\times10^{10}}\ (\mathrm{W}) \tag{2-3-3}$$

或热中子注量率:

$$\varphi=\frac{3.125\times10^{10}P}{V\Sigma_f}\ (\mathrm{n/cm^2\cdot s}) \tag{2-3-4}$$

即:反应堆功率水平与裂变反应率成正比。在宏观裂变截面为常数时,堆内平均热中子注量率正比于反应堆的功率水平。

2.3.2 衰变热

反应堆停堆后,虽然堆内的中子链式裂变反应停止了,但是堆功率不会迅速下降到零,这时的功率称为剩余功率。它的来源有两个:一是停堆后某些裂变产物还会继续发射缓发中子,引起部分铀核的裂变;二是裂变产物继续放出 β 和 γ 射线,这些裂变产物衰变的半衰期都较长,它们在堆内与周围物质相互作用迅速转化为热能。这两个因素所生成的热量称为衰变热。

根据经验公式，如果已知反应堆在某一功率水平 P 上运行 T 秒，则停堆后 t 秒时刻裂变产物以 β 射线和 γ 射线释放的总功率为：

$$P_d(t,T)=4.1\times10^{16}P[t^{-0.2}-(t+T)^{-0.2}](\text{MeV/s}) \tag{2-3-5}$$

或者

$$P_d(t,T)=6.1\times10^{-2}P[t^{-0.2}-(t+T)^{-0.2}](\text{MW}) \tag{2-3-6}$$

式中：P——反应堆功率水平，W。

停堆后，由于裂变产物的衰变仍然会放出 β 和 γ 射线及其能量，并维持一段时期，因此，反应堆在停堆后仍然需要进行冷却和屏蔽。

2.3.3 核反应堆功率与中子注量率的关系

由 2.3.1 节可知，1 焦耳的能量＝3.125×10^10 次铀-235 核裂变所释放出的能量。若用 R_f 表示堆内裂变反应率，$R_f=\Sigma_f\varphi$，因而堆芯内任一点 r 的功率密度 $q(r)$ 便等于：

$$q(r)=E_f\Sigma_f\varphi(r)=\frac{\Sigma_f\varphi(r)}{3.125\times10^{10}}(\text{W/m}^3) \tag{2-3-7}$$

式中：Σ_f——堆芯的宏观裂变截面；

$\varphi(r)$——堆芯内 r 处的中子注量率，n/m² · s。由上式便可求出反应堆功率与中子注量率间的关系。如果只考虑热中子引起的铀-235 核裂变，反应堆功率便等于：

$$P=\frac{\Sigma_f\bar{\varphi}V}{3.12\times10^{10}}(\text{W}) \tag{2-3-8}$$

式中：V——堆芯体积，m³；

$\bar{\varphi}$——堆芯平均热中子注量率。

或者热中子注量率：

$$\bar{\varphi}=\frac{3.12\times10^{10}P}{V\Sigma_f}(\text{n/m}^2\cdot\text{s}) \tag{2-3-9}$$

即反应堆功率水平与裂变反应率成正比。在宏观截面为常数时，反应堆功率与堆内平均热中子注量率成正比。

在反应堆运行时，堆内易裂变材料的核浓度一般随运行时间的增加而减小，即宏观裂变截面一般随运行时间增加而减小。因此，为了维持反应堆恒定功率运行，堆内平均中子通量密度应随运行时间的增加而增大。所以，单位时间反应堆内总的裂变率为：

$$F_f=3.12\times10^{10}P \tag{2-3-10}$$

对应的吸收率为：

$$F_a=F_f\cdot\frac{\sigma_a}{\sigma_f}=(1+\alpha)\times3.12\times10^{10}P \tag{2-3-11}$$

式中：α 为易裂变核的俘获-裂变比；P 为反应堆功率，W。因而，每日（86 400 s）消耗掉的易裂变核的质量，称为燃料的消耗率，为：

$$G=\frac{F_aA}{N_0\times10^3}=4.48\times10^{12}\times(1+\alpha)P\times A(\text{kg/d}) \tag{2-3-12}$$

式中：A 为易裂变核的原子量，对于铀-235，取 $\alpha=0.169$。假定反应堆的运行热功率为 1 W，那么由上式得到每天铀-235 的消耗率约为 1.23×10^{-3} kg。

复习思考题

一、填空题

1. 核反应堆是一种能以可控方式实现(　　)反应或(　　)反应的装置。

2. 在裂变反应放出的次级中子中,99%以上的裂变中子是在裂变瞬间(　　)发射出来的,这些裂变中子叫做(　　)。

3. 裂变产物中有些元素核,如(　　)和(　　),具有相当大的热中子吸收截面,它们将消耗堆内的中子,通常把这些中子吸收截面大的裂变产物叫做(　　)。

二、选择题

1. 中子与原子核的相互作用的方式有(　　)。

A. 势散射　　B. 直接相互作用　　C. 复合核的形成　　D. 光电效应

2. 以下哪些核反应会在反应堆内发生(　　)。

A. (n,γ)　　B. (n,α)　　C. (n,β)　　D. (n,f)

E. (n,p)　　F. (n,n)

3. 下列哪些因子是属于四因子公式中的(　　)。

A. 快中子增殖系数 ε　　B. 每次吸收的中子产额 η

C. 热中子利用系数 f　　D. 逃脱共振俘获概率 p

三、判断题

1. 核反应堆中以中微子形式释放的能量是可用的并可转化为电能的。(　　)

2. 由于反应堆中缓发中子占裂变中子的份额很小,因此缓发中子对堆芯动力学过程的影响是无关紧要的。(　　)

3. 如果改变堆的形状来减小表面积与体积之比,则 P_s 和 P_d 也增大(P_s 为慢化过程中的不泄漏概率;P_d 为热中子在扩散过程中的不泄漏概率)。(　　)

4. 几何曲率 B_g^2 只与反应堆的几何形状和尺寸大小有关,材料曲率 B_m^2 反映增殖介质材料的特性,它的数值只取决于反应堆的材料成分和特性。(　　)

5. 反应堆停堆后,堆内的中子链式裂变反应停止,堆功率也会迅速下降到零。(　　)

6. 剩余功率的来源有两个:一是停堆后某些裂变产物还会继续发射缓发中子,引起部分铀核的裂变;二是裂变产物继续放出β和γ射线。(　　)

7. 反应堆功率运行时,一般近似认为反应堆功率与堆内平均热中子注量率成正比。(　　)

8. 反应堆的临界条件可以用材料曲率和几何曲率的关系来表示,如果反应堆的材料曲率大于几何曲率,则反应堆次临界。(　　)

9. 由先驱核产生的缓发中子能量比裂变直接产生的瞬发中子能量低,因此缓发中子具有较小的中子泄漏概率,也即具有较高的价值。(　　)

第3章　反应堆动力学

反应堆处于动态平衡时，由裂变反应产生的中子数恰好等于吸收泄漏的中子数。因此，中子密度不随时间变化。运行中的反应堆由于种种原因，例如介质的温度效应，裂变产物的毒物效应，燃料的燃耗效应，以及控制棒的运动（下章将详细介绍这些效应）都能引起反应堆的增殖系数 k_{eff} 的变化，此时，中子将处于不平衡状态。反应堆中子动力学主要就是研究反应性变化时，堆内中子注量率等有关参量与时间的关系。

当反应堆处于临界状态时，中子的产生和消失相等，因而没有必要区分瞬发和缓发中子。然而在研究中子注量率随时间变化的情况下，缓发中子是特别重要的。正是因为缓发中子的缓发效应，使得堆内中子注量率变化的周期变长了，使反应堆的控制成为可能。

在研究核反应堆临界问题的单群扩散方程中引入缓发中子效应后，同样可以定性地描述核反应堆的时间特性。实际上，这种模型用于反应堆动态分析往往还嫌过于详细。因为所需的计算量太大，特别当包含温度反馈这类效应时更是如此。因此，在开始研究核反应堆动态时，还需要将单群扩散模型进一步简化，即假设可以用单一的空间模态（即基态）描述反应堆内中子注量率的空间变化。根据此假设，可以消去扩散模型内的空间变量，而得到仅包含时间变量的常微分方程来描述中子的动态过程。这种模型称为点堆动力学模型。然而这样说有些用词不当，因为此模型并不真正将反应堆当做一点来处理，而仅仅假设了其中子注量率的空间形状不随时间变化。点堆动力学模型虽然是简化模型，但它是分析反应堆（中子）特性的理论基础，也是反应堆功率控制系统设计及工作的基础。

本章的讨论限于均匀裸堆，而且采用单群扩散模型。但许多普遍性结论，同样适用于非均匀的带反射层的反应堆。

3.1　概　述

3.1.1　瞬发中子

观察裂变中子（即快中子）在无限均匀介质中慢化、扩散直至被介质吸收的情况。其中子所经历的平均时间被称为中子的平均寿命。设 L_∞ 为无限大均匀堆内中子的平均寿命。显然，中子的平均寿命包括两部分。一部分为快中子被慢化到热中子所需的平均时间，称平均慢化时间，用 t_m 表示。另一部分为热中子扩散直至被吸收所需的平均时间，称为热中子平均扩散时间，也称热中子平均寿命，用 t_d 表示。显然 L_∞ 可以用下式表示

$$L_\infty = t_m + t_d \tag{3-1-1}$$

设热中子被吸收前走过的平均路程为热中子平均吸收自由程 λ_a，热中子平均速率为 $\bar{v}$，则热中子平均扩散时间 t_d 为

$$t_d = \frac{\lambda_a}{\bar{v}} = \frac{1}{\bar{v}\Sigma_a^T} \tag{3-1-2}$$

式中：Σ_a^T 为介质的热中子宏观吸收截面。设常温下热中子的平均速率为 2 200 m/s，Σ_a^T 的值可由核物理常数手册中查得。根据式(3-1-2)我们可以计算出各种介质的热中子平均扩散时间 t_d，列于表 3-1-1 中，例如水的 t_d 值为 2.1×10^{-4} s。

根据慢化理论我们也可以算得常温下不同介质的平均慢化时间 t_m，其值也列于表 3-1-1 中。

表 3-1-1　常温下不同介质的 t_m，t_d

介　质	平均慢化时间 t_m/s	平均扩散时间 t_d/s
水	10^{-5}	2.1×10^{-4}
重水	2.9×10^{-5}	0.15
铍	7.8×10^{-5}	4.3×10^{-3}
石墨	1.9×10^{-4}	1.2×10^{-2}

如果介质由燃料和慢化剂均匀混合，用式(3-1-2)计算 t_d 时，分母中的 Σ_a^T 要用均匀混合物时宏观吸收截面来代替，即

$$t_d=\frac{1}{\bar{v}(\Sigma_{aF}^T+\Sigma_{aM}^T)} \tag{3-1-3}$$

引入热中子利用系数 f

$$f=\frac{\Sigma_{aF}^T}{\Sigma_{aF}^T+\Sigma_{aM}^T}$$

式中：Σ_{aF}^T，Σ_{aM}^T 分别表示燃料和慢化剂的热中子宏观吸收截面。

纯慢化剂的热中子平均扩散时间用 t_{dM} 来表示。显然，

$$t_{dM}=\frac{1}{\bar{v}\Sigma_{aM}^T}$$

将上两式代入式(3-1-3)可得出燃料、慢化剂均匀混合系的热中子平均扩散时间 t_d：

$$t_d=(1-f)t_{dM} \tag{3-1-4}$$

例 3-1-1　常温下工作的无限大 ^{235}U-水均匀热堆，临界时 $k_\infty=1$，$\eta=2.06$，求该系统的热中子平均扩散时 t_d。由表 3-1-1 查得水 $t_{dM}=2.1\times10^{-4}$ s。

解： 临界时 $k_\infty=\varepsilon pf\eta=f\eta=1$（因为没有 ^{238}U，所以中子逃脱共振吸收概率 $p=1$，快中子裂变因子 $\varepsilon=1$）。

$$f=\frac{1}{\eta}=\frac{1}{2.06}=0.485$$

根据式(3-1-4)

$$t_d=(1-f)t_{dM}=(1-0.485)\times2.1\times10^{-4}=1.1\times10^{-4}\ \text{s}$$

例 3-1-2　无限大天然铀-石墨非均匀堆。$\varepsilon=1.028$，$p=0.905$，$\eta=1.31$，临界时 $k_\infty=1$。求该系统的 t_d。

解：

临界时 $k_\infty=1$

$$f=k_\infty/\varepsilon p\eta=1/(1.028\times0.905\times1.31)=0.82$$

从表 3-1-1 可查得石墨的 $t_{dM}=1.2\times10^{-2}$ s。则由式(3-1-4)算得

$$t_d=(1-f)t_{dM}=(1-0.82)\times1.2\times10^{-2}=2.16\times10^{-3}\ \text{s}$$

从表 3-1-1 和算得的热中子反应堆的热中子平均扩散时间的结果来看，一般 $t_m \ll t_d$，所以大型热堆的平均中子寿命，主要由热中子扩散平均时间 t_d 决定，即

$$L_\infty \approx t_d \tag{3-1-5}$$

对于快堆和中能中子反应堆，由于中子基本上不发生热化，因而 $t_m \gg t_d$，L_∞ 值要相对下降几个数量级。

对于有限大小的反应堆，有一部分中子要泄漏到堆外去。故有限大小反应堆内中子的平均寿命 L_0 应为无限大介质的中子平均寿命 L_∞ 乘上中子不泄漏概率 $\frac{1}{1+L^2B^2}$，即

$$L_0=\frac{L_\infty}{1+L^2B^2} \tag{3-1-6}$$

考虑一个没有外加中子源的均匀裸堆，且堆内由于裂变反应释放的裂变中子都是瞬发的。反应堆原先处于临界状态 $k=1$（在中子动力学部分，k 即 k_{eff}，下同），$t=0$ 时刻，k 有一个很小的变化，使反应堆变得超临界或次临界，之后保持 k 不变，问中子注量率将有怎样的响应？

即 $t<0$ 时，$k=1$。$t>0$ 时，$k=$常数。

设 t 时，平均中子密度为 n，由于中子与^{235}U 的裂变反应，过了一代后将增为 nk，净增 $n(k-1)$。

因为瞬发中子是在中子被^{235}U 吸收而发生裂变这一瞬间产生的，因而相继两代瞬发中子之间的平均时间（即平均每代时间）就应等于中子的平均寿命 L_0。这样，堆内中子注量率变化率满足

$$\frac{dn}{dt}=\frac{n(k-1)}{L_0} \tag{3-1-7}$$

因为 $t>0$，k 为常数，上式的解为

$$n(t)=n_0 e^{\frac{k-1}{L_0}t} \tag{3-1-8}$$

n_0 为 $t=0$ 时的中子注量率。

若 $k>1$，即引入的是正反应性，反应堆处于超临界状态，中子注量率 $n(t)$ 以 e 指数形式上升。

若 $k<1$，即引入的是负反应性，堆处于次临界状态，中子注量率 $n(t)$ 以 e 指数形式减少。

若 $k=1$，堆处于临界状态，中子注量率 $n(t)$ 不随时间变化，是常量。

设反应堆原来运行功率为 1 MW，若引入一个正的小反应性 0.001，且假设 $L_0=L_\infty=t_d 1.1\times10^{-4}$ s，根据式(3-1-8)，其 1 s 末时堆功率将增至 8 900 MW。如果研究的对象是快中子堆和中能中子堆，由于其中子寿命 L_0 还要小几个量级，如快堆的 L_0 可为 10^{-7} s，则中子密度的上升速率还将更大。

中子增长速率如此之大，按目前技术水平，这种反应堆是无法控制的。但实际上裂变中子有一小部分是缓发的，因而延长了相邻两代中子之间的代时间，使得功率的增长变得缓慢，因而堆的控制才成为可能。对于考虑缓发中子后的中子动力学行为仍然满足指数律。即对于超临界的反应堆，其中子注量率以指数律增加。

式(3-1-7)从动力学角度说明了中子随 t 变化的规律,故称为不计缓发中子效应时的中子动力学方程。对于式(3-1-8),还需注意下列两点:

(1) 推导式(3-1-8)时,假定了中子注量率变化完全由堆内燃料链式裂变反应来决定,外中子源等于零。反应堆在功率运行时,由于注量率高,外加中子源影响小,上述假定是完全可以的。当反应堆刚刚启动,堆内中子注量率主要由外加中子源决定时,上述假定就不成立了。

(2) 推导式(3-1-8)时假定了 $t>0$ 时,k 为常数。当控制棒运动时,k 不为常数,此时中子注量率的变化更为复杂。

3.1.2　反应堆周期

t 时刻反应堆内中子注量率变化 e 倍所需的时间,称为该时刻反应堆的周期 T,T 由下式定义

$$n(t)=n_0 e^{\frac{t}{T}} \tag{3-1-9}$$

因为按上式,$t+T$ 时的中子密度为

$$n(t+T)=n_0 e^{\frac{t+T}{T}}=en(t) \tag{3-1-10}$$

比较式(3-1-8)与式(3-1-9)可得

$$T=\frac{L_0}{k-1} \tag{3-1-11}$$

反应堆周期 T 可以描述堆内中子的变化速率。对于一个给定的反应堆,L_0 有确定的数值,周期由 k 决定。当 $k>1$,即反应堆处于超临界状态,周期 T 为正值,中子注量率随 t 增长,且 k 越大,T 越小,即中子增长越快。若 $k<1$,即反应堆处于次临界状态,周期 T 为负值,中子注量率随 t 增加而减小。

反应堆周期通常还采用中子注量率的相对变化率来直接定义反应堆周期。对式(3-1-9)两边取对数,并对时间取导数,则

$$T=\frac{n(t)}{\frac{\mathrm{d}n(t)}{\mathrm{d}t}} \tag{3-1-12}$$

式(3-1-12)表明,周期 T 等于反应堆内中子注量率相对增长率的倒数。实验测定反应堆周期的仪表就是按照这样的定义设计的。

有时采用倒周期 ω,它是这样定义的:

$$\omega=\frac{1}{T}$$

在实际应用中,多采用反应堆倍增周期 T_d 来描述堆内中子注量率的变化速率,其定义为 t 时刻反应堆内中子注量率变化 1 倍所需的时间。根据定义及式(3-1-9),可以得到倍增周期 T_d 与周期 T 的关系为:

$$T_d=T\times\ln 2$$

例 3-1-3　反应堆功率随时间的变化如下:

t/s	0	2	4	6	8	10
P_r/%	50	50.1	50.2	50.3	50.4	50.5

则求反应堆的周期随时间的变化。

解：根据式(3-1-12)

$t=2$ s时刻的周期为：

$$T=\frac{n(t)}{\frac{\mathrm{d}n(t)}{\mathrm{d}t}}=\frac{50.1}{(50.1-50)/(2-0)}=1\ 002\ \mathrm{s}$$

其他时刻的周期计算依次类推，结果如下表。

t/s	0	2	4	6	8	10
P_r/%	50	50.1	50.2	50.3	50.4	50.5
T/s		1 002	1 004	1 006	1 008	1 010

3.1.3 缓发中子效应

裂变释放的中子可以分成两类，即瞬发中子和缓发中子，占裂变中子总数99%以上的瞬发中子在裂变后约$10^{-17}\sim10^{-14}$ s的极短时间内发射出来。另外不到1%的缓发中子在裂变后大约几秒钟到几分钟之间陆续发射出来。

缓发中子发射的实验研究表明，^{232}Th，^{233}U，^{235}U，^{238}U，^{239}Pu等核素在裂变时，都存在缓发中子的发射。实验同时指出，缓发中子可按先驱核半衰期的长短，分成6组，表3-1-2给出了^{235}U热中子裂变的缓发中子数据。

表 3-1-2 ^{235}U热中子裂变的缓发中子数据

组号	半衰期 $T_{\frac{1}{2}i}$/s	衰变常数 λ_i/s^{-1}	平均寿命 t_i/s	能量/keV	产额 y_i	份额 β_i
1	55.79	0.012 4	80.65	250	0.000 52	0.000 125
2	22.72	0.030 5	32.79	560	0.003 46	0.001 424
3	6.22	0.111	9.09	405	0.003 10	0.001 274
4	2.30	0.301	3.32	450	0.006 24	0.002 568
5	0.610	1.14	0.88	—	0.001 82	0.000 748
6	0.230	3.01	0.33	—	0.000 66	0.000 273
总计					0.015 80	0.006 502

大多数中-质比（原子核中中子与质子的个数比）较大的裂变产物都进行β衰变，然而在少数情形中，所产生的子核处于某种激发态，并具有足够的能量，可能发射一个中子。缓发中子就是这样产生的，其特征半衰期由缓发中子先驱核素的半衰期决定。

图3-1-1示意地说明半衰期为55 s的缓发中子产生的机理。溴-87（半衰期55 s）的β衰变中大约70%形成氪-87的一个（或几个）激发态，其激发能略大于核内最后一个中子的结合能，即5.4 MeV。于是，这个激发态核立即发射一个中子，形成稳定的氪-86。这个中子的能量在图中以E_n表示。虽然图中所表示的只是从氪-87的一个激发态发射的中子，但很可能有几个间距很近的状态。因此中子的能量有一个小的分布范围。观测到的缓发中子发射率由氪-87的形成率决定，氪-87的形成率又取决于溴-87的衰变率。所以发射中子的半衰期为55 s。

表 3-1-2 中的 $T_{\frac{1}{2}i}$ 为第 i 组先驱核的半衰期，λ_i 为第 i 组先驱核的衰变常数，t_i 为第 i 组先驱核的平均寿命，产额 y_i 是指每次裂变所产生的第 i 组缓发中子数，份额 β_i 是指第 i 组缓发中子占裂变中子（瞬发中子与缓发中子的总数）的百分比。每次裂变平均放出的中子数为 υ，则 $y_i=\upsilon\beta_i$。显然，缓发中子总份额 $\beta=\sum_{i=1}^{6}\beta_i$。

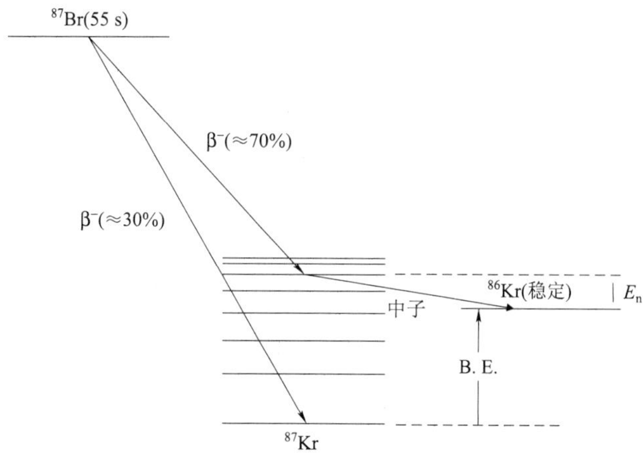

图 3-1-1　缓发中子产生的机理示意图

由表 3-1-2 可见，缓发中子的初始能量平均值一般比瞬发中子低。因而它在被慢化到热中子时的不泄漏概率和逃脱^{238}U 共振俘获概率都比瞬发中子的大，具有较高价值。然而缓发中子不能引起快裂变，因而其价值又较低。为了考虑两者价值上差异，将先驱核第 i 群的份额乘以价值因子 I，即 $\beta_{i,\mathrm{eff}}=I\beta_i$，称为第 i 组的有效缓发中子份额；$\beta_{\mathrm{eff}}=I\beta$，称为总的有效缓发中子份额。$I$ 值与反应堆的具体性质有关。对于小型压水堆，I 约为 1.1～1.3；对于大型压水堆，I 可小于 1，如 0.98。

缓发中子虽然只占裂变中子的不到 1% 的份额，但由于它的存在，中子每代时间增长了，因而反应堆的周期大大地延长了。缓发中子效应可以由下面看出，如果说第 i 组缓发中子的先驱核的平均寿命为 t_i，那就是说这一组内的每一中子都可以看作是在裂变后平均时间 t_i 时才出现的，即 t_i 是第 i 组缓发中子的平均延发时间；而瞬发中子的延发时间 t_0 为零。如果第 i 组缓发中子占总裂变中子的份额是 β_i，则这一组的平均缓发时间是 $\beta_i t_i$。于是所有各组缓发中子总的平均缓发时间，也就是先驱核的权重平均寿命，就等于各 $\beta_i t_i$ 项的和，即等于 $\Sigma\beta_i t_i$。

那么考虑到缓发中子的影响以后，两代中子间的平均时间（即平均每代时间）$\bar{l}$ 为

$$\bar{l}=l_0+\left[\sum_{i=1}^{6}\beta_i t_i+(1-\beta)t_0\right]\approx l_0+\sum_{i=1}^{6}\beta_i t_i \tag{3-1-13}$$

仍以^{235}U 与水的无限均匀热堆为例，$L_0=L_\infty 1.1\times10^{-4}$ s，由表 3-1-2 可计算出

$$\bar{l}=l_0+\sum_{i=1}^{6}\beta_i t_i=0.000\,1+0.084\,8=0.084\,9\ \mathrm{s}$$

可见，考虑缓发中子后的平均每代时间比不考虑缓发中子时的大大增长了，它比中子平均寿命 0.000 11 s 大了许多。$\bar{l}$ 值几乎全由缓发中子的缓发效应来决定。这样，反应堆的 k 值由 1 跃变为 1.001 后，反应堆周期应为

$$T=\frac{\bar{l}}{k-1}=\frac{0.084\,9}{1.001-1}\approx85\ \mathrm{s}$$

它比不考虑缓发中子时的周期 0.11 s 长得多。这时的中子增长速率就可以通过控制棒进行控制了。

3.1.4 反应性的定义和单位

在反应堆的物理计算中，许多问题都是以临界状态为基准的，通常用反应性 ρ 来表示系统偏离临界的程度，它是这样定义的：

$$\rho=\frac{k-1}{k} \tag{3-1-14}$$

它是一个无量纲量。$\rho=0$ 与临界态 $k=1$ 相对应。在许多情况下，只讨论临界状态附近的问题，k 与 1 十分接近，故 ρ 可以近似写成

$$\rho\approx k-1 \tag{3-1-15}$$

习惯上反应性 ρ 的单位有下列几种：$\Delta k/k$，Δk，\$（美元），pcm。

如果反应性 $\rho=1\beta$，则我们称反应性为 1\$。即 \$ 是反应性 ρ 与总的缓发中子份额 β 的比值。1\$ =100 分。1 pcm$=10^{-5}$。

3.2 点堆动力学方程

在中子动力学问题中，对于均匀裸堆，考虑与时间 t 有关的单群扩散方程为：

$$\frac{\partial N(r,t)}{\partial t}=Dv\nabla^2 N(r,t)-\Sigma_a vN(r,t)+S(r,t) \tag{3-2-1}$$

上式右端第一项为 t 时刻、单位时间内因扩散而进入 r 附近单位体积中的中子数。第二项为 t 时刻、单位时间内在 r 附近单位体积中被介质吸收的中子数。第三项为源项，在 t 时刻、单位时间内在 r 附近单位体积中产生的中子数，它应包括瞬发中子，缓发中子和外加中子源的贡献。单群理论认为，瞬发中子，缓发中子以及外加中子源的中子具有相同的速率。方程左端是在时刻 t、单位时间内在 r 附近单位体积内中子密度的变化率。

而缓发中子先驱核 C_i 满足下列平衡方程式

$$\frac{\mathrm{d}C_i}{\mathrm{d}t}=\beta_i k\Sigma_a vN-\lambda_i C_i \tag{3-2-2}$$

上式中右端第一项是第 i 组先驱核的生成率，第二项是相应的衰变消失率。显然，等式左端为第 i 组先驱核浓度的变化率。

式(3-2-1)和式(3-2-2)是考虑缓发中子单群扩散与时间有关的方程组。

采用时空变量分离法来求解式(3-2-1)和式(3-2-2)。这里省略复杂的数学推导，直接给出结果，即

$$\frac{\mathrm{d}n(t)}{\mathrm{d}t}=\frac{k_{\mathrm{eff}}(1-\beta_{\mathrm{eff}})-1}{l_0}n(t)+\sum_{i=1}^{6}\lambda_i C_i(t)+q \tag{3-2-3}$$

$$\frac{\mathrm{d}C_i(t)}{\mathrm{d}t}=\frac{k_{\mathrm{eff}}\beta_{i\mathrm{eff}}}{l_0}n(t)-\lambda_i C_i(t) \tag{3-2-4}$$

方程(3-2-3)、(3-2-4)合称为点堆模型的中子动力学方程组，简称点堆模型基本方程。

这些基本方程组有明确的物理意义。对于式(3-2-3)，等式左端表示 t 时刻、单位时间、单位体积内所变化的中子数。右端第一项 $\frac{k_{\mathrm{eff}}-1}{l_0}n$ 表示 t 时刻、单位时间、单位体积中增加发射的瞬发中子数；$-\frac{k\beta_{\mathrm{eff}}}{l_0}n$ 为 t 时刻、单位时间、单位体积中被扣发的缓发中子数。第二项

$\sum_{i=1}^{6}\lambda_i C_i$ 代表各先驱核在 t 时刻、单位时间、单位体积中发射的缓发中子总数。q 为外加中子源。

方程(3-2-4)的右端第一项为 t 时刻单位时间单位体积中所产生的先驱核数。第二项为相应的衰变项。等式左端显然是时刻 t 单位时间单位体积内先驱核原子数的变化率。

对于中子动力学方程需作以下的讨论：

(1) 点堆模型在数学上假定中子密度 N 可按时空变量分离，在物理上就是假定不同时刻中子密度 $N(r,t)$ 在空间中的分布形状是相似的。也就是说，反应堆内各点中子密度 $N(r,t)$ 随时间 t 的变化涨落是同步的，堆内中子的时间特性与空间无关。所以反应堆在时间特性问题上，就好像一个没有线度的元件一样，故这个模型称为点堆模型。

(2) 由推导过程可见，点堆模型可讨论临界状态附近的问题。一个均匀裸堆开始处在临界状态上，之后由于某种原因而对临界状态产生了一些小的偏离，处理这个问题就可以应用点堆模型。在反应堆的实际问题中，不管是从次临界启动到临界，还是功率运行下的工况变化与停堆，k 值变化一般都很小，基本上都在 1 附近，故可利用点堆模型来做一些分析。

与此相应，在这个模型下常可作这样的理解：k 并不是时间的敏感函数，而可近似为 $k\approx 1$。但 $k-1$ 却可以是时间的敏感函数，故常可有

$$\rho=k-1 \tag{3-2-5}$$

(3) 点堆模型的主要缺点在于，它不能给出与空间有关的细致效应。譬如在大型反应堆中，某一点的局部扰动影响传到另一点需要一定的时间，所以过渡过程中堆内中子空间分布会有不均匀的变化。点堆模型不能反映这种空间的精细变化特征。

3.3 小反应性阶跃变化时点堆动力学方程的解

3.3.1 有外源时的稳定态

如果反应堆处于次临界，堆内没有外中子源，则次临界堆内的中子密度 n 将衰减至零。如果此时堆内有一个外中子源，中子密度的变化将是另一种形式。

下面我们用点堆模型的基本方程来研究反应堆停闭时的中子密度随时间变化的问题。

已知反应堆的停堆深度 $\rho_0<0$，而反应堆就处在停堆深度上，ρ_0 为常数。堆内有一个独立的外中子源，每秒每立方厘米体积内均匀放出 q_0 个中子。求反应堆内中子平均密度的变化规律。

首先，写出点堆模型动力学方程

$$\frac{\mathrm{d}n(t)}{\mathrm{d}t}=\frac{k_{\mathrm{eff}}(1-\beta_{\mathrm{eff}})-1}{l_0}n(t)+\sum_{i=1}^{6}\lambda_i C_i(t)+q \tag{3-3-1}$$

$$\frac{\mathrm{d}C_i(t)}{\mathrm{d}t}=\frac{k_{\mathrm{eff}}\beta_{i\mathrm{eff}}}{l_0}n(t)-\lambda_i C_i(t) \tag{3-3-2}$$

式中：$n(t)$——与时间相关的中子密度；

$\beta_{i\mathrm{eff}}$——第 i 组有效缓发中子份额；

β_{eff}——有效缓发中子份额，$\beta_{\mathrm{eff}}=\sum_{i=1}^{6}\beta_{i\mathrm{eff}}$；

λ_i——第 i 组缓发中子先驱核的衰变常数；

$C_i(t)$——第 i 组先驱核密度；

l_0——瞬发中子平均寿命；

q——外中子源。

显然，式中 β_i，β，λ_i，l_0 都是已知常数。

系统达到稳定态时，n、C_i 不随时间 t 变化，即

$$\frac{\mathrm{d}n(t)}{\mathrm{d}t}=0$$

$$\frac{\mathrm{d}C_i(t)}{\mathrm{d}t}=0$$

则方程的解为

$$n=\frac{ql_0}{1-k_{\mathrm{eff}}} \tag{3-3-3}$$

由式(3-3-3)可知，有外中子源的反应堆处于次临界状态时，存在一个稳定态，其稳定态的中子密度由式(3-3-3)决定。式中，因为 $k<1$，所以 $n>0$。该式同时表明，稳定态的中子密度大小与停堆深度$(1-k)$成反比，停堆深度越浅，$(1-k)$越小，则稳定态的中子密度越大。反之，稳态中子密度越小。

可以从物理上解释上述结果。因为 $k<1$，所以根据幂级数展开，上式可以写成

$$n=q_0l_0[1+k+k^2+\cdots] \tag{3-3-4}$$

设第一代寿期末时，堆内单位体积中有 q_0l_0 个中子。

第二代寿期末时，增加了 kq_0l_0 个中子。再加上第一代的中子 q_0l_0 个共有 $q_0l_0(1+k)$个。

第三代寿期末时，相应的中子数为 $q_0l_0+(q_0l_0+kq_0l_0)k=q_0l_0[1+k+k^2]$。

实际上这是一个等比级数，且比例因子$\frac{a_{i+1}}{a_i}=k<1$，其无限项之和即为式(3-3-4)。

图 3-3-1 示出了有外中子源时次临界反应堆中子相对水平的变化。图中纵坐标为中子密度的相对值 n/q_0l_0，横坐标为以平均寿期 l_0 为单位的时间。稳定值由式(3-3-3)算得 $n/q_0l_0=1/(1-k)$。不同曲线与不同的 k 值相对应。可以看到，k 较小时稳定值也小，达到稳定值所需时间也短。当 $k\to1$ 即 $\rho_0\to0$ 时，稳定值趋向无穷大，达到稳定的时间也趋向无穷大。即有外加中子源的临界堆，其中子密度永远是增加，不可能有稳定态。

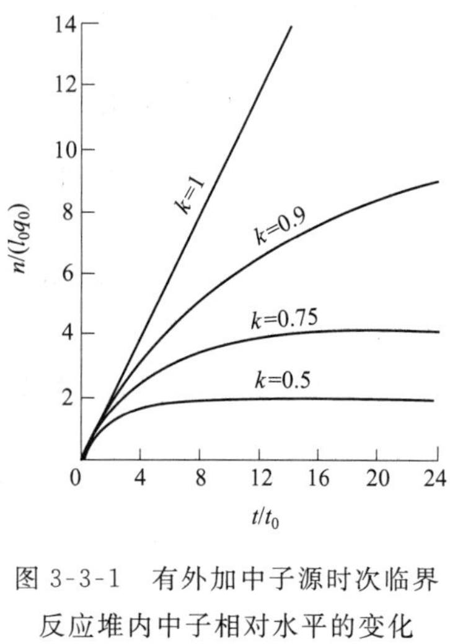

图 3-3-1 有外加中子源时次临界反应堆内中子相对水平的变化

这从式(3-3-1)也可看出，$k=1$，$q\neq0$。

$$\frac{\mathrm{d}n(t)}{\mathrm{d}t}=-\frac{\mathrm{d}\left(\sum_{i=1}^{6}C_i\right)}{\mathrm{d}t}+q \tag{3-3-5}$$

另一方面，若要达到稳定，即 $\frac{\mathrm{d}n(t)}{\mathrm{d}t}=\frac{\mathrm{d}(\sum_{i=1}^{6}C_i)}{\mathrm{d}t}=0$，则 q 必须为零而与前提矛盾。

实际上，若忽略缓发中子的影响，取 $\frac{\mathrm{d}(\sum_{i=1}^{6}C_i)}{\mathrm{d}t}=0$，则方程(3-3-6)有解

$$n=qt+n_0 \tag{3-3-6}$$

式中：n_0 为开始临界时($t=0$)时的中子密度。即有外加中子源的临界反应堆，其中子密度按线性规律增长的。图 3-3-1 中的曲线也表明了这一点。换言之，当外加中子源不能忽略时，要使反应堆有稳定的中子密度，则就不能使它处在临界状态上。但当中子密度很高，如反应堆在功率区运行时，中子源影响可以忽略不计，稳定态即与临界状态对应。或者说，有外加中子源的反应堆其“临界状态”实质上是“微次临界状态”。

3.3.2 小反应性阶跃变化时的中子密度响应(多组缓发中子)

用六组缓发中子来处理中子的动力学方程会得到较精确的结果。此时中子的动力学方程可写为

$$\frac{\mathrm{d}n(t)}{\mathrm{d}t}=\frac{k_{\mathrm{eff}}(1-\beta_{\mathrm{eff}})-1}{l_0}n(t)+\sum_{i=1}^{6}\lambda_iC_i(t)+q \tag{3-3-7}$$

$$\frac{\mathrm{d}C_i(t)}{\mathrm{d}t}=\frac{k_{\mathrm{eff}}\beta_{i\mathrm{eff}}}{l_0}n(t)-\lambda_iC_i(t) \tag{3-3-8}$$

令

$$n=A\mathrm{e}^{\bar{\omega}t} \tag{3-3-9}$$

$$C_i=B_i\mathrm{e}^{\bar{\omega}t}\qquad i=1,2,\cdots,6 \tag{3-3-10}$$

将上两式代入式(3-3-7)、式(3-3-8)，同时假设外中子源忽略不计，分别得到

$$A\omega=\frac{k(1-\beta)-1}{l_0}A+\sum_{i=1}^{6}\lambda_iB_i$$

$$B_i=\frac{k\beta_iA}{l_0(\omega+\lambda_i)}$$

根据上两式，得反应性方程为

$$k=\frac{1+\omega l_0}{1-\beta+\sum_{i=1}^{6}\frac{\lambda_i\beta_i}{\omega+\lambda_i}}=\frac{1+\omega l_0}{1-\sum_{i=1}^{6}\frac{\omega\beta_i}{\omega+\lambda_i}}\qquad i=1,2,\cdots,6 \tag{3-3-11}$$

若代入 $\rho=(k-1)/k$ 后，上式可写为

$$\rho=\frac{\omega l_0}{1+\omega l_0}+\frac{\omega}{1+\omega l_0}\sum_{i=1}^{6}\frac{\beta_i}{\omega+\lambda_i} \tag{3-3-12}$$

这是一个 ω 的七次多项式，它有 7 个根。因此求解微分方程组(3-3-7)、(3-3-8)的问题变为求解反应性方程(3-3-12)的问题。

方程(3-3-12)的求解一般采用图解法。把方程右端。作为 ρ 的函数画在图 3-3-2 中。由图中曲线可知，当 $\omega=0$ 时，$\rho=0$，方程右式$=0$。随着 ω 正值的逐渐增加，右式单调地增大并趋近于 1。当 $\omega<0$ 时，对应于 6 个 $\bar{\omega}_i=\lambda_i(i=1,2,\cdots,6)$ 和 $\omega_7=-\frac{1}{l_0}$，右式是奇点，且

$\omega\to\infty$时，右式→1。

方程(3-3-12)的根由表示该方程左端的水平线与右式的曲线交点给出。如图3-3-2所示，记为$\omega_j(j=1,2,3,4,5,6,7)$。代数值较大的$\omega$与较小的$j$相对应。其中最大的$\omega_j$与$\rho_0$同号，其他6个都是负的。

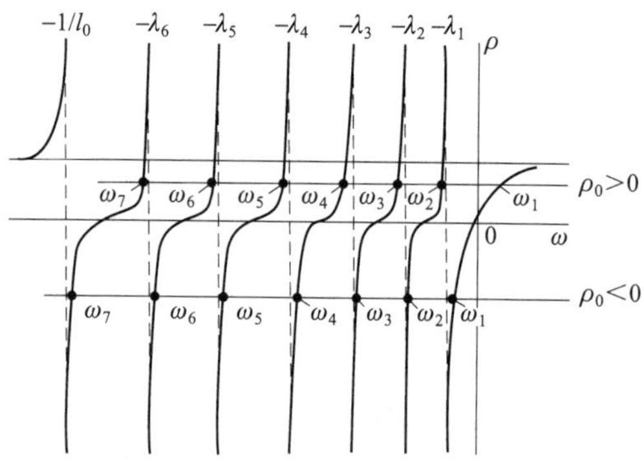

图 3-3-2　反应性方程的图解

应该注意到ρ_0的变化以1为上界。

$$-\infty<\rho<1 \tag{3-3-13}$$

在极限情况下，

$\rho_0=1$	$\bar{\omega}_1=0$	临界
$\rho_0\to1$	$\bar{\omega}_1\to\infty$	超临界
$\rho_0\to-\infty$	$\bar{\omega}_1\to-\lambda_1$	次临界

最后这个极限是特别有趣的，它意味着无论我们引入多大的负反应性，都不能使反应堆停堆周期短于最长寿期缓发中子先驱核所决定的周期$T=1/\lambda_1$，在以^{235}U为燃料的热中子反应堆内$\lambda_1^{-1}=80$ s。

于是中子密度的响应可用7个指数项之和来表示

$$n(t)=n_0\sum_{j=1}^{7}A_j e^{\omega_j t} \tag{3-3-14}$$

式中：n_0是$t=0$时的中子密度，A_j由适当的初始条件定出。ω_j与反应堆特性量L_0，各组缓发中子的β_i，λ_i及阶跃值ρ_0有关。对于大型^{235}U水均匀热堆，$L_0=0.000\ 1$ s，$\rho_0=0.001$，则中子密度的响应为

$$n(t)=n_0[1.455e^{0.018\ 8t}-0.042\ 2e^{-0.014\ 1t}-0.143e^{-0.062\ 2t}-0.063\ 5e^{-0.187t}-0.023\ 8e^{-1.209t}-0.004\ 95e^{-3.765t}-0.177e^{-55.6t}] \tag{3-3-15}$$

在讨论图3-3-2时已经指出，若$\rho>0$，式(3-3-15)中只有第一项的指数是正的，其余的指数项都是随时间而衰减的，因而反应堆的特性最终由第一项来决定。另外，当反应性$\rho<0$，反应性方程所有的根都是负的，从而所有指数项都是随时间而衰减的。但是第一个指数项比其他指数项衰减得慢些，因而中子密度仍然由第一项决定。图3-3-3画出了不同反应性阶跃时由6组缓发中子计算所得的中子密度变化曲线。这是^{235}U为燃料的热堆，$L_0=0.000\ 1$ s，$\beta=0.007\ 9$。曲线表明，反应性阶跃引入后，中子相对水平即有一个相应的突变。几秒后，$\log(n/n_0)$与t之间即有线性关系。这说明，中子密度突变以后按一定的稳定周期以指数律上升，周期与相应的渐近直线斜率成反比。ρ_0越大，直线斜率越大，而周期越小。

实际上，中子密度按一稳定周期变化说明，式(3-3-15)右端后6个指数项已相继较快地衰减了，只剩下第一项。反应堆的稳定周期由ω_1决定，即$T=1/\omega_1$。因为ω_1与β_i，ρ_0以及L_0有关，故可对^{235}U等不同易裂变核和各种值画出T-ρ_0关系曲线。图3-3-4给出了以^{235}U为燃料的反应堆的稳定周期T与正、负反应性阶跃值ρ_0的关系。

不同反应堆有不同的l_0值，快堆与$l_0\approx0$对应。例如，对$l_0\approx10^{-4}$ s的热堆，引入正反应性0.001时，由图中曲线可查得反应堆的稳定周期约为55 s。

图3-3-4的曲线表明：周期随着正反应性的增加而单调地减少。但是对于负反应性来说，周期有一个约为80 s的极限值。因为周期$T=1/\omega_1=1/\lambda_1\approx80$ s。另外我们也可以从

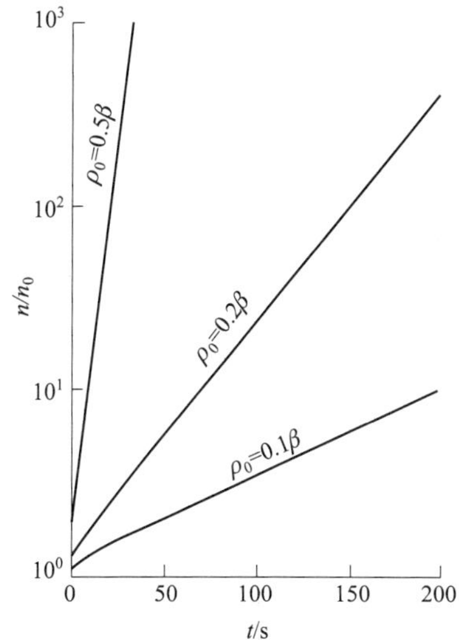

图 3-3-3　不同反应性阶跃时由 6 组缓发中子计算所得的中子密度变化曲线

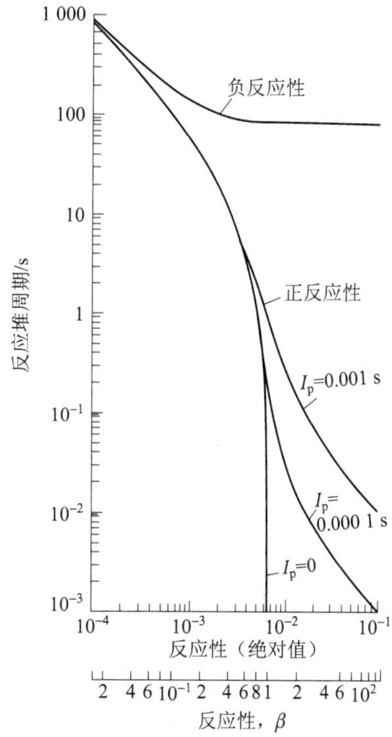

图 3-3-4　反应性小阶跃变化下 ^{235}U 反应堆的周期与反应性阶跃值的关系

图 3-3-4 中看出，当 $\rho\to-\infty$，$\omega_1=-\lambda_1$，而 $T=1/\omega_1$ 也得出同样的结论。这个结论，对反应堆的运行是很重要的，即停闭反应堆时无论引入多大的负反应性，堆内中子密度的稳定下降周期总不小于 80 s。即停闭反应堆要有一个时间过程，瞬时停闭是不可能的，停堆过程需要保持一定的冷却条件。

从图 3-3-4 中的曲线，可以看出在临界反应堆中引入小阶跃反应性后，无论是单组缓发中子处理还是多组缓发中子处理，中子密度的响应都是先有一个突变，然后以稳定周期指数规律变化。特别是 $\omega\to0$ 或 $\omega\to+\infty$ 时，单组和多组的定量结论也完全相同。

但是，如果 ρ 有中等大小的正值时，单组的计算结果与多组的计算结果有所不同。

如果引入的反应性 ρ 具有很大的负反应性时，单组处理的结果实际上已不再有效。

例如前面已经提到的 ^{235}U 作燃料的热中子堆，$\rho=-0.20$，若按等效单组缓发中子的处理，其稳定周期为 -13.3 s。可是实验表明，其稳定周期约为 -80 s。如果采用多组缓发中子处理，其稳定周期为 -80 s，与实验结果一致。

3.3.3　倒时公式

倒时公式是反应堆稳定周期 T 与引入反应性 ρ 之间的关系式，是反应堆物理实验中由测量 T 求 ρ 的理论依据。

倒时是反应堆工程中早期采用的一个名词。一个倒时相当于反应堆功率增长的稳定周期为 1 小时所加入的反应性量。

由多组缓发中子计算反应性的公式(3-3-12)，代入周期 $T=1/\omega$，及 $l=\frac{l_0}{k}$

则可改写为

$$\rho = \frac{l}{T} + \sum_{i=1}^{6} \frac{\beta_{ieff}}{1+\lambda_i T} \tag{3-3-16}$$

式中：l 为相代两代中子的平均代时间，l_0 为有限大小介质中子的平均寿命。

有时也称

$$\rho = l\omega + \sum_{i=1}^{6} \frac{\omega\beta_{ieff}}{\omega+\lambda_i} \tag{3-3-17}$$

为倒时公式。

3.3.4 瞬发临界

已经知道，反应堆的增殖系数正比于每次裂变放出的中子数 ν，但裂变中子数 ν 包括了 $\beta\nu$ 个缓发中子和 $(1-\beta)\nu$ 个瞬发中子。如果

$$(1-\beta)k=1 \tag{3-3-18}$$

说明该反应堆依靠瞬发中子就能保持临界。这时缓发中子在决定周期方面不起作用。于是，这个反应堆被说成是瞬发临界的。这通常是一种危险情况。

因为反应性的定义是 $\rho=(k-1)/k$，代入式(3-3-18)得到

$$\rho=\beta \tag{3-3-19}$$

上式表明，如果引入的反应性 ρ 其大小等于总的缓发中子份额 β，则该反应堆处于瞬发临界状态。

瞬发临界的条件也可从中子动力学方程得到。只考虑瞬发中子，缓发中子源项忽略，同时假设外中子源也可忽略。由于反应堆是临界的，所以 $\mathrm{d}n/\mathrm{d}t=0$，则点堆中子动力学方程可写成

$$\frac{\mathrm{d}n(t)}{\mathrm{d}t}=\frac{k_{eff}(1-\beta_{eff})-1}{l_0}n(t)=0 \tag{3-3-20}$$

因而得到瞬发临界的条件为 $\rho=\beta$。

例 3-3-1 一热中子反应堆的瞬发中子寿命为 5.7×10^{-4} s。对于反应性 $\rho=0.000\,65$，求反应堆周期(以秒表示)。

解：引入一小反应性 ρ 以后，假设采用单组缓发中子处理，同时假设 $T\gg L_0$，反应堆的周期由式(3-3-16)计算，

$$T\approx\frac{\beta-\rho}{\rho\lambda}$$

由单组缓发中子的数据，$\lambda=0.077\,4\ \mathrm{s}^{-1}$，$\beta=0.006\,5$，则反应堆周期为

$$T=\frac{0.006\,5-0.000\,65}{0.000\,65\times0.077\,4}\approx116\ \mathrm{s}$$

3.4 线性反应性引入

反应性的引入除了阶跃变化外还有一种反应性线性引入，例如硼稀释或控制棒的提升，其反应性的引入可表示成

$$\rho(t)=\rho_0+\gamma t \tag{3-4-1}$$

如反应堆从次临界状态向临界状态过渡，则式中 ρ_0 为停堆深度，γ 为反应性变化速率。所求中子密度的响应比反应性阶跃变化复杂。可将式(3-4-1)代入点堆动力学方程(3-2-3)。如果 $\gamma<0$，则可用 Laplace 变换法求解。如果 $\gamma>0$，则可用 Laplace 逆积分的推广——积分径待定的积分法来求解。

下面我们将避开复杂的数学推导，从另一侧面对线性反应性引入作一介绍。

首先考虑提棒速度无限慢的假想情况，此时

$$\gamma \to 0$$

所谓提棒速度无限慢，是指在每一棒位变化以前，都是足够长的时间供全部缓发中子发射，并使中子密度达到完全稳定，也就是说中子密度的变化过程是准静态过程，如果由外中子源维持次临界反应堆临界，则中子密度的稳定值由式(3-3-3)给出

$$n=\frac{ql_0}{1-k_{\text{eff}}}=-\frac{ql}{\rho}$$

其中：q 为源强，$l=l_0/k$ 为代时间。对于随时都能达到稳定平衡的准静态过程，可以认为中子密度任何时候都能满足上式，即

$$n(t)=\frac{ql_0}{1-k_{\text{eff}}(t)}=-\frac{ql}{\rho(t)} \tag{3-4-2}$$

由式(3-4-1)可知，当 $t=0$ 时，$\rho=\rho_0$，代入上式，即得 $t=0$ 时的中子密度

$$n_0=\frac{ql_0}{1-k_{\text{eff0}}}=-\frac{ql}{\rho_0} \tag{3-4-3}$$

所以，将式(3-4-3)代入式(3-4-2)，中子密度随时间的变化为

$$n(t)=\frac{1-k_{\text{eff0}}}{1-k_{\text{eff}}(t)}n_0=\frac{\rho_0}{\rho(t)}n_0 \tag{3-4-4}$$

根据反应堆周期的定义，见式(3-1-12)

$$T=\frac{n(t)}{\frac{\mathrm{d}n(t)}{\mathrm{d}t}}=-\frac{1}{(k_{\text{eff}}(t)-1)^3\ \frac{\mathrm{d}k_{\text{eff}}(t)}{\mathrm{d}t}}=-\frac{\rho}{\frac{\mathrm{d}\rho}{\mathrm{d}t}}=-\frac{\rho}{\gamma} \tag{3-4-5}$$

图 3-4-1 画出了根据式(3-4-4)所作的 $n(t)$-ρ 曲线。图 3-3-1 中的每个 k 都对应有一个平衡态的 n 值，图 3-4-1 中的曲线实际上就是这些 n 值的连线。反应堆越接近临界，平衡值越大；当 $\rho\to 0$ 时，平衡值趋向∞，故图 3-4-1 中的曲线当 $\rho\to 0$ 时有 $n/n_0\to\infty$。

由于准静态过程允许每一时刻的中子密度都能达到最大值，因而用它来估计实际问题中的中子密度上涨速率是偏快的。特别是接近临界时，平衡值趋向无穷大，与实际偏离更大。这就是说，用式(3-4-5)来估计实际过程的周期是偏小的，式(3-4-5)只是给出一个下限周期：

$$T_{\min}=-\frac{\rho}{\gamma} \tag{3-4-6}$$

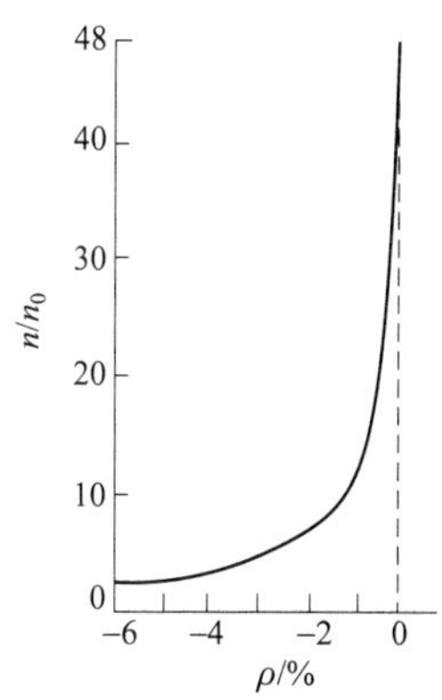

图 3-4-1 无限慢提棒时的 n/n_0-ρ 关系

提棒速率无限慢只是一种假想情况。实际反应堆的提棒速率都有一定的数值范围。

反应堆的正常启动是通过不断提升控制棒，以向堆内不断引入正反应性，而使得反应堆的有效增殖系数从某一停堆深度逐渐向临界状态逼近。开始时由于中子注量率水平很

低，测量的相对误差较大。同时仪表不能及时响应。即存在所谓的盲区。如果启动过程中提棒速率太大，或因某种原因出现连续提棒，则反应堆有可能在仪表来不及反应的情况下进入瞬发临界，从而造成严重事故。所以一般对反应性的引入速率有一个限制。一般最大反应性引入速率为 $10^{-4}\Delta k/k/\mathrm{s}$ 左右，具体数值与反应堆有关，表 3-4-1 给出了几个压水堆的最大反应性引入速率。

表 3-4-1 几个压水堆的最大反应性引入速率

堆 名	缅茵・杨基	齐翁	鲁滨逊-2
最大反应性引入速率/(pcm/s)	7	75	21

3.5 反应性测量的动力学方法

反应性测量的动力学方法有很多，如有渐近周期测定法、落棒法、跳源法、棒振荡法等。这些方法基本上是以点堆动力学模型为基础的，多应用在研究堆上。目前商业反应堆反应性测量的主要方法为渐近周期测定法和逆动态法。

3.5.1 渐近周期测定

可能进行的一种最简单动态测量就是在临界堆芯内引入一微小扰动，然后测定由此引起反应堆瞬态过程的稳定周期或渐近周期。再利用倒时公式，可以由测得的渐近周期算出此微扰的反应性“当量”。应当指出，由于负周期主要取决于第一组缓发中子先驱核衰变常数，倒时方程对负反应性的计算不敏感，所以在实际工作中这种周期法比较适用于正周期测量。

3.5.2 落棒法

考虑一反应堆在某一稳定功率水平 P_0 下运行，然后突然引入一负反性 $-\delta\rho$（“落棒”）而停堆。由前面对点反应堆动态方程的研究可知，经过几倍的瞬发中子寿期后，堆功率水平降到 P_1 值，后者取决于输入反应性的大小并停留在“准静态”水平，直至最后由于缓发中子先驱核衰变而衰减。

简单推导如下：

将点堆动力学方程中的缓发中子近似为单组，由此可推导出单组缓发中子近似条件下的中子密度响应方程：

$$n(t)=\frac{n_0}{\beta-\rho}\left[\beta\exp\left(\frac{\lambda\rho}{\beta-\rho}t\right)-\rho\exp\left(-\frac{\beta-\rho}{\Lambda}t\right)\right] \tag{3-5-1}$$

式(3-5-1)中的 Λ 表示中子每代时间，$\Lambda=l/k_{\mathrm{eff}}$。

根据式(3-5-1)和瞬跳近似理论(即假设瞬发中子寿期等于零，使得反应堆功率水平瞬时跳跃到其渐进值)，我们可以得到引入阶跃反应性 $-\delta\rho$ 后 $t=0$ 时的反应堆功率渐进值为：

$$P_1=\frac{P_0\beta}{\beta-(-\delta\rho)}=\frac{P_0\beta}{\beta+\delta\rho} \tag{3-5-2}$$

P_0 和 β 是已知量(此处 β 应用 β_{eff} 替代)，试验中我们可以根据落棒后测得的通量渐近特性向回倒推到 $t=0$ 求出 P_1。根据式(3-5-2)即可求解出落棒反应性大小。

落棒法的主要优点是测量迅速，测量的是负反应性，相对较安全。但是落棒法的测量结果与中子探测器的位置有关，通常称为“位置效应”。为了克服这种位置效应，应妥善安排好探测器与落棒之间的相互位置，或者通过反应堆动态空间效应修正这种影响。另外，在落棒法的推导过程中，我们用到了阶跃反应性引入假设和瞬跳近似理论假设，实际试验过程与上述两个假设会略有偏差。尽管如此，商业反应堆上应用落棒法刻度控制棒积分价值仍然是较成功的。至于在落棒法推导过程中使用的单组缓发中子近似假设并不影响其推导结果，在多组缓发中子模型下其结论仍然是成立的。

3.5.3　逆动态法

以点堆动力学模型为基础，根据离散的功率史数据，用数值方法来求解来反应性随时间的变化的方法叫逆动态法。

反应性的定义如下：

$$\rho=(k_{\mathrm{eff}}-1)/k_{\mathrm{eff}}$$

则由上式与点堆动力学方程，推导得：

$$\rho=\frac{l}{n}\left[\frac{\mathrm{d}n}{\mathrm{d}t}+\sum_{i=1}^{6}\left(\frac{\beta_{i\mathrm{eff}}n}{l}-\lambda_i C_i\right)-q\right] \tag{3-5-3}$$

堆外核测仪表测量得到的电流 I（或电压 U）与反应堆功率 P 成正比，即

$$P\propto U$$

式(3-5-3)中的 n 即代表反应堆功率 P，因此，反应性随功率的变化可以表示为：

$$\rho(t)=\frac{l}{U(t)}\left[\frac{\mathrm{d}U(t)}{\mathrm{d}t}+\sum_{i=1}^{6}\left(\frac{\beta_{i\mathrm{eff}}U(t)}{l}-\lambda_i C_i(t)\right)-q\right] \tag{3-5-4}$$

以此原理制造的试验仪器叫逆动态反应性仪，根据反应性仪输出的反应性，经过处理可以进行控制棒微分积分价值测量、硼微分价值测量及慢化剂温度系数测量等。它是物理试验中最重要的试验仪器。如图 3-5-1 所示是控制棒价值刻度过程中反应性随时间变化的典型曲线。

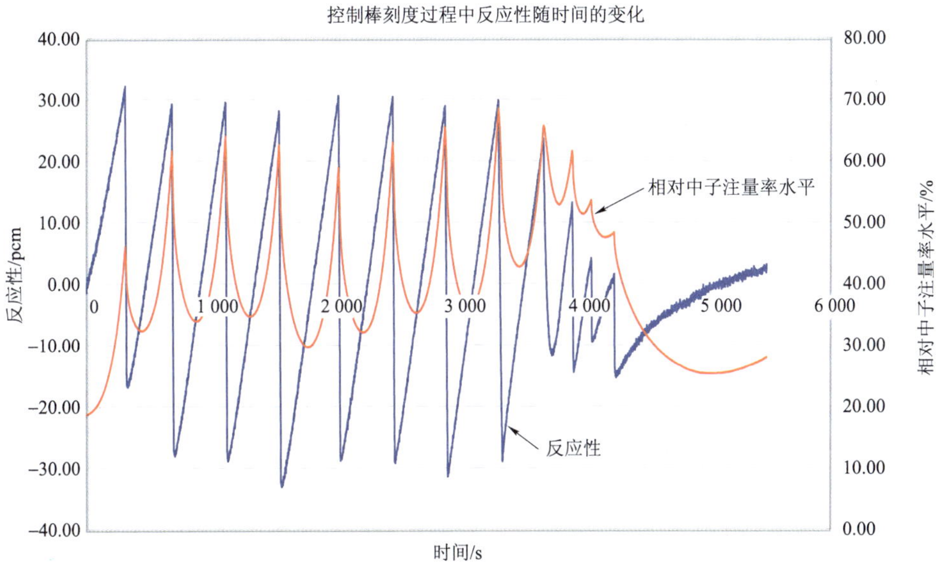

图 3-5-1　控制棒刻度过程中反应性随时间变化曲线

复习思考题

一、选择题

1. 反应堆功率随时间的变化如下：

t/s	0	2
P_r/%	50	50.1

则反应堆功率变化的周期为(　　)。

A. 1 001 s　　B. 694.5 s　　C. 252.0 s　　D. 174.7 s

2. 反应堆功率随时间的变化如下：

t/s	0	2
P_r/%	50	50.1

则反应堆功率变化倍增周期为(　　)。

A. 1 002 s　　B. 693.7 s　　C. 252.0 s　　D. 174.7 s

二、判断题

1. 只考虑瞬发中子的中子动力学行为其满足指数律，但考虑缓发中子后的中子动力学行为其不再满足指数律。(　　)

2. 反应堆周期可以描述堆内中子的变化速率。周期越大表示堆内中子的变化速率也越大。(　　)

3. 正是因为缓发中子的作用，堆内中子密度变化的周期变长了，这才使反应堆的控制成为可能。(　　)

4. 反应性表征了系统偏离临界状态的程度。(　　)

5. 如果反应堆处于次临界，堆内没有外中子源，则次临界堆内的中子密度 n 将衰减至零。(　　)

6. 当外加中子源不能忽略时，要使反应堆有稳定的中子密度，则就不能使它处在临界状态上。(　　)

7. 有外加中子源的反应堆其“临界状态”实质上是“微次临界状态”。(　　)

8. 无论我们引入多大的负反应性，都不能使反应堆停堆周期短于最长寿期缓发中子先驱核所决定的周期 $T=1/\lambda_1$。(　　)

第4章　反应性系数

核反应堆在启动、运行后，随着反应堆运行条件发生变化（如功率、温度、压力等），堆芯的反应性也相应的发生改变。反应性系数是反映运行条件如功率水平、慢化剂平均温度、燃料芯块温度、压力等变化引起有效增殖系数的变化能力。对反应堆运行具有重要意义的反应性系数有：燃料多普勒（Doppler）温度系数、慢化剂温度系数、空泡系数及压力系数等。

反应堆的各种反应性系数基本上确定了堆芯的动力学特性。堆芯动力学特性则决定了电厂因运行条件发生变化时堆芯的响应能力、正常运行条件下因操纵员作调整时的堆芯响应能力以及非正常或事故过渡工况下的堆芯响应能力。因此，反应堆的反应性系数与反应堆的安全运行和事故分析是紧密相关的。

4.1　反应性温度系数

当反应堆功率发生变化时，堆芯的温度也要发生相应的变化。由于堆芯温度及其分布的变化将导致有效增殖系数的变化，从而引起反应性的变化，这种现象称作反应性的温度效应，简称温度效应。

表现温度效应大小的物理参数称为反应性温度系数，即温度变化1 ℃时所引起的反应性变化量，通常用 α_T 表示。

$$\alpha_T = \frac{\mathrm{d}\rho}{\mathrm{d}T} \tag{4-1-1}$$

其中，T 表示温度，ρ 表示反应性。根据反应性的定义可得：

$$\alpha_T = \frac{\mathrm{d}}{\mathrm{d}T}\left(\frac{k_{\mathrm{eff}}-1}{k_{\mathrm{eff}}}\right) = \frac{1}{k_{\mathrm{eff}}^2} \times \frac{\mathrm{d}k_{\mathrm{eff}}}{\mathrm{d}T} \tag{4-1-2}$$

由于反应堆运行中大多数情况下 k_{eff} 接近1，所以上式可近似为：

$$\alpha_T = \frac{1}{k_{\mathrm{eff}}} \times \frac{\mathrm{d}k_{\mathrm{eff}}}{\mathrm{d}T} \tag{4-1-3}$$

从式(4-1-3)中可以看出，若温度系数是正的，则 $\mathrm{d}k_{\mathrm{eff}}/\mathrm{d}T>0$。那么，当反应堆由于微扰使堆芯温度升高时，有效增殖系数也增大，反应堆功率随之增大，而功率的增加又将导致堆芯温度的继续升高和有效增殖系数进一步的增大。这样，反应堆的功率将继续不断地增加，使堆芯温度持续升高，若不采取措施，可能引起堆芯燃料元件烧毁。反之，当反应堆温度下降时，有效增殖系数将减小，反应堆的功率也随之降低，而这又导致温度的下降和有效增殖系数更进一步的减小。这样反应堆的功率将持续下降，直至反应堆自行关闭。显然，反应性温度效应的这种正反馈将使反应堆具有内在的不稳定性。因此，从安全角度上考虑，不希望出现正的反应性温度系数。

如果反应堆具有负的温度系数，情况刚好与上述相反。此时温度的升高将导致有效增殖系数减小，反应堆的功率将随之减小，反应堆的温度也就逐渐地回到它的初始值上来。同理，当反应堆的温度下降时，将导致有效增殖系数的增大，反应堆的功率将随之增加，反应堆的温度也将逐渐地回到其初始值。这种由于温度的变化引起反应性变化的负反馈效应，将使反应堆具有内在的自稳性，有利于反应堆的运行与控制。压水堆核电厂在反应堆的设计上要求具有负的温度系数，它对安全运行具有非常重要的意义。

应该指出，反应堆内的温度是随空间而变化的。堆芯中的各种成分（如燃料芯块、慢化剂、燃料包壳等）的温度及其温度系数都是不同的。反应堆总的温度系数应等于各成分的温度系数之和。即：

$$\alpha_T = \sum_j \frac{\mathrm{d}\rho}{\mathrm{d}T_j} = \sum_j \alpha_T^j \tag{4-1-4}$$

式中：T_j 和 α_T^j 分别为堆芯各种成分的温度和温度系数。其中起主要作用的是燃料温度系数和慢化剂温度系数。

4.2 燃料多普勒温度系数

燃料温度系数是由于燃料温度变化 1 ℃而引起的反应性变化的量。故燃料温度系数 α_T^{F} 可以表示为：

$$\alpha_T^{\mathrm{F}} = \frac{1}{k_{\mathrm{eff}}} \frac{\mathrm{d}k_{\mathrm{eff}}}{\mathrm{d}T_{\mathrm{F}}} = \frac{1}{p} \frac{\mathrm{d}p}{\mathrm{d}T_{\mathrm{F}}} \tag{4-2-1}$$

其中：T_{F} 为燃料温度；p 为非均匀堆中逃脱共振俘获概率。

4.2.1 燃料多普勒效应

燃料温度效应主要是由燃料共振吸收的多普勒效应所引起的，故通常也称为多普勒效应。由于多普勒效应，燃料温度升高将使共振峰降低并展宽（如图 4-2-1 所示），即共振能量的中子截面减小而共振峰附近的反应截面增加了。所有的共振峰都会发生展宽，展宽的结果形成较为平滑的截面曲线。反应截面的这种变化，对燃料中的^{235}U、^{238}U 及^{240}Pu 等核素都有影响，但在低富集度的燃料中，^{238}U 吸收共振峰的展宽是主要的，而^{235}U 裂变共振峰展宽的影响相对较小。

原子核对一个中子的吸收概率是用微观吸收截面来表示的，吸收截面取决于中子相对于靶核的动能。在温度极低时，靶核可以近似为静止状态，动能就是中子的动能，是一个比较尖锐的峰，如图 4-2-1 中的“燃料温度低”曲线。

实际上靶核不是静止的，束缚在一个晶格里的原子是在振动的。这种振动表示靶核有一定的速率。在振动的靶核上测量的相对动能一定，说明中子本身需要具有的动能改变了，中子能量在较大的范围内都有较大的吸收截面，如图 4-2-1 中“燃料温度高”曲线所示。例如，考虑^{238}U 最低的共振峰（相对能量为 6.7 eV 处），若靶核不动，只有 6.7 eV 动能的中子会以很高的概率被吸收。随着燃料温度

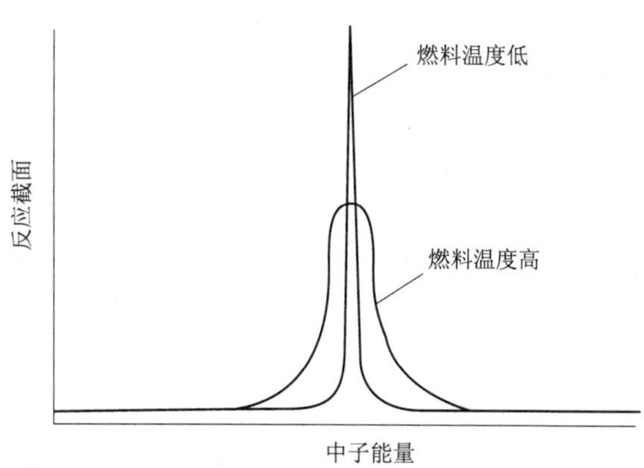

图 4-2-1 Doppler 展宽

升高，^{238}U 原子振动加剧，具有 6.7 eV 动能的中子进入燃料击中靶核^{238}U 的可能性减小了；但是 6.7 eV 左右的中子与靶核进行反应的可能性显著增加了，即^{238}U 的这个共振峰展宽了。所有的共振峰都会发生展宽，故多普勒效应对像^{238}U 这样具有多个共振峰的核素影响更明显。

需要注意的是：在某一中子能量范围内，超热区的总的吸收概率，就是这些能量截面曲线下的面积，并没有因为多普勒展宽而发生变化，而这个能区的平均截面是不会变化的。若各种能量的中子均匀地分布在燃料里，那么吸收概率和逃脱共振俘获概率不会改变，燃料温度升高也不会影响反应性。但是，由于存在中子慢化过程引入的“能量自屏”效应和非均匀堆的空间自屏效应，这两方面的自屏效应都使共振吸收随燃料棒温度升高而增加，从而使有效增殖系数和反应性变小，堆芯燃料具有负的温度效应。

“能量自屏”效应的结果，使温度升高时共振吸收峰的有效共振积分增加，从而有负的反应性效应，其原理较复杂，在本书中不展开讨论。空间自屏效应的影响在 4.2.2 节中作详细介绍。

反应堆的热量主要是在堆芯核燃料中产生的。当功率升高时，燃料的温度立即上升，燃料的温度效应也就立即表现出来，就是说燃料温度效应是瞬发的，燃料温度系数是属于瞬发温度系数。瞬发温度系数对功率变化的响应很快，它对反应堆的安全运行起着十分重要的作用。

4.2.2　空间自屏效应

在燃料中裂变产生的中子都是快中子，它们在被慢化之前是不能引起^{235}U 裂变的。中子的慢化主要是在燃料芯块外的慢化剂中进行，而裂变反应则在芯块中进行。假定慢化剂中的各种能量的中子是均匀分布的。这个假定对芯块表层的燃料也正确，但是对接近芯块中央的燃料来说就不成立了。这是因为到达芯块内层的中子必定先经过燃料的外层，当能量相当于^{238}U 共振峰区能量的中子在进入燃料时，就有很大的概率在燃料的表层就被吸收，而不会到达内层。只有不具有共振峰区能量的中子，它的反应截面较低，有可能不发生核反应而穿过燃料芯块。这种因为燃料本身原因对某种能量的中子产生的屏蔽作用，就称作自屏。自屏效应如图 4-2-2 所示。

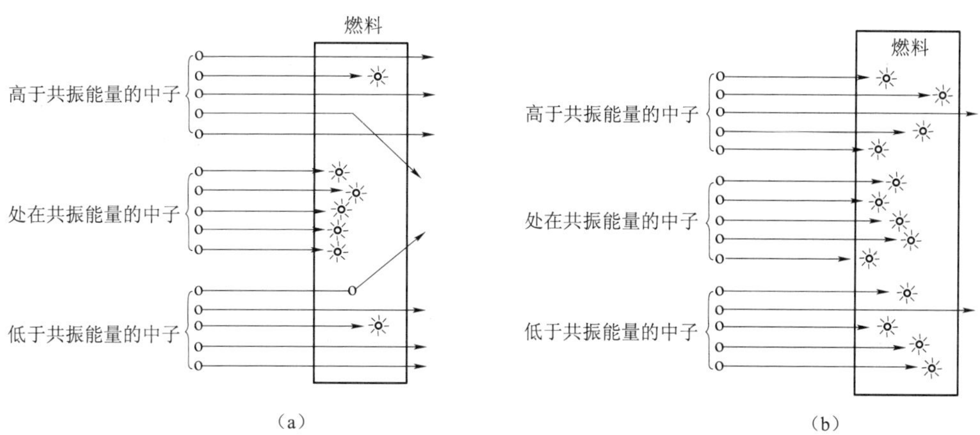

图 4-2-2　共振中子的吸收和自屏

当燃料温度升高时，多普勒效应会引起共振峰展宽，吸收截面发生变化。处于共振峰的中子的吸收截面降低，共振峰附近能量中子的吸收截面显著增加。共振峰处吸收截面降低，使得共振能量的中子在被吸收之前能更深地穿入燃料。但是，虽然吸收截面降低，^{238}U 还是足以吸收几乎所有共振能量的中子，中子更深入燃料芯块并不能穿出芯块而不被吸收，即多普勒展宽对共振能量的中子几乎没影响。一般燃料芯块的直径约为 0.82 cm，而 ^{238}U 共振能量 6.7 eV 处的中子，其被吸收概率达 99.3%时的扩散距离约为 0.031 5 cm(即 5 倍吸收平均自由程)。可见，共振能量中子几乎不可能到达芯块中心。

同时，共振峰展宽使得在共振峰附近的中子，有更大的可能被 ^{238}U 吸收。因为这些中子能量在 ^{238}U 裂变阈 1.1 MeV 以下，所以不引起 ^{238}U 核裂变(反应堆中产生的 ^{240}Pu 也有类似的吸收)。因此，温度较高时，裂变链中损失的中子会增多，从而引入负的反应性。图 4-2-2(b)很好地说明了这种情况。

多普勒效应和自屏效应相结合使逃脱共振概率减小，从而使 k_{eff} 变小。在 ^{238}U 和 ^{240}Pu 含量大而且燃料在堆芯分布不均匀的反应堆内，燃料温度的这种反应性效应最为明显，且总是负的。

4.2.3 燃料有效温度

对于反应堆来说，整个堆芯燃料的温度变化和燃料芯块内部的温度变化都是很大的。在定义燃料多普勒温度系数，温度的选取就成了一个难题。为了更准确地反映多普勒效应和自屏效应对反应性的影响，工程上引入了“燃料(多普勒)有效温度”的概念，它是根据燃料局部温度对共振逃脱因子进行加权平均后得到的结果。因为在高中子通量密度区，温度对堆芯逃脱共振吸收概率有较大的影响，所以堆芯的燃料有效温度比堆芯的燃料平均温度要高。堆芯的燃料有效温度直接与反应堆运行的功率水平有关，并作为多普勒效应引入反应性的首要度量。

多普勒温度系数是燃料有效温度的函数，即反应性随燃料有效温度的变化率，以 $d\rho/dT$ 或 α_f 表示，单位用 pcm/℃。图 4-2-3 给出了它们的函数关系示意。从图中可以看出，在燃料有效温度较高时(实际压水堆满功率有效温度很高)，堆芯寿期初(BOL)的多普勒系数较寿期末(EOL)的要更负些。

这里需要指出的是：在反应堆内，燃料有效温度及燃料温度的变化是不能测量的。因此，在考虑反应堆的瞬变时，实际上使用的是多普勒功率系数，定义为由反应堆功率的变化所导致的堆芯反应性的变化，通常采用功率每变化百分之一时的反应性变化来度量($\Delta\rho/\Delta\%FP$)。图 4-2-4 给出了 CP600 核电厂施工设计报告中多普勒系数随功率的变化曲线。

显然在低富集度燃料的堆芯里，多普勒功率系数也总是负值。

4.2.4 多普勒系数随燃耗的变化

从图 4-2-4 可以看到，相同的功率水平下，寿期初的多普勒系数要比寿期末的值更负些。这可以从整个堆芯寿期内，影响多普勒系数的四个主要因素进行分析：

(1) ^{238}U 消耗和 ^{240}Pu 积累

随着燃耗加深，^{238}U 的快中子裂变和吸收中子向 ^{239}Pu 的转变，消耗了燃料中 ^{238}U 的量。同时，^{240}Pu 随着燃耗增加在堆芯中不断集聚。

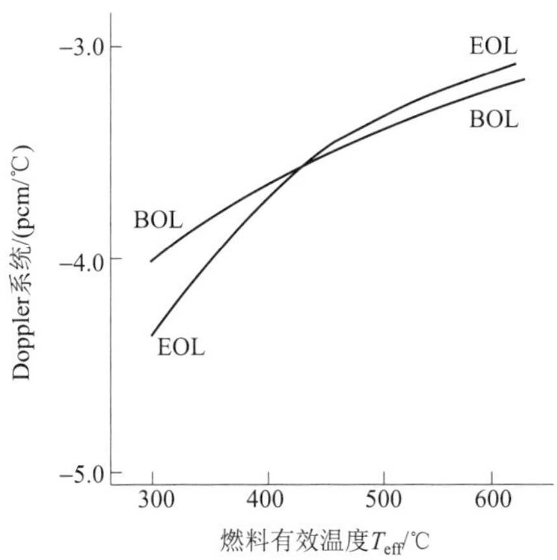

图 4-2-3　Doppler 系数与燃料有效温度的关系

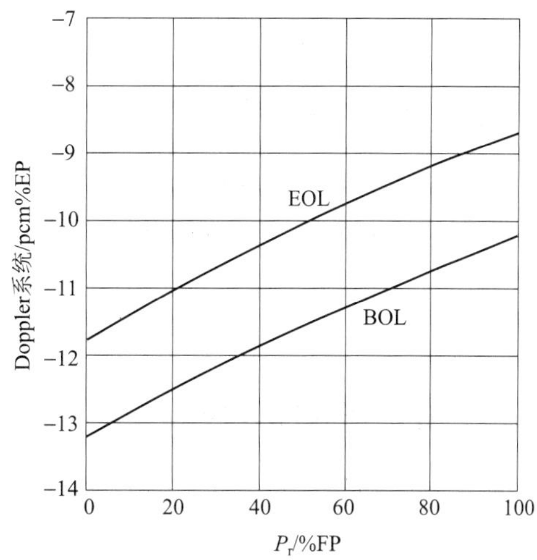

图 4-2-4　多普勒系数随功率的变化

^{240}Pu 在 1 eV 有一个吸收截面约 100 000 bar(1 bar＝10^5 Pa)的共振吸收峰。这个吸收截面非常巨大，以至于几乎所有该能量的中子都被吸收了。这样，在低温段(T_{eff}<450 ℃)，燃料有效温度的增加不会明显减少共振峰处的中子吸收(全部此能量的中子几乎均被吸收)，同时多普勒展宽效应使共振峰附近的中子吸收增加了。因此，在寿期末，由于^{240}Pu 的积累，当燃料有效温度较低时，燃料多普勒系数比寿期初更负。

在有效温度较高时，却是寿期初的燃料多普勒系数较负。因为在高温时^{240}Pu 共振峰的吸收截面明显变小，共振峰处吸收的中子相应减少。而且由于^{240}Pu 在燃料中均匀地分布，没有明显的自屏效应，多普勒展宽不会导致更多的中子被吸收。这样^{238}U 的损耗就比^{240}Pu 积累的影响更显著，燃料多普勒系数在寿期末比寿期初负的小些。

(2) 燃料和包壳之间空隙中气体的热导率

对于新燃料元件，其间隙内充有氦气，具有较大的热导率。随着燃耗的不断加深，芯块中的裂变气体如氙(Xe)、氪(Kr)不断地在间隙内聚集，并与氦气混合，从而降低了空隙的热导率。这一效应会引起同一功率水平下的燃料芯块温度升高即燃料有效温度的升高。

(3) 燃料密实效应

燃料密实是指，随着堆芯燃耗增加燃料芯块的体积减小。芯块体积减小使得芯块与包壳间隙增大，间隙热阻也增大。这样，在寿期末相同的堆芯功率水平下，燃料芯块的有效温度升高了。然而，燃料密实是很小的，它对多普勒系数的影响是次要的。

(4) 包壳蠕变

包壳蠕变是一个重要影响因素。由于中子辐照和包壳内外压差的改变，包壳发生蠕变，使燃料芯块和包壳较蠕变前贴合更紧密，从而大大提高了燃料与包壳间的热导率。结果导致寿期末的燃料有效温度明显降低。

在裂变气体、燃料密实、包壳蠕变三者中，包壳蠕变起主导作用，它们的综合效果是使相同功率水平下的燃料有效温度显著降低了，燃料有效温度随堆芯功率的变化率也即显著变小。

多普勒功率系数可以表示为：

$$\frac{\mathrm{d}\rho}{\mathrm{d}P}=\left(\frac{\mathrm{d}\rho}{\mathrm{d}T}\right)\cdot\left(\frac{\mathrm{d}T}{\mathrm{d}P}\right) \tag{4-2-2}$$

其中，$\frac{\mathrm{d}\rho}{\mathrm{d}T}$为多普勒温度系数，它随寿期没有明显变化；$\frac{\mathrm{d}T}{\mathrm{d}P}$为燃料有效温度随堆芯功率的变化率，它随着燃耗增加显著变小了。因此，在堆芯寿期从 BOL 过渡到 EOL 中，多普勒功率系数随着燃耗的加深，将变得没以前那么负了。

4.3 慢化剂温度系数

4.3.1 慢化剂温度效应

慢化剂平均温度每变化 1 摄氏度时所引起的反应性变化称为慢化剂温度系数，即：

$$\alpha_T^{\mathrm{m}}=\frac{\Delta\rho}{\Delta T_{\mathrm{m}}}(\mathrm{pcm}/℃) \tag{4-3-1}$$

慢化剂温度对反应性的影响，主要是由于温度变化引起水密度变化，因此导致慢化剂中的硼密度变化。

当慢化剂平均温度升高时，慢化剂密度会减小，使得宏观散射截面 Σ_{s} 和宏观吸收截面 Σ_{a} 同时都减小，即使慢化剂的慢化能力减弱和吸收减少。慢化和吸收对堆芯反应性是一对相反效应，慢化能力减弱是负效应，而吸收减少是正的效应。它们的相对变化大小决定了慢化剂温度系数 α_T^{m} 的正负。

在压水堆反应性控制中，可溶硼是一种重要手段。当慢化剂平均温度升高时，慢化剂密度的随之减小，这样使得堆芯内可溶硼的密度减小，硼的吸收也减少了，从而在慢化剂温度系数中引入了一个正的分量，这使慢化剂温度系数向正方向偏移。当可溶硼浓度足够大时，硼和水的吸收效应比慢化能力变化更大，使慢化剂温度系数的净值为正。故在高的硼浓度时，慢化剂温度系数随着慢化剂温度的增加而向正方向偏移，而低硼浓度时则相反，见图 4-3-1。

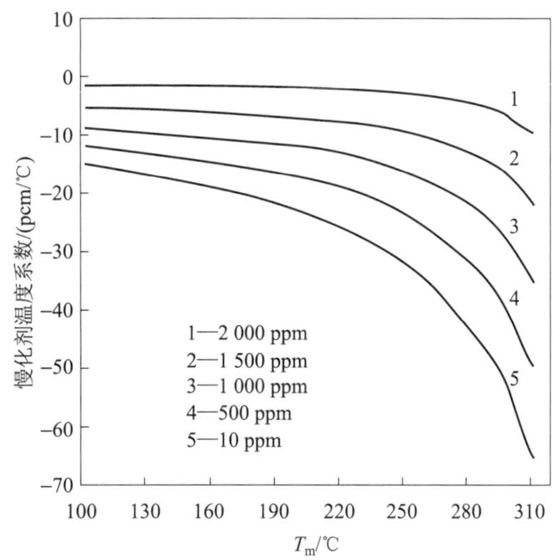

图 4-3-1 慢化剂温度系数随温度的变化

(ppm$=10^{-6}$)

由于随着温度升高，水密度下降得越来越快，在稀硼浓度中慢化剂温度系数绝对值迅速增大。图 4-3-1 中曲线 4、5 正反映了这点。

因为负的慢化剂温度系数使反应堆具有自稳性，而正的慢化剂温度系数会降低反应堆安全性，故在压水堆核电厂的《运行技术规格书》中，对慢化剂温度系数的限值作了明确规定：

在新燃料循环开始时，在反应堆冷却剂温度低于反应堆功率运行时的正常范围时，慢化剂温度系数可以稍稍为正。

慢化剂温度系数主要是在冷却剂温度低、冷却剂硼浓度高以及首炉燃耗寿期循环开始时为正值。后来，当燃料燃耗，冷却剂中硼浓度下降时，慢化剂温度系数变为负值。在任何情况下，考虑到控制棒的插入，不论燃料燃耗如何，在反应堆功率运行的温度范围内，慢化剂温度系数总为负值。在物理试验过程中，对慢化剂温度系数进行测量，以核查规定的数值。

为了使寿期初的慢化剂温度系数为负值，可通过降低堆芯硼浓度实现，如在首循环使用可燃毒物棒，可以降低初始热态堆芯临界硼浓度，使运行温度下慢化剂温度系数为负。又如，控制棒的插入也可减少所需的可溶硼浓度且增加堆芯中子泄漏，其结果将使慢化剂温度系数向负方向偏移。故当启动物理试验中，测得慢化剂温度系数稍许偏正时，可以通过限制控制棒组的提升上限来满足前一条限制。

影响慢化剂温度系数的因数主要有堆芯燃耗、一回路硼浓度、控制棒插入状态、堆芯功率水平等，将在以下各节作进一步分析。图 4-3-2 到图 4-3-5 也给出了这些因数与 α_T^m 的关系曲线示意，它们均取自秦山核电二期工程第一循环。

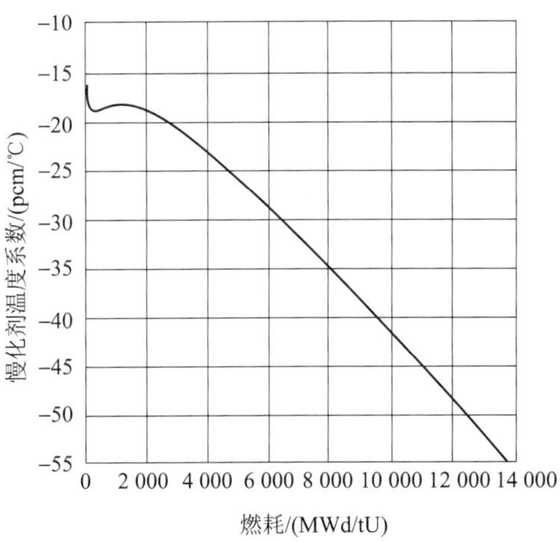

图 4-3-2　慢化剂温度系数与堆芯耗关系

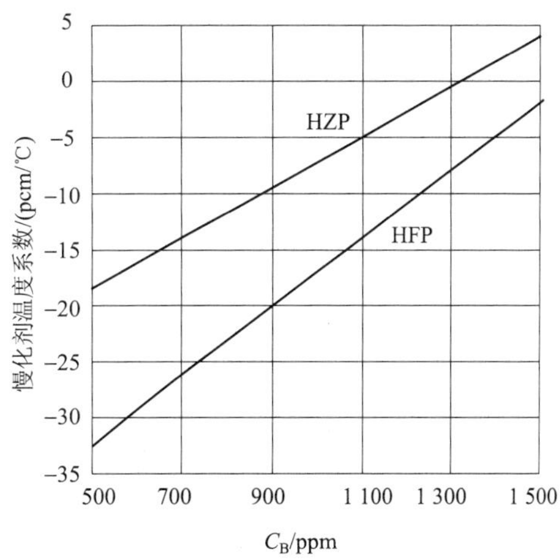

图 4-3-3　慢化剂温度吸收随硼浓度的变化

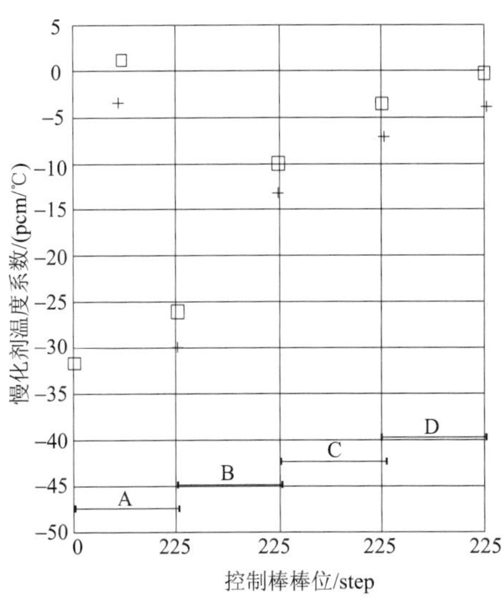

图 4-3-4　慢化剂温度系数与棒位的变化

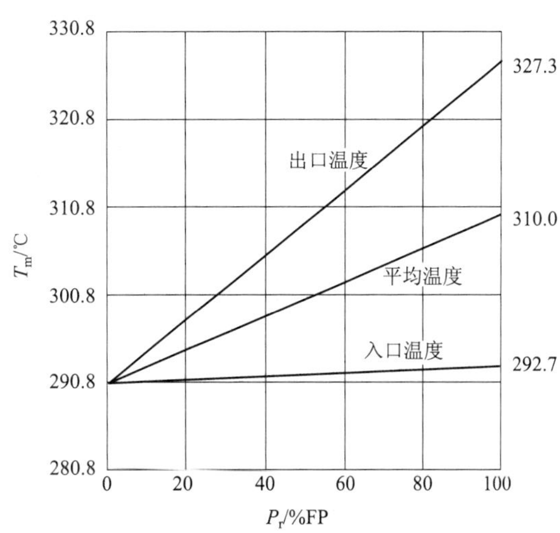

图 4-3-5　慢化剂温度随堆芯功率变化

4.3.2 慢化剂温度对 k_{eff} 的影响

压水堆用水将快中子慢化到热中子，水同时也吸收热中子，造成中子损失。故在压水堆中，慢化剂温度对反应性的净效应主要是慢化剂原子与燃料原子数之比（H_2O/U）的函数。六因子公式中的各项随慢化剂温度变化而发生的改变都是 H_2O/U 的函数。由于慢化剂温度升高，堆芯燃料装量没有变化，但慢化剂水分子因为密度减小而减少，H_2O/U 随慢化剂温度升高而变小。

（1）慢化剂温度对快裂变因子 ε 的影响

快中子裂变使裂变中子总数增加，快裂变因子 ε 总是大于 1 的。慢化剂密度随温度升高而减小，慢化能力减弱，使得中子在发生快裂变的高能区会停留时间较长，故 ε 随慢化剂温度升高而增大。

但是，与逃脱共振俘获概率和热中子利用系数相比，慢化剂温度对 ε 的影响是很小的。

（2）慢化剂温度对不泄漏概率的影响

氢原子密度对慢化效果影响最大。水温度增加，氢密度减小，水的慢化能力减弱。这会导致中子扩散长度增大，因而热中子不泄漏概率 P_{th} 和快中子不泄漏概率 P_f 降低。显然，这对慢化剂温度系数有负的影响。

由于在大的堆芯中泄漏到堆外的中子比例是很小的，压水堆里这种对 k_{eff} 的影响是很小的。

（3）慢化剂温度对热中子利用系数 f 的影响

热中子利用系数是指被燃料分子吸收的热中子数占堆芯的比例。慢化剂在慢化快中子的同时，也吸收一部分热中子，故热中子利用系数 f 总是小于 1 的。不考虑堆芯结构材料的影响，将 f 简单地描述为：

$$f=\frac{\Sigma_a^U}{\Sigma_a^U+\Sigma_a^{H_2O}}=\frac{N_U\cdot\sigma_a^U}{N_U\cdot\sigma_a^U+N_{H_2O}\cdot\sigma_a^{H_2O}} \tag{4-3-2}$$

即

$$f=\frac{\sigma_a^U}{\sigma_a^U+N_{H_2O}/N_U\cdot\sigma_a^{H_2O}} \tag{4-3-3}$$

由上式可见，H_2O/U 减小，f 值增大。

随着慢化剂温度升高，H_2O/U 减小而 f 增加。因而，慢化剂温度对热中子利用系数 f（或 k_{eff}）的影响是正效应。

（4）慢化剂温度对逃脱共振俘获概率 p 的影响

逃脱共振俘获概率 p 定义为在慢化过程中逃脱共振吸收的中子份额。水的慢化效果直接影响 p 值。随着水慢化能力减小，中子在两次碰撞间平均穿过的距离变大，因此它们能在超热区穿过更多的燃料核，从而被 ^{238}U 或 ^{240}Pu 吸收的概率增大。随着慢化剂密度减小，H_2O/U 减小，逃脱共振俘获概率 p 减小。

（5）k_{eff} 与 H_2O/U 关系

在大型压水堆中，慢化剂密度变化主要影响的因子是逃脱共振俘获概率 p 和热中子利用系数 f，对于多数压水堆，k_{eff} 值在 H_2O/U 为 4.0 左右时最大。

数学上慢化剂温度系数 α_T 可以表示为

$$\alpha_T=\frac{1}{f}\frac{\mathrm{d}f}{\mathrm{d}T}+\frac{1}{p}\frac{\mathrm{d}p}{\mathrm{d}T}-B^2\left(\frac{\mathrm{d}L_{\mathrm{f}}^2}{\mathrm{d}T}+\frac{\mathrm{d}L_{\mathrm{th}}^2}{\mathrm{d}T}\right) \tag{4-3-4}$$

最后一项代表中子从堆芯泄漏的影响。虽然泄漏随温度增加而增大，但对大型压水堆堆芯这个效应是很小的，因此 α_T 可以简化为

$$\alpha_T=\frac{1}{f}\frac{\mathrm{d}f}{\mathrm{d}T}+\frac{1}{p}\frac{\mathrm{d}p}{\mathrm{d}T} \tag{4-3-5}$$

从前面分析可以看到，随着慢化剂温度增加，H_2O/U 减小，f 值增加而 p 值减小，即 f 随慢化剂温度变化是正效应而 p 是负效应。若逃脱共振俘获概率的变化快于热中子利用系数的变化，则 α_T 为负；反之若热中子利用系数的变化为主要时，α_T 为正。

慢化剂温度系数的正负取决于堆芯中硼水混合物的吸收与慢化能力对比。根据这点，k_{eff}与 H_2O/U 的关系曲线可以分为两个区：过慢化区和欠慢化区。如图 4-3-6、图 4-3-7 所示。

最佳值的右边是过慢化区，以吸收特性为主。在这个区里随着温度增加，因慢化剂热吸收减少引入的正反应性多于共振吸收增加引入的负反应性。因而 k_{eff}随慢化剂温度升高而增加，α_T 为正，如图 4-3-6 所示。

最佳值的左边是欠慢化区，慢化剂的慢化能力比吸收效应更重要，随着慢化剂温度升高，逃脱共振俘获概率的减小大于热中子利用系数的增加，因此在欠慢化区 α_T 是负值，如图 4-3-7 所示。

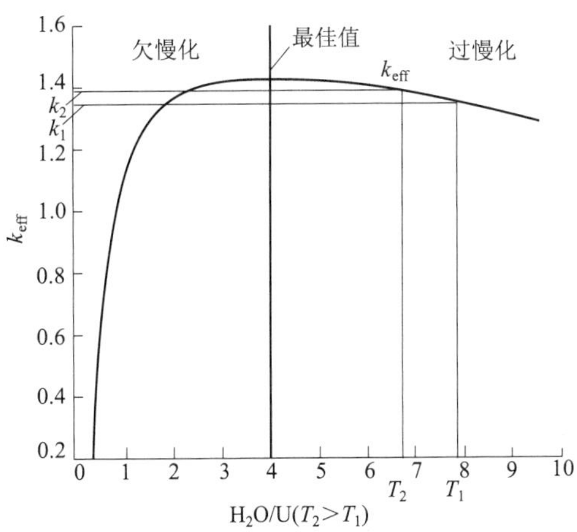

图 4-3-6　k_{eff}与 H_2O/U 之间的关系(A)

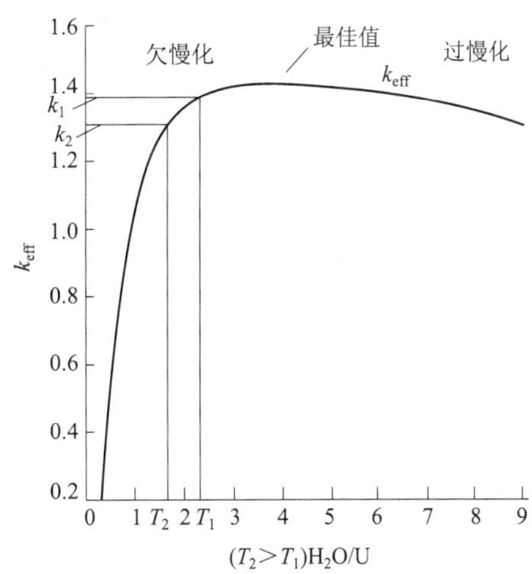

图 4-3-7　k_{eff}与 H_2O/U 之间的关系(B)

根据压水堆核电厂安全运行的要求，反应堆应运行在欠慢化区内。而 H_2O/U 是由设计确定的，秦山核电二期工程 H_2O/U 的平均值为 3.43。这个点正好在 k_{eff}与 H_2O/U 的关系曲线欠慢化区。随着温度的增加，慢化剂温度系数变得更负，因此随着温度增加，不仅添加了负的反应性，而且负反应性的添加速率也在增加。

4.3.3　硼浓度对 α_T 的影响

在压水堆核电厂的运行中，反应性主要由控制溶解在冷却剂水中的硼酸浓度实现(控制棒只起辅助作用)。硼是一种极好的热中子吸收材料，它对热中子利用系数 f 的影响很大：

$$f=\frac{\Sigma_a^U}{\Sigma_a^U+\Sigma_a^M+\Sigma_a^{H_2O}+\Sigma_a^B} \tag{4-3-6}$$

其中：Σ_a^U、Σ_a^M、$\Sigma_a^{H_2O}$、Σ_a^B 分别为燃料、结构材料、慢化剂、硼的宏观吸收截面。

慢化剂中的硼酸浓度 C_B 增加，f 减小，但对水的慢化能力没有重大影响。因此，逃脱共振吸收概率 p 受硼浓度变化的影响不明显。

另外，慢化剂密度的减小还使一部分水和硼被挤出堆芯，这就降低了慢化剂的吸收，使 f 增大，这对 α_T 是正效应。

硼浓度还影响 f 的变化率($\mathrm{d}f/\mathrm{d}T$)。对于给定的冷却剂密度减小，硼浓度越高，被挤出的硼越多。因而 $\mathrm{d}f/\mathrm{d}T$ 越大，α_T 负得越少。当硼浓度足够高时，$\mathrm{d}f/\mathrm{d}T$ 对 α_T 的影响比对慢化能力的减少影响更大。因此，α_T 能够变成正的。图 4-3-8 显示了几种温度下慢化剂温度系数随硼浓度的变化。从图中可以看出，硼浓度的增加使慢化剂温度系数向正方向移动。

4.3.4 慢化剂温度对 α_T 的影响

从图 4-3-8 给出的 α_T 与硼浓度关系图中的曲线上可以看出，硼浓度对慢化剂温度系数的影响，在慢化剂温度较低时比高时小，尤其图中 14.4℃ 的曲线几乎是平的。这是因为在低温时，水的密度以及堆芯内的硼原子密度随温度升高变化较慢，如图 4-3-9 所示。在较高温度下慢化剂密度变化的加快，也使得 α_T 的变化幅值增大。

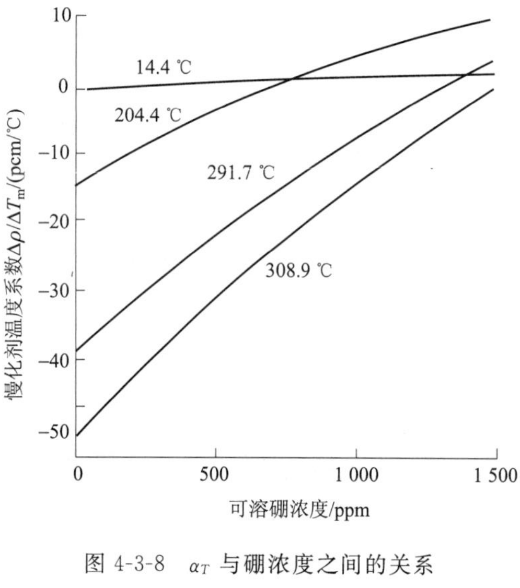

图 4-3-8 α_T 与硼浓度之间的关系

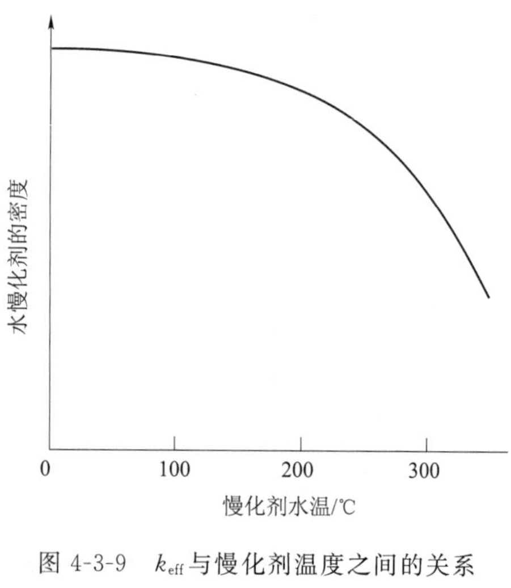

图 4-3-9 k_{eff} 与慢化剂温度之间的关系

图 4-3-9 给出了秦山核电二期的各种硼浓度下慢化剂温度系数 α_T 与慢化剂温度的关系，这个图在计算和分析问题上是很有用的。从图示中可以看出，在给定的温度下，向慢化剂中加入硼会使 α_T 负得少一点。为保证寿期初慢化剂温度系数为负值的要求，必须限制堆芯可溶硼的浓度。

4.3.5 控制棒对 α_T 的影响

当控制棒插入堆内时，慢化剂温度系数 α_T 更负。为了方便解释，我们将控制棒看成是中子的泄漏边界。在温度增加时，水的慢化能力降低，所以中子徙动长度增加，中子徙动长度的增大使控制棒的影响范围扩大，中子泄漏到控制棒的概率增大。在堆内无棒情况下，对于大型压水堆中子从堆芯泄漏出去是相当少的，所以徙动长度的增大也增加堆芯周围的泄漏。因此，当控制棒在堆内时，对于给定的慢化剂温度变化，意味着向堆芯引入了更多的负反应性，α_T 变得更负。

4.3.6　可燃毒物棒对 α_T 的影响

通常使用可燃毒物棒来控制部分剩余反应性，使 BOL、HZP、ARO 状态下的 α_T 为负值。可燃毒物棒不受慢化剂温度的影响，但可以降低堆芯可溶硼的浓度 C_B，以使运行在该温度下的 α_T 为负。可燃毒物棒的另一个作用就是展平径向通量分布，它也影响着 α_T。通常只在第一循环使用可燃毒物棒以降低硼浓度。

可燃毒物棒也是一种热中子泄漏边界，其作用与控制棒类似，它的影响相当小，使 α_T 稍微更负一点。

CP600 核电厂 1 号、2 号机组的首循环时，堆内都加有一定数量的可燃毒物（硼玻璃）。如果将来燃料管理策略发生变化，采用长循环周期（即 18 个月换料）时，换料组件的富集度就要提高，要使 BOL、HZP、ARO 状态下的 α_T 满足 FASR 的限值，燃料组件内就要加入一定数量的可燃毒物。目前国际上已采用在燃料芯块中加一定数量钆来控制剩余反应性和展平堆芯通量分布。

4.3.7　堆芯寿期与 α_T 关系

在堆芯寿期内，随着燃料燃耗的加深和裂变产物的不断积累，使剩余反应性逐渐减小。因而，作为控制剩余反应性所需的硼浓度也随着堆芯寿期而逐渐减小。这种变化使得 α_T 变得更负。图 4-3-10 表示出了 CP600 核电厂临界硼浓度随堆芯寿期的变化曲线，这条曲线的变化综合了燃耗、可燃毒物棒的燃耗和裂变产物（氙和钐）的影响。

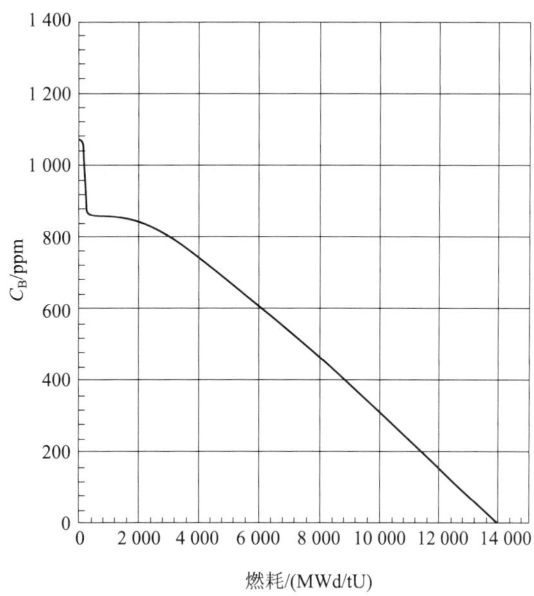

图 4-3-10　CP600 核电厂第一循环堆芯临界硼浓度随燃耗的变化

温度系数及其时间常数对反应堆的安全性和稳定性都起着十分重要的作用。具有强的瞬发负温度系数的反应堆能够承受外界快速的大反应性变化。

4.4　等温温度系数 α_{iso}

等温温度系数是核电厂物理试验中引入的一个特有的概念。由于核电厂反应堆本身固有的自稳性好坏，在相当程度上取决于慢化剂温度系数的值。在压水堆核电厂的堆芯启动物理试验中，都要求对慢化剂温度系数这一重要参数进行测量和验证，以保证其满足《运行技术规格书》中“寿期初热态零功率，所有控制棒提出状态下慢化剂温度系数为负值”的规定。考虑到测量上的困难，慢化剂温度系数通常都是通过测量等温温度系数而间接得到的。

等温温度系数 α_{iso} 是指：慢化剂、燃料包壳和铀芯块温度同时变化 1 ℃时引起的反应性变化量。等温温度是慢化剂与燃料芯块温度同步变化，这种变化只有在反应堆启动期间，堆芯处于热态零功率范围内才近似存在。此时堆芯的加热主要由一回路冷却剂主泵提供，而堆芯核燃料的发热可忽略，这样堆芯的加热可认为是均匀的。因而燃料温度、慢化剂温度是同步变化，等温温度系数即为慢化剂温度系数和燃料温度系数之和。

在热态零功率物理试验状态下，一回路的热量主要由反应堆冷却剂泵（主泵）提供，热量通过蒸汽发生器传热管传递到二回路，并释放到大气。通过调节蒸汽向大气的排放量，使得蒸汽带走的热量等于一回路产生的热量，从而使一、二回路达到热力平衡状态，反应堆冷却剂温度保持恒定。如果改变二回路的蒸汽排放量，则会打破一、二回路的热平衡状态，从而改变反应堆冷却剂温度即慢化剂温度。慢化剂温度的变化必然导致反应性的变化。由于此时慢化剂温度和燃料温度是同步变化的，测量得到的反应性变化量和温度变化量的比值即为等温温度系数。

考虑到此时等温温度系数等于慢化剂温度系数与燃料温度系数之和，就得到慢化温度系数为：

$$\alpha_T^{m}=\alpha_T^{iso}-\alpha_T^{dop} \tag{4-4-1}$$

其中：多普勒温度系数 α_T^{dop} 也不能通过试验测量，而是采用理论计算值。这样通过对等温温度系数的测量就得到了慢化剂温度系数的值。

4.5 空泡系数

空泡系数描述了由于堆内的局部沸腾产生的气泡而引起的反应性变化，定义为慢化剂空泡含量每变化 1%所带来的反应性变化，即堆芯反应性对堆芯空泡份额（x）的变化率。以 $\Delta\rho/\Delta x$ 表示，用（pcm/%空泡）来度量。

燃料包壳表面的温度可能比冷却剂的饱和温度高，这样容易使水局部沸腾产生汽泡。小的汽泡在包壳表面形成，被冷却剂冲走并破灭，这种泡核沸腾叫做过冷泡核沸腾。由于汽泡的密度远小于冷却剂的密度，堆芯汽泡的产生减小了冷却剂的密度，因此慢化剂的慢化能力降低，共振吸收和中子泄漏概率增大。堆芯的这种空泡效应跟水温升高产生的效应相同，空泡的形成对反应性的影响可正可负，这既取决于硼浓度，也取决于堆芯水-铀比偏离最佳值的程度。

在大型压水堆堆芯中空泡的含量小于 0.5%，因而空泡效应对反应性的影响是非常小的。空泡系数从堆芯寿期初低温时的－50（pcm/%空泡）变化到－250（pcm/%空泡）。随着燃耗增加和硼浓度下降，在反应堆运行温度下的空泡系数会变得更负。计算中通常假定 1%的空泡相当于慢化剂密度变化 1%。

4.6 压力系数

压力系数是由一回路中压力变化引起的反应性变化，即 $\Delta\rho/\Delta P$，压力单位为 MPa（或

Pa)。影响它的机理与改变慢化剂温度系数和空泡系数的机理相同。当压力改变时，引起了慢化剂和慢化剂中可溶硼的密度变化。如果一回路硼浓度非常低或无硼，当一回路的压力增加时，压力系数对反应性有稍微正的影响。当硼浓度较高时，一回路压力增加时，压力系数对反应性有稍微负的影响。

实践证明，压水堆一回路压力变化约 6.9×10^5 Pa，所引起的反应性效应与慢化剂温度变化 0.55 ℃所引起的反应性效应相同。可见工作压力的正常变化并不怎么影响慢化剂的密度，反应性压力系数可以忽略。

4.7　功率系数与功率亏损

4.7.1　功率系数

功率系数是燃料多普勒温度系数、慢化剂温度系数、空泡系数的综合体现。定义为功率变化 1%FP 所引起的堆芯反应性变化量，以 $\Delta\rho/\%$FP 表示。当反应堆功率发生变化时，堆内核燃料温度、慢化剂温度和空泡份额都发生相应地变化，这些变化又引起反应性的变化。

在核电厂运行中，用反应堆功率系数来表示反应性系数比用温度系数、空泡系数等来表示更为直接，也更实用。因为当反应堆功率变化时，堆内核燃料温度、慢化剂温度和空泡份额都发生相应地变化，这些变化又引起反应性变化。根据功率系数的定义有：

$$\alpha_P=\frac{\mathrm{d}\rho}{\mathrm{d}P}\approx\alpha_T^{\mathrm{f}}\frac{\mathrm{d}T_{\mathrm{f}}}{\mathrm{d}P}+\alpha_T^{\mathrm{m}}\frac{\mathrm{d}T_{\mathrm{m}}}{\mathrm{d}P}+\alpha_V^{\mathrm{m}}\frac{\mathrm{d}x}{\mathrm{d}P}\tag{4-7-1}$$

功率系数在堆芯的整个寿期内都是负的，但在寿期末要比寿期初更负一些，这主要是由慢化剂温度系数增加引起的。燃料多普勒效应、慢化剂温度效应和空泡效应对功率系数的相对贡献见图 4-7-1。从图中可以看到，慢化剂温度系数在寿期初只占总功率系数的很小一部分，但在寿期末，由于堆芯硼浓度的减小，它变得越来越重要了。

多普勒功率系数则由于燃料有效温度的降低，在寿期末稍微减小一点。

空泡系数在整个寿期内接近为常数。但在寿期末，由于慢化剂功率系数份额增加使得总的功率系数增大，空泡系数的影响相对减小。

图 4-7-2 表示 CP600 核电厂反应堆在不同的硼浓度下功率系数与功率的关系。在寿期初由于多普勒功率系数随功率升高而减小，堆芯功率越高功率系数负得越少。但在寿期末功率系数基本上不随功率的变化而变化，这是因为慢化剂温度系数有较大的贡献。必须指出的是，不管是寿期初还是寿期末，多普勒效应都是非常重要的。因为燃料温度的多普勒效应响应是非常快的，它对功率系数贡献的负反应性，能够抑制堆芯功率的快速增长。

4.7.2　功率亏损

功率亏损是指功率变化过程中所添加的总反应性，它是单一多普勒亏损、单一慢化剂亏损和空泡亏损的总和。功率亏损的大小取决于反应堆的功率水平。

图 4-7-3 给出了功率亏损的相对大小。其中多普勒功率亏损在总功率亏损中的贡献最大。从寿期初到寿期末总功率亏损是增加的，这是因为慢化剂功率亏损的增加。

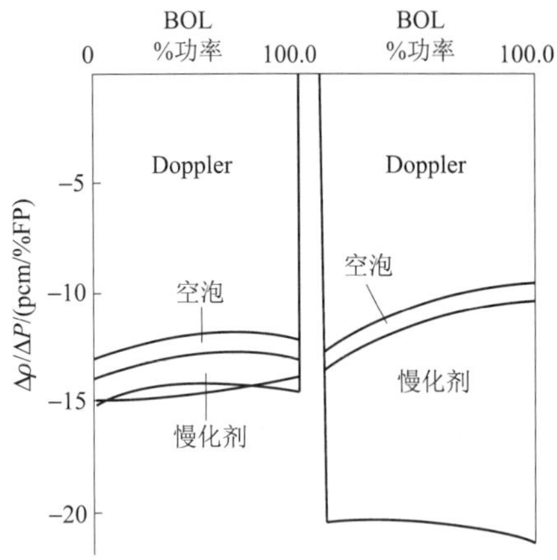

图 4-7-1 总功率系数

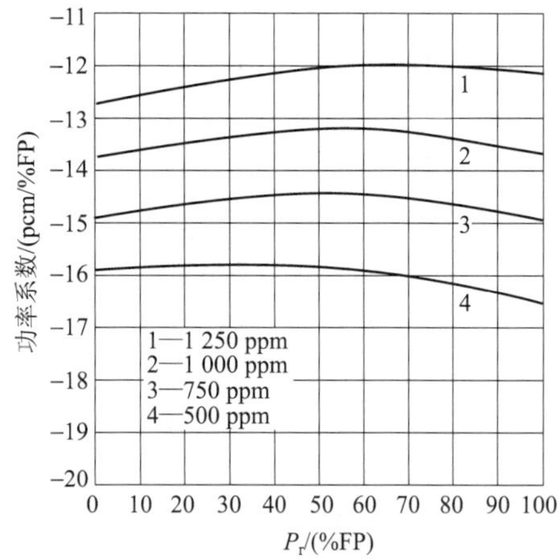

图 4-7-2 功率系数随堆功率的变化

从核电厂运行的角度看，总的功率亏损是一个重要的物理量。当反应堆功率增加时，由于功率亏损是负的，所以这时加到堆芯的反应性也是负的。为了保持反应堆的临界，必须向堆芯添加等量的正反应性。这种正反应性可以通过提升控制棒或稀释硼的方式进行补偿。当电站从高功率下降至零功率或事故停堆时，功率亏损都将向堆芯添加正的反应性。计算最小停堆裕度时必须考虑此项的变化量。当反应堆功率发生变化时，也必须考虑功率亏损的影响。通常采用调整控制棒棒位和可溶硼浓度，来调节反应性的变化。图 4-7-4 为秦山核电二期施工设计中第一循环功率上升引进的负反应性。

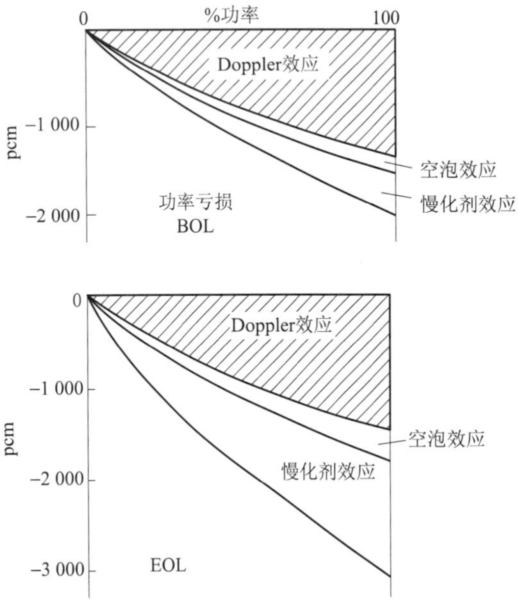

图 4-7-3 总功率亏损

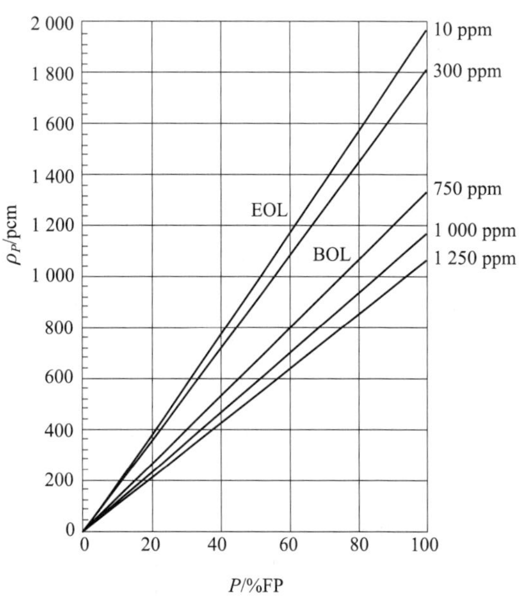

图 4-7-4 秦山核电二期施工设计中第一循环功率上升引进的负反应性

4.8　再分布效应

在 4.7 节已经讨论过，总功率亏损是由多普勒功率亏损、慢化剂功率亏损和空泡功率亏损组成的，可由两维程序模式进行计算得到。

为了简化计算，在两维程序计算模式中假设了堆芯轴向中子注量率分布是均匀的。慢化剂功率亏损是慢化剂平均温度随功率均匀上升所引起的反应性变化。但实际上，轴向中子注量率分布和相应的功率分布在堆芯是不均匀的。这种与轴向中子注量率分布、燃料燃耗及慢化剂温度系数的不均匀联系在一起的反应性效应就称为再分布效应。

4.8.1　寿期初的慢化剂亏损与再分布效应

当反应堆功率发生变化时，有几个因素影响着堆芯轴向中子注量率的分布。在寿期初的主要是慢化剂水密度随堆芯的高度增加而减小。如图 4-8-1 所示。

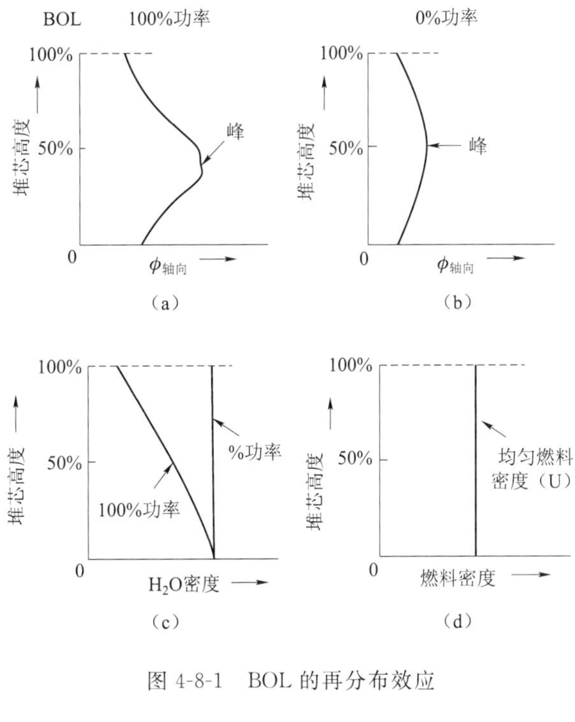

图 4-8-1　BOL 的再分布效应

沿着堆芯轴向，水温从堆芯底部（冷却剂入口）T_C 增加到顶部 T_H，水密度逐渐减小，H_2O/U 下降。因为压水堆堆芯是在欠慢化区，H_2O/U 沿轴向下降引起 k_{eff} 值沿轴向下降。堆芯顶部增加的负反应性降低了这个区域的中子注量率，使中子注量率峰向堆底偏移。

在低功率时，慢化剂密度沿轴向接近均匀分布，此时中子注量率分布峰在堆芯中央。满功率时，反应堆堆芯出口温度 T_H 比进口温度 T_C 要高得多，较高的 T_H 使堆芯顶部的中子注量率受到抑制，从而会使中子注量率峰下移，至堆芯高度约 40％的地方。

堆芯下半部的中子注量率峰产生较高的 ^{135}Xe 浓度，从满功率运行停堆后，这种较高的氙浓度迫使停堆轴向中子注量率峰朝着堆芯顶部移动。另外，功率运行一般要求控制棒部分插入，这将进一步使中子注量率峰移向底部。而停堆后控制棒全部插入，对堆芯轴向中子注量率分布的影响是均匀的。这两个因素都使反应堆在有功率运行时的中子注量率峰出现在堆芯下半部，停堆时则在堆芯的中央或堆芯的上半部。

在慢化剂亏损计算中，采用的慢化剂平均温度只是冷却剂入口温度 T_C 与出口温度 T_H 的简单平均值。在CP600核电厂核电机组中，为了改善二回路系统的效率，慢化剂平均温度随功率水平的变化是线性的。慢化剂功率亏损值由慢化剂平均温度的增量与该温度下的温度系数 α_T 乘积得到。但是慢化剂温度系数 α_T 与温度有关，且不是线性变化的。考虑到堆芯轴向温度分布的影响，平均温度对应的慢化剂温度系数 α_T 与进出口慢化剂温度系数 α_T 的平均值是不一致的。

此外，因为功率峰在堆芯的下半部，堆芯中平面处的慢化剂温度小于 T_{avg}，这种偏离使计算的单一慢化剂亏损比实际值小。

在亏损计算中，比较好的方法是把堆芯划分成几个轴向段，分别计算每个区段的慢化剂功率亏损，然后再将它们加起来得到慢化剂功率亏损。这样得到的亏损值比常规计算要大一些。

再分布效应增加了功率亏损，在寿期初这种增加主要是由于上述慢化剂效应引起的，此时最坏情况下的再分布效应约为500 pcm。图4-8-2给出了寿期初再分布效应与慢化剂功率亏损的关系。

4.8.2 寿期末的慢化剂亏损与再分布效应

寿期末堆芯的再分布效应并不十分明显。因为此时堆芯慢化剂中的硼浓度已经很低，慢化剂温度系数明显地随温度而变化，且其绝对值也较寿期初时大若干倍(甚至一个数量级)。因此，再分布效应对 α_T 的影响相对较小。图4-8-3给出了寿期末再分布效应与慢化剂功率亏损的关系。

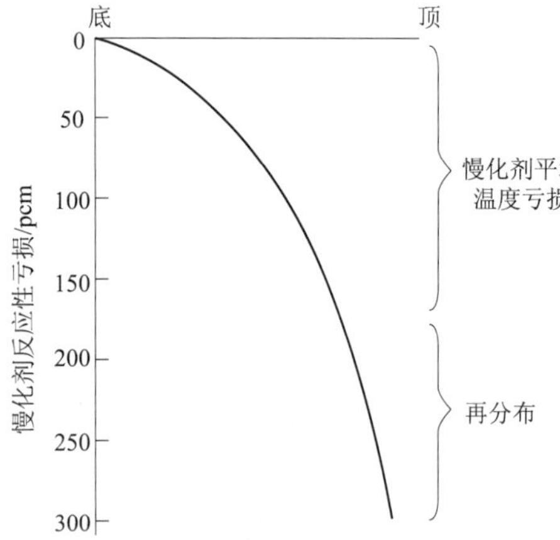

图4-8-2 BOL的慢化剂亏损的再分布

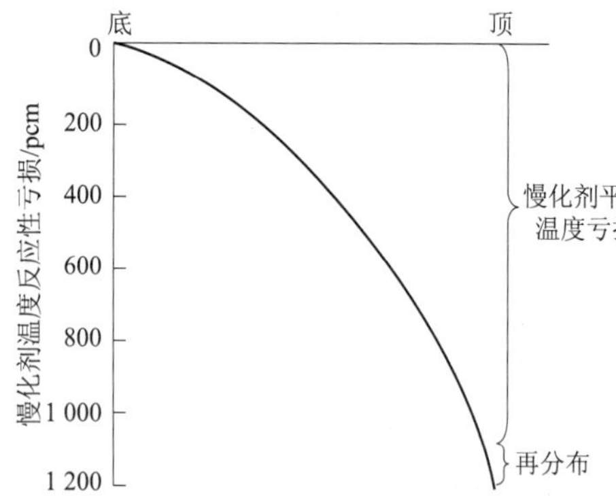

图4-8-3 EOL时的慢化剂亏损和再分布

此外，随着堆芯燃耗增加，在慢化剂温度轴向分布和控制棒部分插入的影响下，堆芯上半部的^{235}U的富集度相对下半部高，轴向功率峰逐渐上移。在堆芯寿期末，轴向中子注量率分布是比较平坦的，因此，平均慢化剂温度发生在堆芯的中心平面上。寿期末堆芯的再分布效应如图 4-8-4 所示。

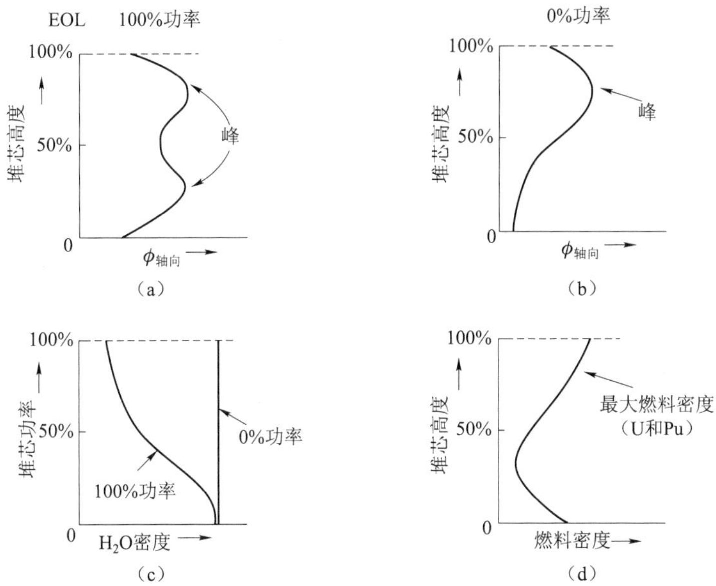

图 4-8-4 EOL 时的再分布效应

同样,在亏损计算中,也宜是将堆芯划分成若干个轴向段,计算每一个区段的慢化剂功率亏损,然后再将它们加起来得到总的慢化剂功率亏损。

4.8.3 轴向燃料燃耗对再分布效应的影响

寿期初多普勒效应对再分布的贡献是非常小的,因为此时燃料的密度是均匀的,且中子注量率偏移相当小。到了寿期末功率亏损中的再分布份额主要是由燃料燃耗效应造成的。图 4-8-2 和图 4-8-4 分别给出了寿期初和寿期末从热态满功率到热态零功率下的轴向中子注量率分布。

在寿期末,当反应堆功率从热态满功率到热态零功率时,中子注量率峰朝堆芯顶部偏移较大,这种偏移是堆芯燃耗不均匀的结果,而燃耗的不均匀是由于功率运行时控制棒的插入和堆芯底部水较冷所造成的。

在堆芯底部燃耗增加的同时,这个区域的裂变产物浓度也在不断地积累,这样就造成停堆后中子注量率峰进一步朝堆芯顶部移动。

当反应堆从热态满功率到热停堆时,因为中子注量率峰从堆芯底部的低密度燃料向堆芯顶部的高密度燃料偏移,由此也向堆芯引入了正反应性。又因为燃料的反应性价值正比于相对中子注量率的平方,密度高的燃料内相对中子注量率升高,将引入额外的正反应性。对于寿期末,再分布效应的主要贡献是由于轴向中子注量率峰的偏移所引起的这两个正反应性效应。

总之,影响再分布效应的主要因素:寿期初是慢化剂功率亏损,寿期末是不均匀的燃耗。典型的再分布效应已经包含在总功率亏损曲线中,因而在寿期初很少被关注。但是在反应堆停堆时,反应堆运行人员必须考虑到再分布效应引入的正反应性,保守的计算停堆深度。在计算停堆时,必须将最大再分布效应加到功率亏损上。

停堆时由再分布效应引入的正反应性的计算，是采用了在最不利的控制棒棒位、氙分布和燃耗情况下所得到的最大中子注量率峰的偏移。对于停堆最保守的再分布值：寿期初为−300 pcm；寿期末为−850 pcm（CP600 核电厂施工设计）。

复习思考题

一、填空题

1. 试举三种反应性系数：________、________、________、（________、________等）。

2. 反应性温度系数是____________，在功率运行时，它包括燃料温度系数，它的效果是________的，还包括________系数，它的效果是________的。

3. 蒸汽泡含量的增加导致慢化剂密度________，这样热中子数目________；在欠慢化反应堆中反应性________。

4. 压水堆核电厂的水铀比选在最大值的________，即反应堆处于“欠慢化状态”。这样可以保证出________的温度系数。

二、选择题

1. 压水反应堆的自稳定性能是由（　　）实现的。

A. 调节控制棒　　B. 负温度系数反馈　　C. A+B

2. 影响慢化剂温度系数的主要因素（　　）。

A. 冷却剂平均温度　　B. 一回路硼浓度

C. 堆芯燃耗　　D. 水铀比

3. 反应堆功率系数包括（　　）。

A. 燃料温度系数　　B. 等温温度系数

C. 慢化剂温度系数　　D. 空泡系数

三、判断题

1. 控制棒插入时，慢化剂温度系数要比控制棒抽出时更正一些。（　　）

2. 随着堆芯硼浓度降低，慢化剂温度系数变得越来越负。（　　）

3. 当一回路温度升高时，一回路水中的硼浓度升高。（　　）

第5章 反应性的控制

5.1 后备反应性分配

反应堆由于温度、压力、功率及燃耗等参数的变化，使堆芯的反应性发生相应的变化。为了保证反应堆有一定的工作寿期，以满足启动、停堆和功率变化的要求，反应堆的初装量必须大于临界装量，以有一个适当的后备反应性。同时，必须提供控制和调节这个后备反应性的具体手段，以使反应堆的反应性保持在所需的各种数值上。这是反应性控制设计的基础。所谓后备反应性，是指冷态干净堆芯的剩余反应性。

堆芯在没有控制毒物时的反应性称为剩余反应性，以 ρ_{ex} 来表示。控制毒物是指反应堆中作为控制反应性用的所有物质，例如控制棒、可燃毒物和化学补偿毒物等。剩余反应性的大小与反应堆的运行时间和运行工况有关。一般来说，一个新堆芯，在冷态无中毒情况下，它的初始剩余反应性最大。

另外，在反应性控制的具体设计中，必须充分注意安全原则。例如反应性控制量中一般还须包括停堆深度一项，以保证反应堆停堆时 k 值足够小，使反应堆在足够安全的次临界度上。这样，在发生某些事故(如硼稀释事故等)时，使操纵员有足够的时间来控制反应堆。

停堆时的有效增殖系数为 k_s，对应的反应性为 ρ_s，ρ_s 可以度量反应堆在次临界的程度，有时也称为停堆深度。其实际数值与反应堆的运行时间和运行工况有关。在反应堆核设计中，要求在任何工况下，反应堆都应该具有足够大的停堆深度。

因此，总的后备反应性必须等于水和铀的温度效应、毒渣效应及燃耗效应引入的反应性之和，才能保证反应堆有一定的工作寿期及其他要求。而总的反应性控制能力应大于总的后备反应性加上停堆深度。

因此，反应性控制的主要任务是：采用各种切实有效的控制方式，在确保堆芯安全的前提下，控制反应堆的剩余反应性，以满足反应堆长期运行的需要；通过控制毒物合理的空间布置和最佳的控制程序，使反应堆在整个堆芯寿期内保持较平坦的功率分布，使功率峰因子尽可能地小；在外界负荷发生变化时，能够迅速调节反应堆的功率，使它能够适应外界负荷的变化；在反应堆出现事故时，能够快速地、安全地将反应堆停闭，并保持一定的停堆深度。

5.2 反应性控制基本原理与方法

热堆中 $k_{eff}=\varepsilon p p_s p_d f\eta$，所以原则上可以通过控制 ε，p_s，p，p_d，f 及 η 这几个因子中的一个或几个因子，来实现对反应性或 k 的控制。当热堆的燃料富集度以及燃料与慢化剂相对组分确定以后，快裂变因子 ε、热中子裂变因子 η 可以认为基本不变。一般反应性控制主要是通过控制热中子利用系数 f、快中子不泄漏概率 p_s 和热中子不泄漏概率 p_d 来实现。

慢化剂控制法

有些反应堆，通过控制堆内的水位来改变中子不泄漏概率及热中子利用系数，即可达到反应堆启动、停闭及运行的目的。如在发生临界事故时，可通过排除慢化剂，使反应堆或易裂变材料迅速置于次临界状态。

中子反射层控制法

通过控制堆外中子反射层的组分来改变中子不泄漏概率及热中子利用系数，即可达到反应堆启动、停闭及运行的目的。

燃料元件控制法

通过控制堆内燃料元件的数目来改变 k，即可达到反应堆启动、停闭及运行的目的。

毒物控制法

绝大多数反应堆，包括快堆以及其他类型的热堆，都采用这类控制法。最常见的是用 σ_a 很高的材料制成控制棒，并插入堆芯或反射层内。这样，移动控制棒即可达到控制目的。

对于小型反应堆，通常只用控制棒控制。其优点是控制速度快、灵活机动、可靠有效且经济。但是控制棒在堆内移动对堆内的通量分布扰动较大。大型反应堆的后备反应性控制量较大，控制棒数目较多，这个缺点更加突出。

为此，在大型反应堆中，在采用控制棒的同时，还采用化学控制剂如硼(^{10}B)的“载硼运行”方案，即在水中加硼酸，通过对硼浓度的控制来实现对部分反应性的控制。在重水堆中，除采用“载硼运行”方案外，为了增加经济性和有效性，有时还采用“载钆运行”方案。由于毒物在慢化剂中分布均匀，因此浓度改变时，堆内中子注量率分布的变化也比较均匀。这种办法可以弥补控制棒的不足，而且也比较经济便宜。

但慢化剂中含硼量太高，就会使慢化剂的温度系数变正。这在一定的技术条件下是不利于安全运行的。所以，目前多数压水堆还同时采用第三种控制方法——可燃毒物。即在堆芯内以一定方式分布放置硼玻璃可燃毒物棒(一般在反应堆首次装料时使用)或含钆可燃毒物(一般在长周期换料循环中使用)。随着反应堆运行中燃耗的加深，可燃毒物的原子核数目逐渐减少，这就相当于反应性逐渐释放，从而起到了控制反应性的作用。由于毒物含量随着燃耗的加深而减少，故称为可燃毒物。

在实践中，还有多种反应性控制方法，如可向堆内注入空气来控制反应性；又如高温气冷堆还可以通过启停风机来控制反应性等等。

压水堆核电厂在运行过程中，反应性的控制方式主要采用下述方式来实现的：

- 可溶硼控制；
- 控制棒控制；
- 可燃毒物棒控制。

下面就分别讨论反应性控制的三种主要方式，即控制棒、化学补偿以及可燃毒物棒控制。

5.3 控制棒

根据反应堆的反应性分析，可以确定出控制棒和其他控制方式之间的反应性分配。在大型压水堆中，控制棒所必须控制的反应性一般在 7%～10%。

控制棒是强吸收体，它的移动速度快、操作可靠、使用灵活、控制反应性的准确度高。当反应堆需要紧急停堆时，控制棒的控制系统能够快速地引入一个大的负反应性，实现紧急停堆，并达到一定的停堆深度。当外界负荷或堆芯温度发生变化时，控制棒的控制系统必须引入一个适当的反应性，以满足反应堆功率与堆芯温度调节的需要。所以，它是反应堆中紧急控制和功率调节所不可缺少的控制手段。其具体功能有：

- 功率亏损补偿；
- 负荷跟踪时的反应性控制；
- 调节由于温度、硼浓度或空泡效应等引起的小反应性变化；
- 轴向功率分布控制；
- 调节慢化剂平均温度，使之与二回路功率匹配；
- 紧急停堆时，能够保证提供即使最大效率的一束控制棒完全卡在堆顶时的停堆裕量；
- 任何一束控制棒的反应性足够小，以防止该棒组从堆芯弹出发生瞬发临界事故。

5.3.1 控制棒的特性

对控制棒材料有下列要求：首先要求它具有很大的中子吸收截面(不但要求它具有很大的热中子吸收截面，而且还要具有较大的超热中子吸收截面，特别是对于中子能谱比较硬的反应堆更应如此)。例如，在压水堆中，一般采用银-铟-镉合金作为控制棒材料。这是因为镉的热中子吸收截面很大，银和铟对于能量在超热能区的中子又具有较大的共振吸收能力。另外，还要求控制棒材料具有较长的寿命，这就要求它在单位体积中含吸收体核数要多，而且要求它吸收中子后形成的子核也具有较大的吸收截面，这样它的吸收中子的能力才不会受自身的"燃耗"的影响。最后，要求控制棒的材料具有抗辐照、抗腐蚀、耐高温和良好的机械性能，同时价格要便宜等。

在压水堆中，控制棒组呈束棒型，被分成停堆棒(又称安全棒)组和调节棒组两种，每束包含若干根控制棒。停堆棒组只用于正常停堆或事故停堆时向堆芯提供足够大的停堆深度。调节棒组不仅在正常停堆或事故停堆时向堆芯提供停堆反应性，而且在堆芯运行过程中控制或调节反应性的变化。控制棒组件是靠控制棒驱动机构的带动，使棒组在堆芯内移动(抽出或插入)来控制反应性的变化。

CP600 核电厂反应堆控制棒分停堆棒组 S 和调节棒组 A、B、C、D 共 33 束，每一束含 24 根控制棒，其中 D 棒组为主调节棒组。其在堆芯的布置如图 5-3-1 所示。

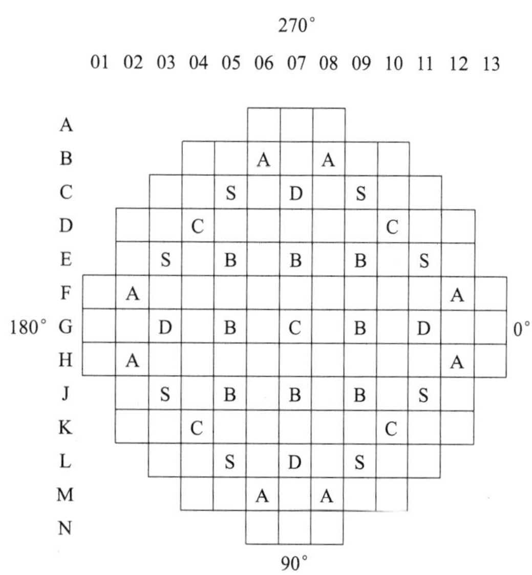

图 5-3-1 控制棒组件布置图

控制棒束的分组主要是基于下述两项准则要求：

- 所提供的负反应性必须足以满足前述的控制要求；
- 焓升因子 $F_{\Delta H}$ 必须足够低，反应堆在低功率运行时允许调节棒部分插入。因而这些调节棒组的价值及其重叠步数必须满足补偿轴向功率分布效应及功率亏损要求。

束棒型控制棒组件有如下优点：

- 吸收材料均匀地分布在堆芯，从而使堆内热功率分布较为均匀；
- 提高了单位质量和单位体积吸收材料吸收中子的效率，大大减少了控制棒的质量；
- 由于控制棒的直径很细、分布又较均匀，因此它引起的功率畸变也比较小。

5.3.2 控制棒对k_{eff}的影响

控制棒对k_{eff}的直接影响，表现在其对热中子利用系数f和逃脱共振吸收概率p两参数及中子不泄漏概率上。当控制棒插入堆芯时，热中子利用系数f表示为：

$$f=\frac{\Sigma_a^U}{\Sigma_a^U+\Sigma_a^M+\Sigma_a^R+\Sigma_a^P} \tag{5-3-1}$$

式中：U表示燃料；M表示慢化剂；R表示控制棒；P表示毒物。很明显，在有控制棒的堆芯中，热中子利用系数f将减少，从而使k_{eff}下降。

由于控制棒具有很强的超热中子吸收的能力，它使经慢化而能到达热能的中子数减少。也就是说，控制棒的插入对逃脱共振吸收概率p有明显的影响，它使p值减少，从而使k_{eff}下降。

控制棒插入堆芯时，将引起堆内中子注量率分布发生畸变，导致堆的几何曲率B^2值增加，从而减少了中子不泄漏概率。但是，控制棒改变热中子利用系数f和逃脱共振吸收概率p两参数的大小是影响k_{eff}的主要因素。

5.3.3 控制棒的价值

控制棒的价值是指在堆内有控制棒存在时和没有控制棒存在时的反应性之差。

(1) 控制棒的微分价值

控制棒微分价值是指控制棒移动单位距离所引起的反应性变化，其单位常采用pcm/step。它表示的形式如下：

$$\mathrm{DRW}=\frac{\Delta\rho}{\Delta H} \tag{5-3-2}$$

式中：DRW——控制棒的微分价值；

$\Delta\rho$——反应性的变化量；

ΔH——控制棒位置的变化量。

控制棒的微分价值取决于控制棒顶端附近的相对中子注量率、该处中子注量率的相对权重和棒本身特性。

$$\mathrm{DRW}=C\times\left(\frac{\varphi_{tip}}{\varphi_{avg}}\right)\times\psi \tag{5-3-3}$$

式中：C——与棒的大小、形状和材料有关的常数；

φ_{tip}——棒顶端附近的中子注量率；

φ_{avg}——堆芯平均中子注量率；

ψ——中子注量率的权重因子。对于大多数反应堆来说，权重因子与局部通量成正比，即：

$$\psi=\frac{\varphi_{tip}}{\varphi_{avg}} \tag{5-3-4}$$

所以，控制棒的微分价值与该处相对中子注量率的平方成正比，即

$$\mathrm{DRW}=C\times\left(\frac{\varphi_{\mathrm{tip}}}{\varphi_{\mathrm{avg}}}\right)\times\psi=C\times\left(\frac{\varphi_{\mathrm{tip}}}{\varphi_{\mathrm{avg}}}\right)^{2} \tag{5-3-5}$$

控制棒在堆内移动时，其微分价值是变化的。当棒向堆芯插入时，堆内轴向中子注量率分布将受到影响(见图 5-3-2)。随着控制棒的继续下插中子注量率峰向堆芯底部偏移。当控制棒全部插入堆芯时，中子注量率峰值又返回至中央平面。

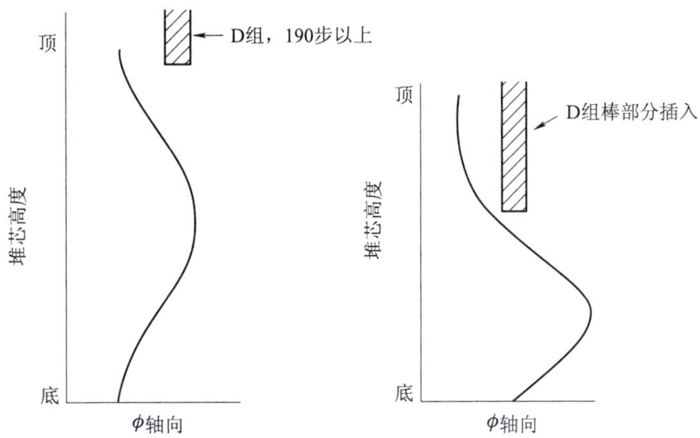

图 5-3-2　控制棒提出和部分插入时轴向注量率的分布

确定控制棒微分价值的方法很多，目前核电厂主要采用调硼法进行测量。在调硼过程中，通过移动控制棒进行补偿调硼引起的反应性变化，以使反应堆始终维持在临界状态。控制棒移动产生的反应性变化与控制棒移动的步数的比值就是当前棒位状态下的控制棒微分价值。图 5-3-3 为 CP600 核电厂 U1C4 循环控制棒组 D 的微分价值与其高度的关系。

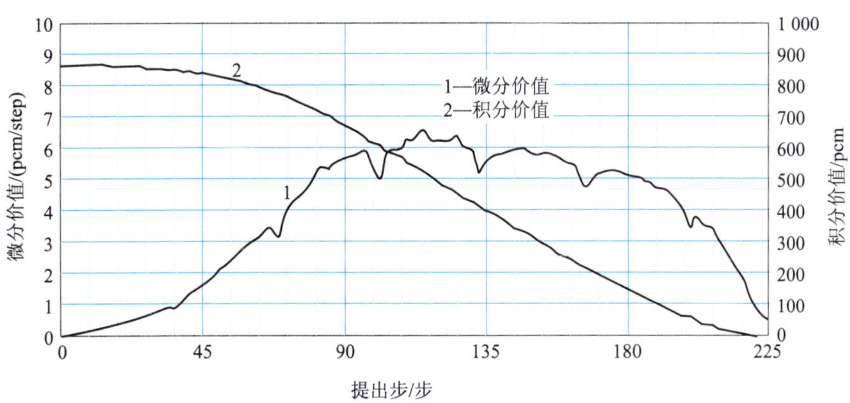

图 5-3-3　D 棒组的微分和积分价值(U1C4、BOL、HZP、0Xe)

(2) 控制棒的积分价值

控制棒从堆芯某一参考位置移动到另一位置时，所引入的反应性被称为在这个位置上的控制棒积分价值。参考位置通常选择为控制棒的全插或全提位置，如果参考位置选择为全插时，提棒可以向堆芯引入正反应性，随着控制棒的不断地提出，所引入的正反应性也越大，积分价值在棒位为零步时等于零；如果参考位置选择为全提时，插棒则向堆芯引入负反

应性，随着控制棒的不断地下插，所引入的负反应性也越大。图 5-3-3 也给出 CP600 核电厂 U1C4 循环控制棒组 D 的积分价值曲线。控制棒的微分价值是控制棒的积分价值曲线上相应点的切线斜率。不管控制棒的参考位置如何选取，控制棒的移动向堆芯添加的反应性为：

$$\Delta\rho = \mathrm{IRW}_{终值} - \mathrm{IRW}_{初值}$$

其中，IRW 表示控制棒的积分价值。图 5-3-4 给出了 CP600 核电厂 U1C4 循环，控制棒组重叠为 100 步、堆芯寿期初（BOL）、热态零功率（HZP）情况下的控制棒重叠时的微分价值和积分价值曲线。

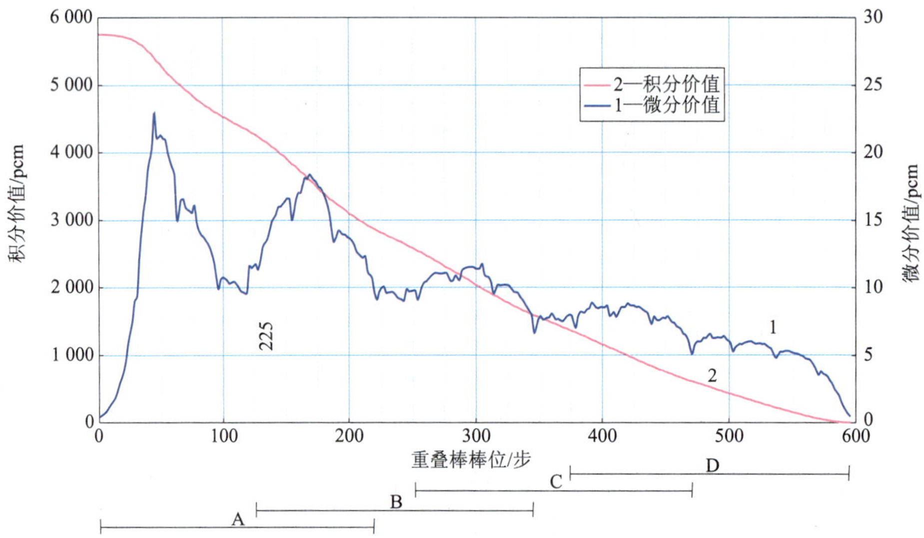

图 5-3-4 组合棒的微分和积分价值（U1C4、HZP、BOL）

5.3.4 影响控制棒价值的因素

影响控制棒价值的因素很多，如慢化剂温度、裂变产物的毒性、可溶硼浓度、反应堆功率水平以及控制棒组在堆芯的布置和状态等。其中，慢化剂温度和燃耗是影响控制棒价值的重要因素。当慢化剂温度升高时，其密度降低了，中子在慢化剂中的穿行距离变大了。这样中子被控制棒吸收的概率变大了，也即控制棒的作用范围变大了。这就意味着慢化剂温度的升高，控制棒的价值变大。

对于给定的温度，堆芯燃耗的加深，使控制棒的价值增大。这主要是因为化学补偿浓度下降，热中子利用系数 f 增大，使控制棒的价值增大。另外，堆芯燃耗的加深使堆芯的中子注量率分布也发生变化，使控制棒价值发生变化。

当反应堆功率水平上升时，慢化剂温度升高，多普勒效应和裂变产物的积累导致堆芯宏观中子注量率分布的改变和中子能谱的硬化，从而使控制棒组的价值随着堆功率水平的上升略有增加。

另外，控制棒在堆内的布置和状态也影响着棒组的价值。一般情况下，反应堆内布置着较多的控制棒组，这些控制棒组同时插入堆芯时，控制棒的总价值并不等于单个控制棒插入堆芯时的价值之和。这是因为一根控制棒插入堆芯后将引起堆内中子注量率的畸变，这势必影响到其他控制棒的价值。这种现象称为控制棒的阴影效应（或称“干涉效应”)。

堆芯中没有控制棒的插入时，径向中子注量率分布是均匀的(如图 5-3-5 所示)。当第一根控制棒完全插入堆芯时，径向中子注量率分布如图中实线所示。控制棒的价值是与其所在处中子注量率的平方成正比。假设把第二根控制棒插在第一根控制棒附近的 d_1 处，由于该处的中子注量率比原来无控制棒时的中子注量率下降了，因此第二根控制棒的价值比它单独插入堆芯时的价值低。如果把第二根控制棒插在离第一根控制棒较远的 d_2 处，这时该处的中子注量率比原来(没有第一根控制棒)时高。因此，第二根控制棒的价值就比它单独插入堆芯时的价值高。同理，当第二根控制棒插入堆芯时，它也要使中子注量率分布发生畸变，因而影响到周围控制棒的价值。事实上，影响是相互的，每一根控制棒的插入都将引起其他控制棒价值的变化。从图中可知，在两根控制棒相距较近时，两根棒同时插入堆芯时所得的总价值比它们单独插入时所得到的价值之和要小；在两根控制棒相距较远时，两根棒同时插入堆芯时所得的价值比单独插入时所得到的价值之和要大。考虑到控制棒间的干涉效应，通常在设计堆芯时，应使控制棒的间距大于热中子扩散长度。

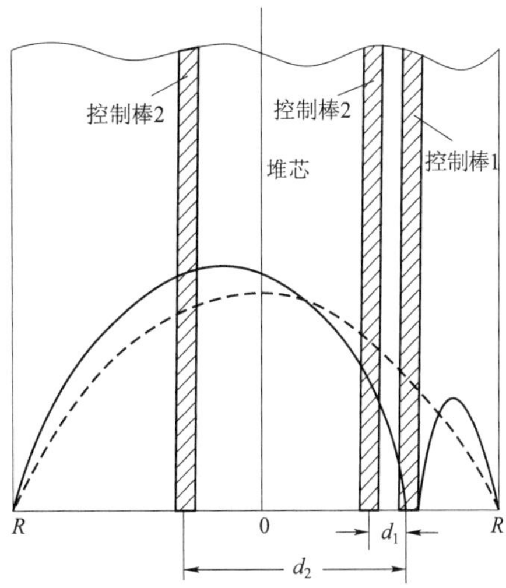

图 5-3-5　控制棒的干涉效应

5.3.5　控制棒的运行要求

(1) 控制棒组的重叠

在反应堆启动或停堆的过程中，为了保持相对恒定的反应性添加速率，要求控制棒组要有一定量的重叠。所谓控制棒重叠是指当一组控制棒组提到一定高度尚未完全提出堆芯时，后一组控制棒组开始从堆芯底部提起，然后两组控制棒组在保持一定的重叠量下继续上升，直至前一组控制棒组全提出堆芯，后一组控制棒组继续上升。同样，后续的控制棒组也在相同的重叠量下，与它前一组控制棒组一起继续上升直至规定的棒位。控制棒组的重叠步数是根据设计而定的，CP600 核电厂反应堆控制棒组的重叠步为 100 步。

采用控制棒重叠可以得到比较均匀的棒微分价值，使控制棒移动时的轴向中子注量率分布更为均匀。非均匀的轴向中子注量率分布会引起堆芯非正常功率峰，可能使燃料组件烧毁。均匀的控制棒微分价值能够保证提棒时得到较均匀的反应性变化。如果微分价值很小或为零(在堆顶或堆底)，控制棒移动时不添加反应性，这是不希望的。因为在发生事故或在瞬态过程中，希望控制棒组能够立即引入反应性。因此，在反应堆运行过程中，包括启动或停堆，控制棒以重叠棒组方式运行。

应当指出，停堆棒在正常运行情况下，都是提出堆芯的，所以运行过程对它没有重叠的要求。

(2) 控制棒的插入限

虽然控制棒组可以插入到堆芯的任一高度上，但在反应堆运行期间，对一给定的功率水平，控制棒的插入深度必须保持或限制在某一特定或规定的高度以上，这个高度就被称作控制棒的插入限。

确定控制棒组的插入限主要考虑以下因素：

• 控制棒的插入限减小了弹棒事故的后果。限制控制棒的插入深度，就限制了弹棒时正反应性的添加量。因此，反应性的添加量小了，弹棒事故引起的功率上升变化也就小了。

• 控制棒的插入限保证了给定功率水平下的停堆裕量。当反应堆停堆后，功率亏损和慢化剂温度的下降是向堆芯添加正反应性。对不同的功率水平，控制棒的插入限保证控制棒有足够的负反应性让反应堆停堆，并具有足够的停堆裕量(在 HZP 状态下满足卡棒准则的同时，在 BOL 和 EOL 的停堆深度分别不得小于 1 000 pcm 和 2 000 pcm，如图 5-3-6 所示)，使反应堆处于安全停堆状态下。

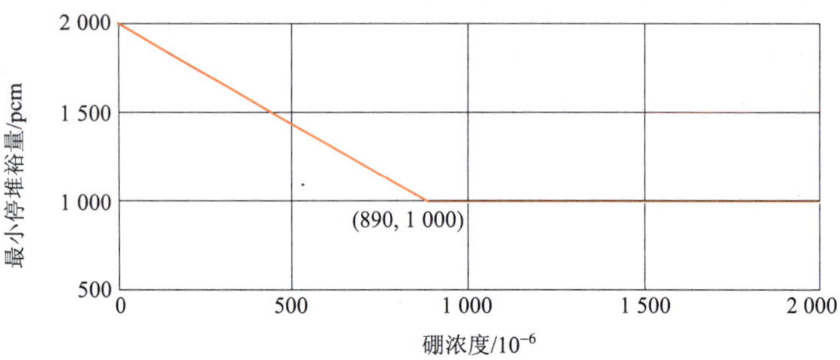

图 5-3-6 混合堆芯不同硼浓度对应的最小停堆裕量

• 控制棒的插入限保证了由于棒组插入造成的堆芯功率不均匀系数在安全允许的范围内，其 $F_{\Delta H}$、F_q 等因子及 DNBR 能够满足技术规格书中允许值的要求。如果控制棒插得过深，即控制棒棒位在插入限之下，堆芯上部的功率被压得太低，堆芯下部功率被抬得太大，就有可能导致堆芯下部燃料元件温度过高而熔化。

图 5-3-7 是 CP600 核电厂混合堆芯论证后的控制棒组插入限值。控制棒组的插入限称为控制棒组的“低-低”位(限)。

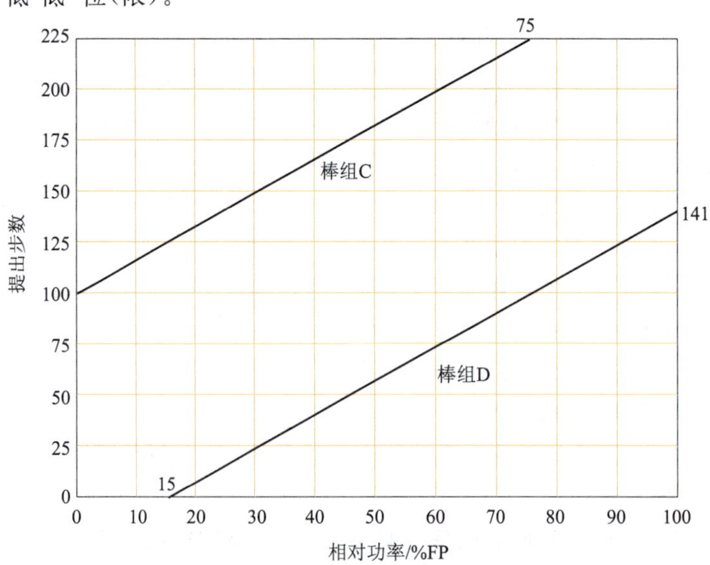

图 5-3-7 混合堆芯控制棒组插入限值

在 D 棒组插入低低限位置向上 10 步，即是 D 棒组的棒位低限，设计上为控制棒组在调节带与插入限之间提供两种报警，其目的在于对运行人员给出事故报警和控制棒插入过量的警告。

CP600 核电厂技术规格书中规定，如果插入限不能得到满足时，应采取下列措施：

- 在 2 h 内使调节棒组恢复到插入限以内，或
- 在 2 h 内使反应堆功率降低到低于或等于按插入限曲线确定的该棒组位置所能允许的功率水平，或在 7 h 之内将反应堆后撤到中间停堆状态（RRA 投入）。

(3) 咬量

在正常运行情况下，为了确保控制棒（主调节棒组 D）具有足够的反应性引入能力，以满足每分钟 5%FP 线性负荷变化和 10%FP 阶跃负荷变化的堆芯控制和机动性要求，需要限制主调节棒组的最小插入深度。这个插入位置称为“咬量”。按照核电站功率调节系统的设计要求，计算得到 D 棒组在设计咬量位置处具有 2.5 pcm/step 的微分价值，可满足上述机动性的要求（见图 5-3-8）。通俗地讲，保持这个最小插入量是为了调节棒组在插入堆芯时能够立即引入一定的负反应性，以便对付可能发生的瞬态工况。

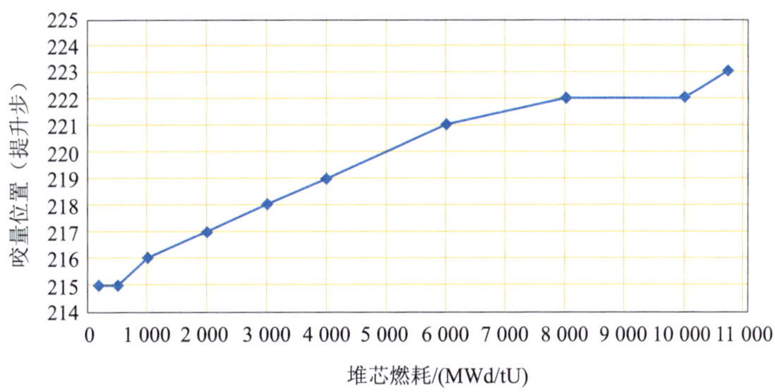

图 5-3-8　主调节棒咬量位置随燃耗的变化（U1C4、EQ. Xe）

在基本负荷运行模式下，要求控制棒在咬量棒位下运行。但是在负荷跟踪或负荷变化等运行情况下，控制棒的抽出极限不受此限制。图 5-3-8 是秦山核电二期 U1C4 循环 D 棒组的咬量位置随燃耗的变化。

(4) 轴向功率偏差

轴向功率偏差是反应堆上、下部分堆芯功率（FP%）的差。轴向功率偏差是用来保持一个合适的运行带，确保有一个比较均匀的轴向功率分布，防止在堆芯的上部或下部产生功率峰。在多数运行状态下，轴向功率偏差的控制比控制棒插入限要求更严。控制棒位置保持在轴向功率偏差允许的运行范围内。

(5) 象限功率倾斜比

象限功率倾斜比（QPTR）用来监督堆芯的径向中子注量率分布。如果反应堆处于功率运行状态下，象限功率倾斜比满足一定的限值要求（额定功率下，一般要求不大于 1.02），则表明堆芯的径向中子注量率分布是均匀的。如果堆芯的径向中子注量率分布不均匀，那么功率或中子注量率发生了倾斜。倾斜的中子注量率分布会导致不均匀的燃耗和较高的功率峰因子，可能使燃料烧毁。为了防止发生中子注量率倾斜，对称位置的控制棒束之间发生失

步、滑步的步数应不超过±12 步。

在反应堆运行期间，反应堆操纵员对反应堆的安全负责。反应堆操纵员对控制棒的运行应注意下列原则：

- 确保控制棒按重叠方式运行；
- 确保控制棒在插入限上运行；
- 控制棒在适当的位置上，确保轴向功率偏差在允许的范围内运行；
- 控制棒束之间发生失步、滑步的步数应不超过允许值。

5.4 化学补偿控制

5.4.1 化学补偿控制的重要性

正如前所述，反应堆的初始剩余反应性比较大，因而在堆芯寿期初，在堆芯中必须引入较多的控制毒物。但是随着反应堆的运行，剩余反应性的不断减少，为了保持反应堆的临界，必须逐渐地从堆芯中移出多余的控制毒物。由于这些反应性的变化是很慢的，所以，相应的控制毒物的变化也是很慢的。这部分的反应性通常是通过化学补偿毒物(硼酸)和增加可燃毒物棒来控制的。前面我们已经知道大约有 26% ΔK 的剩余反应性，其中约有 20% ΔK 是靠化学补偿控制的，这是根据控制方式的安全性和经济性决定的。化学补偿的作用是：

- 保证停堆和换料期间合适的停堆深度；
- 运行时补偿堆内一些慢变化的反应性：

—补偿燃耗引起的反应性变化；

—补偿^{135}Xe 和^{149}Sm 所引起的反应性变化。

- 在功率缓慢变化时，补偿功率亏损，并使控制棒保持在插入限之上。

由于化学毒物溶解在一回路冷却剂内，在反应性控制方式中比其他两种方式有许多优点：

- 化学毒物在堆芯中分布比较均匀，对整个堆芯的反应性效应比较均匀；
- 化学补偿控制不会引起堆芯功率分布的畸变，而且在堆芯燃料分区装载的情况下，还能降低功率峰值因子，提高堆芯的平均功率密度；
- 化学补偿控制中的化学毒物(硼)的浓度可以根据运行的需要来调节；
- 另外，化学毒物不占堆芯栅格位置，也不需要设置驱动机构等，简化了堆芯的结构，减少了控制棒的数目，降低了投资，提高了堆的经济性。

但是，化学补偿控制也有一些缺点，如它只能控制慢变化的反应性；它需要增加调硼系统设备等。其最主要缺点是溶于水中的硼浓度大小对慢化剂温度系数有着显著的影响。这是因为当水的温度升高时，水的密度减小使中子谱硬化，中子的泄漏率升高，使反应性减小；同时单位体积中含硼量也相应地减少，使反应性增加。因此，随着硼浓度的增加，慢化剂负温度系数的绝对值越来越小。当水中的硼浓度超过某一值时，有可能导致慢化剂温度系数出现正值(如图 5-4-1 所示)。这是安全运行所不希望的。从图中还可知，在慢化剂温度较低的情况下，也容易出现正的慢化剂温度系数。这也是不允许反应堆在低温状态下达临界的原因之一。

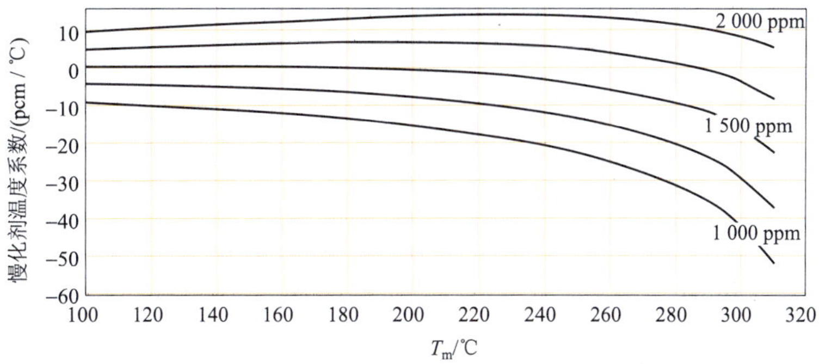

图 5-4-1　慢化剂温度系数随慢化剂温度的变化(U2C2、BOL、HZP、ARO)

5.4.2　硼酸的特性

硼酸是一种弱酸，在化学上是稳定的，它不易燃烧、爆炸，无毒，因此核电厂使用它是安全的。硼酸易溶于水，且在水中不易离解，这说明它对冷却剂的 pH 影响很小，因此不会增加反应堆冷却剂系统的腐蚀速率。

常温下硼酸在水中的溶解度小于 5%(质量分数)，其溶解能力随水温的增加而增大。

硼酸控制反应性主要是根据天然硼中含 19.8%的^{10}B的核特性。^{10}B的热中子吸收截面很大，σ_a 约为 3 800 b；是 $1/v$ 吸收体，对热能以上的中子，吸收概率较小，其核反应为$^{10}B(n,\alpha)^7Li$。在有些情况下，^{10}B吸收中子后，放出两个 α 粒子形成氚。一回路冷却剂中的氚有 80%来自这种核反应。^{10}B吸收热中子对堆内热中子利用系数 f 有较大的影响，从而影响到堆的有效增殖系数 k_{eff}。

随着反应堆的运行，燃耗不断地加深，堆芯的反应性不断地减小，所以硼浓度也必须不断地降低以维持反应堆的临界。图 5-4-2 给出了 U1C1 临界硼浓度随燃耗变化的曲线。从图中可以看出，硼浓度在一开始的下降较陡，这是由于裂变产物的产生和积累引起的效应；而在陡降后出现的一段较为平坦的走势，这是第一循环中堆内可燃毒物的影响。当硼浓度减少到零，那么反应堆的运行寿期就到了。

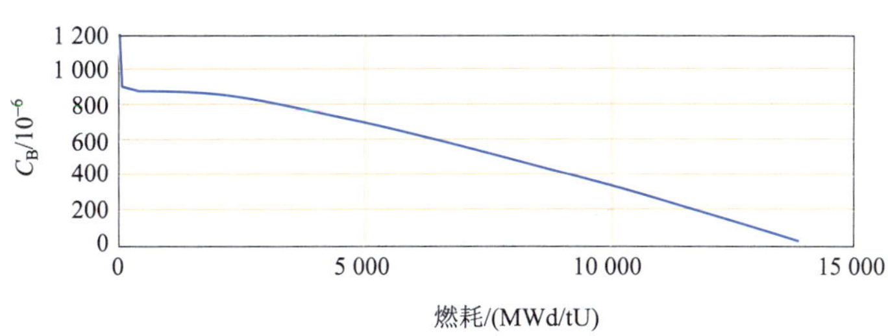

图 5-4-2　堆芯临界硼浓度随堆芯燃耗的变化曲线(U1C1、ARO、EQ. Xe、HFP)

5.4.3　硼酸的浓度

一回路冷却剂中的硼酸浓度是以质量分数计算的，硼酸的质量分数定义为：

$$\text{硼酸浓度(质量分数)}=\frac{H_3BO_3\ \text{质量}}{H_3BO_3\ \text{质量}+H_2O\ \text{质量}}\times 100\%$$

典型的浓度有 4%(质量分数)和 12%(质量分数)两种。

一回路中的硼浓度一般采用 ppm 来表示。ppm 是硼的质量与溶剂质量比的 1 百万分之一:

$$硼浓度=\frac{B质量}{溶剂质量}\times 10^6(ppm)$$

而硼酸中 17.7%是硼,所以

$$硼浓度=17.7\%\times硼酸浓度(质量分数)\times 10^6(ppm)$$

5.4.4 硼的微分价值

硼的微分价值(DBW)定义:堆芯单位硼浓度变化引起的反应性变化:

$$DBW=\frac{\Delta\rho}{\Delta C_B}$$

硼的微分价值总是负的,其幅值随硼浓度的增加、燃耗的加深或慢化剂温度的增加而减小。图 5-4-3 与图 5-4-4 给出了 CP600 核电厂微分硼价值与慢化剂温度、密度和硼浓度的变化关系曲线。

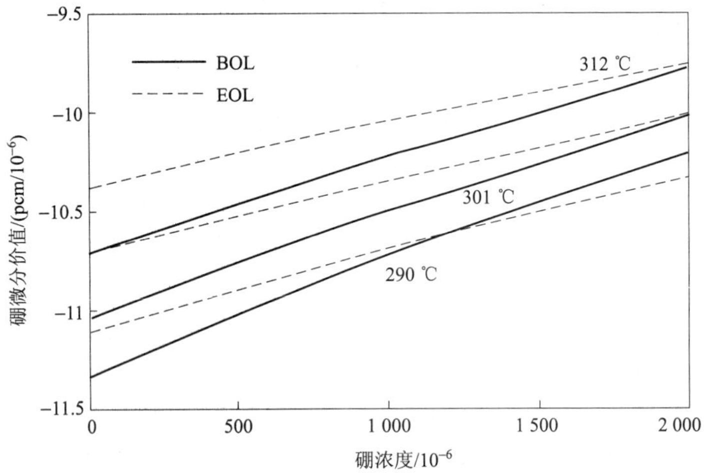

图 5-4-3 BOL 和 EOL 三种慢化剂温度下硼微分价值随硼浓度的变化曲线(U1C1)

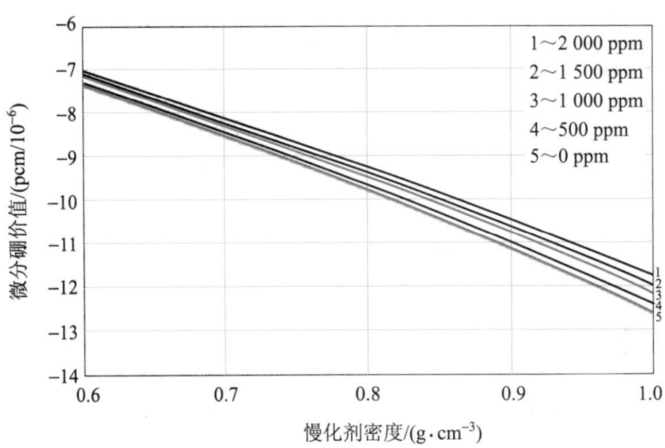

图 5-4-4 微分硼价值随慢化剂密度的变化(U1C4、BOL)

反应堆内无毒物时，中子随能量的分布，即中子谱，如图 5-4-5 所示，其中热能区服从麦克斯韦(Maxwell)分布。当堆芯中增加了像硼和裂变产物这样的 $1/v$ 吸收体后，热中子分布发生了变化。由于 $1/v$ 吸收体截面随中子能量(速度)的减小而增加，所以能量较低的中子被 $1/v$ 吸收体吸收得更多，结果出现了热中子分布峰向能量较高的超热区偏移的现象，这就是堆内中子谱的硬化。图 5-4-5 表示出了加硼后中子谱的硬化现象。

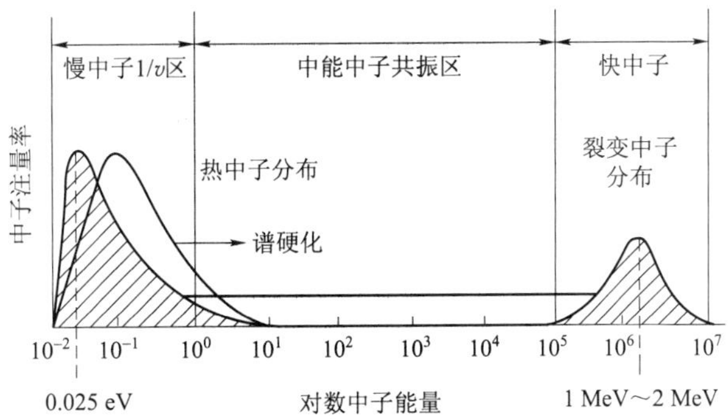

图 5-4-5　中子谱的硬化

随着硼浓度的增加，谱硬化现象更加显著，谱右移越大。因为硼的吸收截面随中子能量的升高而减小(它主要吸收热中子)。因此，硼微分价值的大小(绝对值)随硼浓度的增加而减小。

堆内裂变产物随燃耗的加深不断积累，其中许多裂变产物是 $1/v$ 吸收体，也使堆内中子谱硬化。这也解释了图 5-4-5 中所表示的在同一硼浓度下，为什么硼微分价值的大小(绝对值)在 EOL 时的比 BOL 时的要小。但是，在运行过程中，硼酸浓度随堆芯寿期不断变小，这可抵消裂变产物中毒的影响。

而随着慢化剂水温增加，水密度减小，堆内中子谱硬化了，从而硼微分价值减小。

5.4.5　运行过程中的调硼

功率变化时由于功率亏损要引起反应性的变化，这时必须进行反应性的补偿操作。由于控制棒的移动会引起不可接受的功率分布偏移，但为了保证反应堆安全运行的要求，控制棒必须在堆内保持一定的插入量。因此，必须结合调硼方式来满足功率调节的要求，还有在功率变化时必须考虑毒物浓度的变化带来的慢效应。高功率下这种氙毒变化引入的负反应性必须通过额外的硼稀释来进行补偿。这种反应性变化一般要比功率变化带来的反应性慢。

(1) 稀释和硼化量的计算

稀释和硼化量的计算公式：

$$Q=M_0\ln\frac{B_{入}-B_{初}}{B_{入}-B_{末}}$$

式中：Q——稀释水或硼化水的总质量，t；

$$M_0=V_0\rho=(V_1+V_2)\rho$$

M_0——一回路水总量，t；

$B_{入}$——硼酸箱中硼酸的浓度，ppm；

$B_{初}$——稀释或硼化前，一回路硼酸的浓度，ppm；

$B_{末}$——稀释或硼化后，一回路硼酸的浓度，ppm；

V_1——一回路水容积，m^3；

V_2——化容系统水容积，m^3；

ρ——一回路水的密度（当时回路的平均温度 T_{avg} 和压力 P）；

注意：稀释时 $B_{入}=0$，所以稀释水总量为：

$$Q=M_0\ln\frac{B_{初}}{B_{末}}$$

（2）稀释和硼化速率的计算

稀释和硼化速率的计算公式：

$$F=\frac{1}{B_{入}-B_{初}}M_0\ \frac{dB}{dt}$$

式中：F——稀释或硼化速率，t/h；

dB/dt——表示稀释或硼化微分速率，ppm/h。

注意：稀释时，稀释速率为：

$$F=\frac{1}{B}M_0\ \frac{dB}{dt}$$

其中：$B=(B_{初}+B_{末})/2$。

硼是通过化容系统加到反应堆冷却剂系统中的。若需要紧急硼化，可以通过应急系统管线加硼。

应当指出，在寿期末（EOL）硼浓度每降 1 ppm 需要的稀释水量都比寿期初大。

5.4.6 停堆时所要求的最小硼浓度

冷、热停堆时所需的最小停堆次临界度是由控制棒组插入堆芯和最小可溶硼浓度一起提供的。为了保证在停堆后发生硼稀释事故时堆芯的安全性，要求必须还有额外的反应性控制量。在 CP600 核电厂，这些额外的反应性控制量在冷停堆时是由位于堆顶的 S、B 和 C 棒组提供，而热停堆时由位于堆顶的 S 和 B 棒组提供。停堆时的次临界度由很多因素决定，但主要有以下几种因素：

- 未能测出的氙毒；
- 被操纵员所控制的控制棒棒位及可溶硼浓度。

由于停堆时的反应性难以测量，因此必须建立控制棒棒位及可溶硼浓度设定点，由于控制棒棒位是预先设定好的，因而必须计算最小硼浓度限值。

5.5 可燃毒物

5.5.1 可燃毒物及其重要性

在动力堆中，初始堆芯与长循环堆芯的初始剩余反应性都比较大。如果全部靠控制棒和化学补偿来控制，会出现如下结果：

- 需要很多控制棒组件及其一套复杂的驱动机构。这样不但不经济，在实际工程上也很难实现，而且这样复杂的结构，设备机械结构强度也不许可，同时也给安全运行带来不利因素；
- 大量增加化学毒物，可导致出现正的慢化剂温度系数。

因此，在新堆芯中采用控制棒、化学补偿和可燃毒物联合控制。在这三种反应性控制方式中，大约 $8\%\Delta K$ 的剩余反应性是由可燃毒物控制的，它在堆芯呈棒状，即可燃毒物棒。可燃毒物的材料要求：

- 具有比较大的吸收截面；
- 由于可燃毒物的消耗而释放出来的反应性，基本上要与堆芯中由于燃料的燃耗所减少的剩余反应性相等；
- 另外，可燃毒物在吸收中子后，它的产物的吸收截面应尽可能地小；
- 在堆芯寿期末，可燃毒物的残余量也尽可能地少；
- 最后，可燃毒物及其结构材料应具有良好的机械性能。

根据以上的要求，CP600 核电厂首炉堆芯使用的可燃毒物为硼硅酸盐玻璃，其中 B_2O_3 的质量分数为 12.5%。在压水堆中，可燃毒物一般只用于第一燃料循环，从第二循环开始，堆芯中大部分的燃料都是已燃耗过的燃料，这时的堆芯剩余反应性已显著地减少，没有必要再使用可燃毒物。

对于长循环堆芯由于采用低泄漏装料方案，新燃料组件放在堆芯内区，使后备反应性增大，因此必须在堆内采用相当数量的可燃毒物棒来控制后备反应性，来降低硼浓度，以满足设计的要求。因为为了保证压水堆核电站的安全运行，技术规格书中规定：功率运行时慢化剂温度系数必须为负值。

5.5.2　可燃毒物对 k_{eff} 的影响

可燃毒物棒的使用，由于其燃耗不彻底，使堆芯的寿期缩短，燃料的利用率下降。而这主要与可燃毒物的吸收截面有关，吸收截面越大燃耗越彻底(图 5-5-1)。因此，为了提高燃料的利用率，对于长循环堆芯一般用吸收截面大的钆来做可燃毒物棒。

为了了解可燃毒物在堆芯中的分布对反应性的影响，首先来看一下可燃毒物与慢化剂-燃料均匀混合的情况。假设没有中子从堆芯泄漏出来，而且慢化剂、冷却剂和结构材料等对中子的吸收都可以忽略，图 5-5-1 给出了在不同的可燃毒物吸收截面下的 k_{eff} 随时间变化的规律。从图中可以看出：

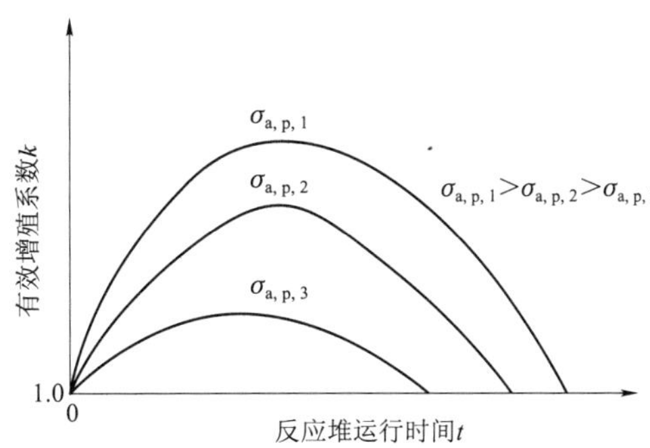

图 5-5-1　k_{eff} 与运行时间 t 的关系

- 开始 k_{eff} 增长较快。这是因为在堆开始运行的一段时间里，可燃毒物的消耗随时间的增加所引起的反应性的释放率，比燃料的燃耗所引起的反应性的下降率要快；
- k_{eff} 增长到某一最大值后，开始下降。这是因为当可燃毒物大量消耗后，单位体积内含毒物的核数较少，此时可燃毒物的消耗所引起的反应性释放率小于燃料燃耗所引起的反应性下降率；
- 可燃毒物的吸收截面 $\sigma_{a,p}$ 越大，k_{eff} 偏离初始值也越大。这说明可燃毒物的消耗与堆芯中剩余反应性的减小不匹配。我们希望的是随着可燃毒物的消耗，在整个堆芯寿期内，有效增殖系数的变化尽可能地小，这样对反应堆的控制有利。

• 可燃毒物的吸收截面 $\sigma_{a,p}$ 越大，反应堆运行时间 t 也越长。这说明吸收截面越大燃耗越彻底，燃料的利用率也越高。这样对核电厂的经济性有利。因此，为了提高燃料的利用率，对于长循环堆芯一般用吸收截面大的钆来做可燃毒物棒。

最理想的情况是：在堆芯寿期初可燃毒物的吸收截面不要太大，以减小 k_{eff} 偏离初值的程度，但随着可燃毒物的消耗，要求它的吸收截面逐渐增大，以减小在堆芯寿期末堆内可燃毒物的残余量。在压水堆核电厂中，实际采用非均匀结构的可燃毒物基本上达到这种要求。

堆内可燃毒物棒的非均匀布置的主要特点是，在可燃毒物中形成较强的自屏效应，使可燃毒物棒的有效吸收截面减小。考虑可燃毒物在非均匀结构下，其燃耗方程为：

$$\frac{\mathrm{d}N_p(t)}{\mathrm{d}t}=-f_s(t)\sigma_{a,p}\phi(t)N_p(t)$$

式中：$f_s(t)$ 为可燃毒物的自屏因子，它的定义为：

$$f_s=\frac{\text{在可燃毒物中的平均中子注量率}}{\text{在慢化剂-燃料中的平均中子注量率}}$$

由此可见，可燃毒物有效吸收截面为：

$$\sigma_{a,eff}^{p}=f_s(t)\sigma_{a,p}$$

图 5-5-2 表示可燃毒物的自屏效应随反应堆运行时间而变化。其中左图表示在几个不同的运行时刻，慢化剂-燃料和可燃毒物中的中子注量率分布；右图表示可燃毒物的有效微观吸收截面、宏观吸收截面和可燃毒物的核密度随反应堆运行时间的变化。从图中可见，在寿期初可燃毒物棒内的中子注量率远比慢化剂-燃料中的中子注量率低，这说明了可燃毒物的自屏效应很强。此时的 $f_s(t)$ 很小，$\sigma_{a,eff}$ 很小，因此 k_{eff} 偏离初始值也小。但是随着运行时间的不断增加，N_p 在不断地减小，自屏效应相应减弱，$f_s(t)$ 逐渐增大，$\sigma_{a,eff}$ 也在逐渐增大，N_p 下降得更快，到 EOL 时堆内可燃毒物核的留存量较小，可以减小对堆芯寿期的影响。图 5-5-3 给出了 CP600 核电厂第一循环可燃毒物剩余份额随燃耗的变化。

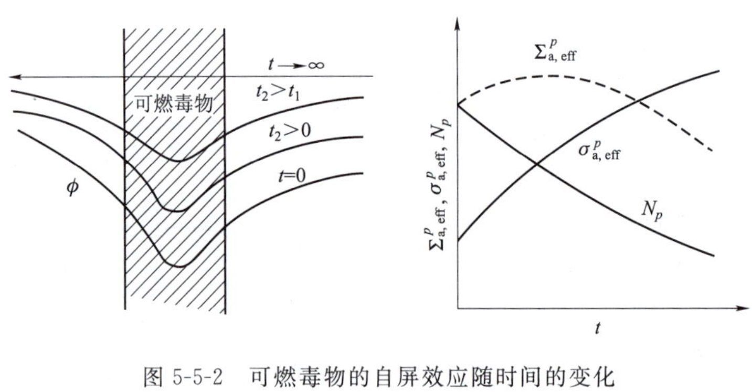

图 5-5-2 可燃毒物的自屏效应随时间的变化

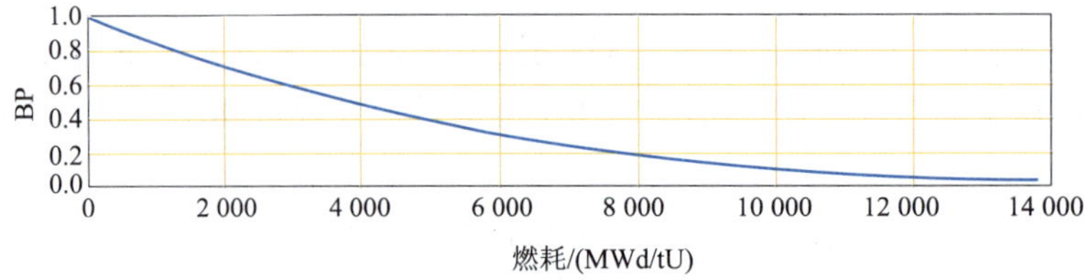

图 5-5-3 堆芯可燃毒物剩余份额随燃耗的变化

但是，由于可燃毒物自屏效应的存在，使可燃毒物不能充分地燃烧，仍然对堆芯寿期有影响。目前采用薄层结构整体燃料可燃吸收体(IFBA)自屏效应很弱，寿期末反应性惩罚可以忽略不计，是可燃毒物棒的理想选择。

5.5.3　可燃毒物棒的布置

图 5-5-4 给出可燃毒物不同布置对有效增殖系数 k_{eff} 的影响。从图中可以看出，在相同的堆芯寿期条件下，有可燃毒物时的初始 k_{eff} 值比没有可燃毒物时的初始 k_{eff} 值要小，所以控制棒所需控制的反应性值也相应地小。其中，当可燃毒物非均匀布置时，在整个堆芯寿期内，k_{eff} 的最大值不会超过其初始值；而当可燃毒物均匀布置时，在整个堆芯寿期内，k_{eff} 的最大值却要大大地超过其初始值。因此，在这三种情况中，可燃毒物非均匀布置时，堆内控制棒所需的控制棒数目为最少。

另外可燃毒物棒在堆内不仅可以补偿剩余反应性，采用可燃毒物控制，可以降低堆芯临界硼浓度，防止在正常运行工况时出现正的慢化剂温度系数，并且还可以通过可燃毒物棒的合理布置以起到展平堆芯径向中子注量率分布的作用。

CP600 核电厂首循环堆芯内共装入 704 根可燃毒物棒，含可燃毒物棒的燃料组件在堆芯的布置见图 5-5-5。

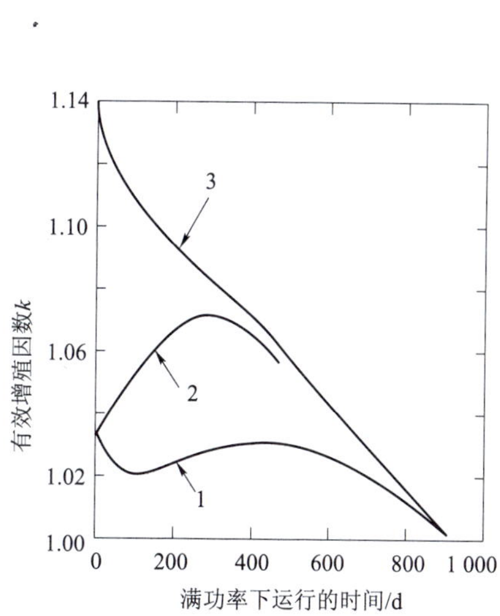

图 5-5-4　可燃毒物对有效增殖因数的影响

1—可燃毒物非均匀布置；2—可燃毒物均匀布置；3—无可燃毒物

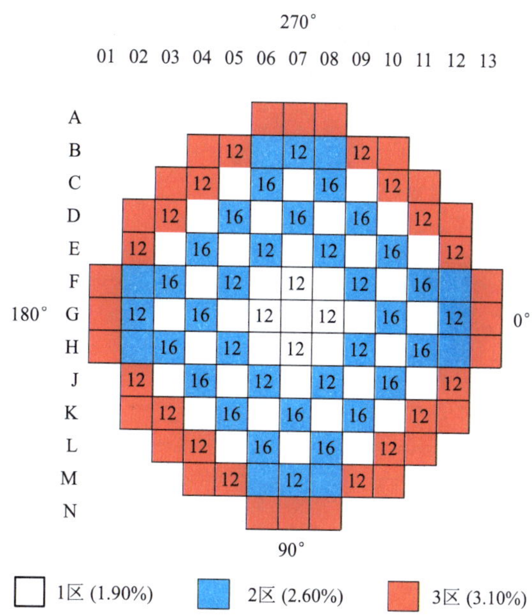

图 5-5-5　第 1 燃料循环堆芯装载图

图中数字表示可燃毒物棒根数

复习思考题

一、选择题

总的反应性控制量应(　　)总的后备反应性加上停堆深度。

A. 等于　　B. 小于　　C. 大于　　D. 小于等于

二、填空题

压水堆核电厂反应性控制的三种主要方式，即________、________以及________。

三、判断题

1. 在压水堆中，一般采用铪作为控制棒材料。(　　)

2. 正常停堆或事故停堆时由停堆棒组向堆芯提供停堆反应性，调节棒组只在堆芯运行过程中控制或调节反应性的变化。(　　)

3. 控制棒的微分价值与该处相对中子注量率的平方成正比。(　　)

4. 慢化剂温度的升高，控制棒的价值变大。(　　)

5. 控制棒的总价值并等于单个控制棒插入堆芯时的价值之和。(　　)

6. 硼的微分价值总是负的，其幅值随硼浓度的增加、燃耗的加深或慢化剂温度的降低而减小。(　　)

7. 寿期末(EOL)硼浓度每降 1 ppm 需要的稀释水量都比寿期初大。(　　)

8. 可燃毒物的吸收截面越大，燃耗越彻底，燃料的利用率也越高。这样对核电厂的经济性有利。(　　)

第6章 反应堆功率及其分布

在压水堆堆芯里，任何一点处所产生的热量都是该点中子注量率的函数。反应堆的平均功率受到堆芯内热量产生最大点(热点)是否能够得到适当冷却的限制，如果热点得不到适当的冷却就有可能导致燃料发生破损。因此，对反应堆运行来说，不仅需要监测堆芯功率的大小，而且还必须掌握堆内功率分布的状况。要定期监测堆芯功率的分布，对热点因子 F_Q、焓升因子 $F_{\Delta H}$、径向功率峰因子 F_{xy}、象限功率倾斜比 QPTR 和轴向通量偏差 ΔI 是否在运行限值范围内进行确认。

6.1 理论核功率分布

将压水堆理想成均匀的圆柱形堆芯，也就是将燃料元件、慢化剂以及结构材料看成均匀的混合物。用扩散方程来描述堆芯的热中子注量率。某一体积内的中子数随时间变化率等于体积内的中子产生率减去中子被吸收和被泄漏的损失率，即：

$$\mathrm{d}n/\mathrm{d}t = \text{产生率} - \text{吸收率} - \text{泄漏率} \tag{6-1-1}$$

中子的产生、吸收及泄漏都取决于中子与反应堆中各种物质核的相互作用。中子的产生率取决于中子与核燃料相互作用发生裂变的结果，中子的吸收率取决于中子被俘获的结果，中子的泄漏率取决于中子与其他微粒之间的散射结果，使中子移出反应堆边界的数量。

在稳定状态下，中子密度恒定，所以 $\mathrm{d}n/\mathrm{d}t=0$。这样解中子扩散方程便可以得到中子的产生率、吸收率和泄漏率。对于理想化的圆柱形反应堆，单群中子注量率分布可写成：

$$\varphi(\gamma,z)=\varphi_0 J_0\left(\frac{2.405r}{R_e}\right)\cos\left(\frac{\pi z}{H_e}\right) \tag{6-1-2}$$

式中：$\varphi(r,z)$ 为堆内任意位置 (r,z) 上的中子注量率；φ_0 为堆芯内中子注量率的最大值；R_e、H_e 分别为堆芯的有效半径和高度；γ、z 分别为圆柱坐标系中的径向和轴向坐标；J_0 为零阶第一类贝塞尔函数。上式是堆芯半径和高度的函数。

为了使扩散方程有精确解，必须假设堆芯在某一点处中子注量率为零，在这一点产生项为零，因为中子泄漏到堆外，所以中子注量率在堆芯边界不为零。因此，为了得到扩散方程的解，假设在距离堆芯边界的某一小距离处中子注量率减少为零，这段距离称为外推距离，使用外推距离，可解得堆芯各点处的中子注量率。通常所说的中子注量率分布有两种表示方法：一种为中子注量率的径向分布 $\varphi(\gamma)$，另一种为中子注量率的轴向分布 $\varphi(H)$。图 6-1-1 和图 6-1-2 分别表示在有效半径和高度处中子注量率为零的裸堆的径向和轴向注量率分布。轴向注量率分布是平滑的余弦函数，它的峰值在堆芯中心；径向注量率分布是平滑的贝塞尔函数，它的峰值也是在堆芯中心。

实际上，由于压水堆堆芯采用了反射层，使得泄漏中子又返回堆芯。能量大于热能的泄漏中子在反射层里继续慢化，有些热中子返回堆芯，使堆芯边缘的热中子注量率抬高。图 6-1-1 和图 6-1-2 比较了裸堆与有反射层反应堆的热中子注量率分布。如果反应堆是在同一功率水平下运行，反应堆堆芯部分的曲线下面积相等，那么水反射层可以降低中子注量率峰，即展平径向注量率分布。

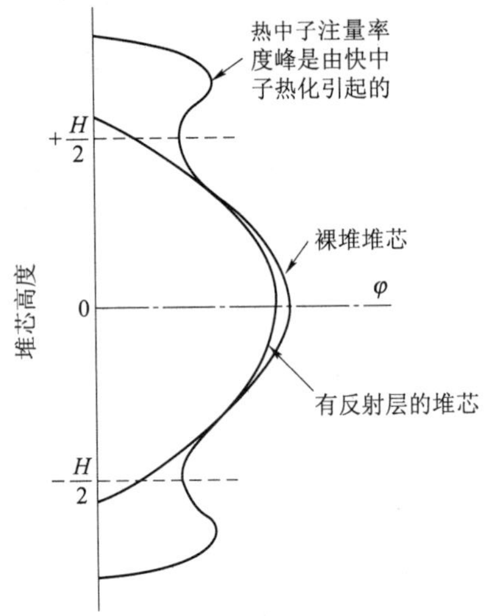

图 6-1-1　裸堆和有反射层堆轴向中子注量率分布在理论上，及给定的功率水平，图中两条曲线分别与纵轴（堆芯区）构成的面积相等

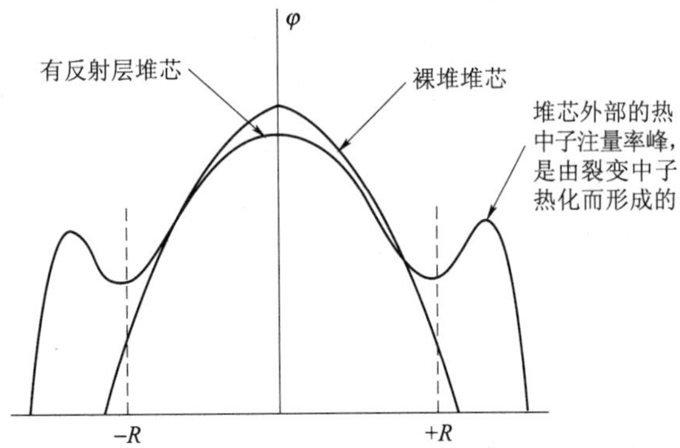

图 6-1-2　裸堆和有反射层堆径向注量率分布在理论上，对给定的功率水平，图中的两条曲线分别与横轴（堆芯区）形成的面积相等

6.2　实际反应堆核功率分布

实际设计的反应堆堆芯不同于理论分析上的均匀圆柱堆，有几个因素改变了平滑的注量率分布。首先，堆芯实际上是由正方形的燃料组件组成的，它虽然接近圆柱形，但堆芯的边界不是圆形的；其次，燃料、慢化剂和包壳是各自分开的，而不是理论上所假设的均匀混合物质；最后，堆芯使用各种不同富集度的燃料组件以及一定数量的可燃毒物棒，它们在堆芯以棋盘方式布置，具有不同的燃耗速率。另外，燃耗、功率水平、裂变产生的毒物浓度以及控制棒的布置都会影响堆芯的功率分布。

6.2.1　径向功率分布

6.2.1.1　影响径向功率分布的因素

（1）功率水平

对于不同的功率水平，堆芯冷却剂的平均温度是不同的。随着功率水平的增加，平均温度和燃料组件内芯块温度的上升，局部功率密度最高处的燃料温度最高。但是，由于燃料温度（多普勒 Doppler）系数是负值，所以引入了负反应性而自动地降低高功率密度，这样就使径向功率分布得到展平。如图 6-2-1 所示。应该指出，该图所给出的值是归一后的相对功率密度。

（2）氙毒效应

局部平衡氙浓度正比于局部功率密度。在堆内局部高功率密度区一定存在着高浓度的氙，氙是裂变毒物，具有很强的热中子吸收截面。这样就像燃料温度效应一样自动地降低局部的高功率密度，从而达到展平径向功率分布。如图 6-2-2 所示。

(3) 控制棒组效应

在反应堆运行过程中，适当的将控制棒插入堆芯中心位置，可以降低该处较高的中子注量率峰值，起到展平径向功率分布的作用。如图 6-2-3 所示，随着控制棒继续插入，局部中子注量率下沉，但这却提高了其他部位的中子注量率。应该注意到的是，如果控制棒组继续下插，将导致在没有控制棒的燃料组件中的功率增大，在那里将会产生较大的功率(中子注量率)峰值。

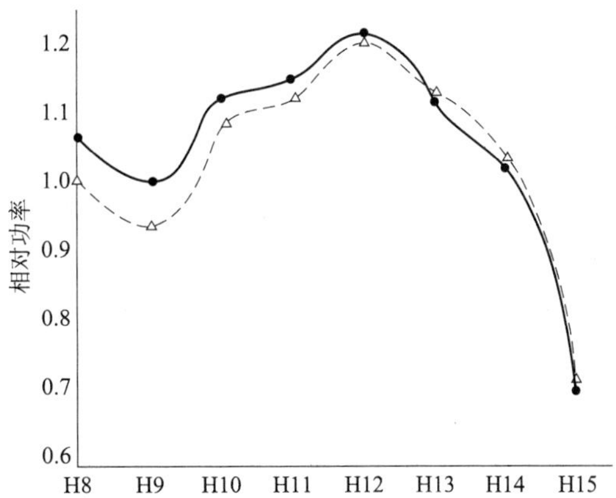

图 6-2-1　功率对径向功率分布的影响

图中曲线：BOL，ARO，无氙情况下的径向功率分布 • HZP △ HFP

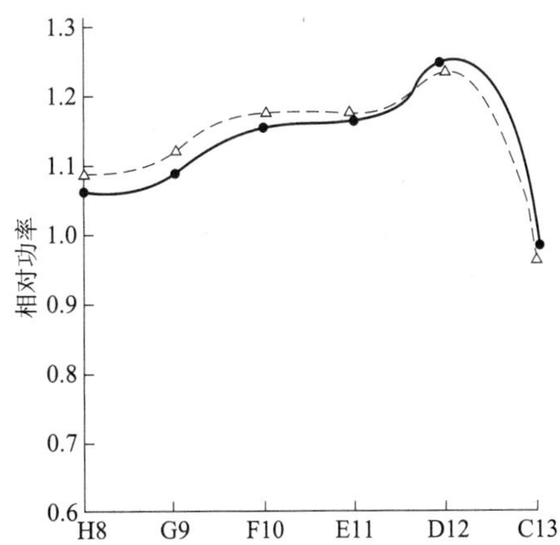

图 6-2-2　氙对径向功率分布的影响

图中曲线：BOL，HFP，ARO 下的径向功率分布

• 无氙　△ 平衡氙

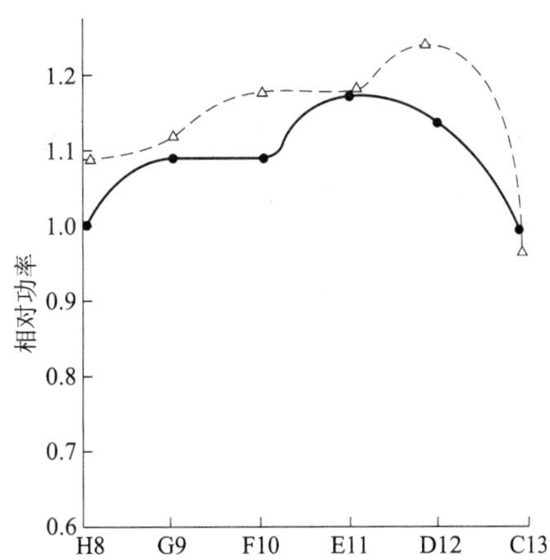

图 6-2-3　控制棒对径向功率分布的影响

图中曲线：BOL，HFP，EQXe 下的径向功率分布

△ ARO　• D 和 C 棒组插入限位置

6.2.1.2　象限功率倾斜比 QPTR

象限功率倾斜比 QPTR 的定义：某一最大象限功率与四个象限平均功率即堆芯平均功率之比。即：

$$\mathrm{OPTR}=\frac{P_{\max}}{P_{\mathrm{avg}}} \tag{6-2-1}$$

式中：$P_{\max}$——四个象限中的最大功率；

P_{avg}——四个象限的平均功率。

$$P_{\mathrm{avg}}=\frac{\sum_{i=1}^{4}(P_i)}{4} \tag{6-2-2}$$

在这里，P_i 一般取堆外探测器的测量值。典型的压水堆技术规格书中规定：象限功率倾斜比 QPTR 不得超过 1.02。

6.2.2 轴向功率分布

实际上压水堆的堆芯是非均匀的，这就使理论上的径向注量率分布与实际的注量率分布差别较大，但是对于轴向注量率分布却没有较大的影响。这是因为堆芯在轴向上的燃料装载与理论情况比较接近，所以实际堆芯的轴向注量率分布仍可以采用理论上使用的余弦函数来近似表示。堆芯活性区上、下部的反射层和结构材料，把堆芯泄漏中子反射回堆芯，但这对堆芯总的注量率分布形状没有太大的影响。在燃料组件的因科镍合金格架附近，注量率图上存在凹陷现象，这是因为这种合金有着较高的中子吸收截面而造成的。如图 6-2-4 所示。

6.2.2.1 影响轴向注量率分布的几个因素

(1) 功率水平

在堆芯寿期初的热态零功率状态下，堆芯的轴向注量率分布是以堆芯的中心为对称的分布，如图 6-2-4 所示。在有功率状态下，冷却剂的温度随堆芯高度存在一定的温差，沿轴向的温度不断的升高。又考虑慢化剂温度系数这一因素，堆芯上部功率密度较小，下部功率密度较大，所以，在轴向功率分布中的最大值位于堆芯中心偏下的地方，如图 6-2-5 所示。随着堆芯寿期燃料燃耗的发展，在寿期末平衡氙情况下，堆芯的轴向功率分布较为平坦，其原因是：① 慢化剂温度系数在寿期末比寿期初负得更厉害（绝对值大），所以单考虑这个因素，堆芯轴向功率分布的最大值在堆芯中心偏下；② 考虑到燃料燃耗的影响，寿期末由于堆芯下部的燃耗较大，注量率峰移向堆芯上部，但是由于燃料的温度效应（Dopple）在堆顶产生负的效应，使得总的效应在寿期末时，堆芯轴向功率分布相当平坦。

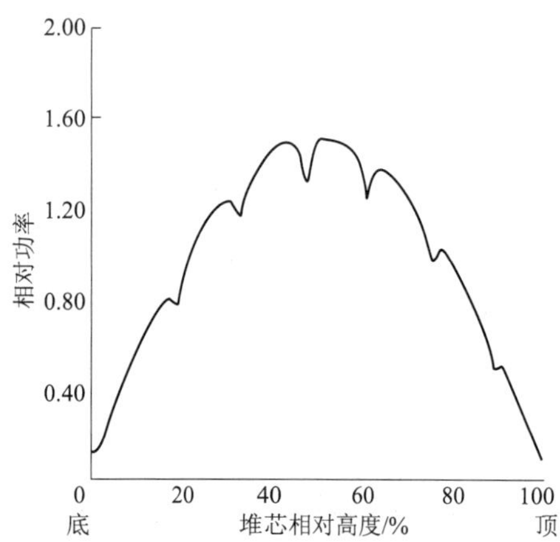

图 6-2-4 BOL，HZP 情况下的轴向功率分布

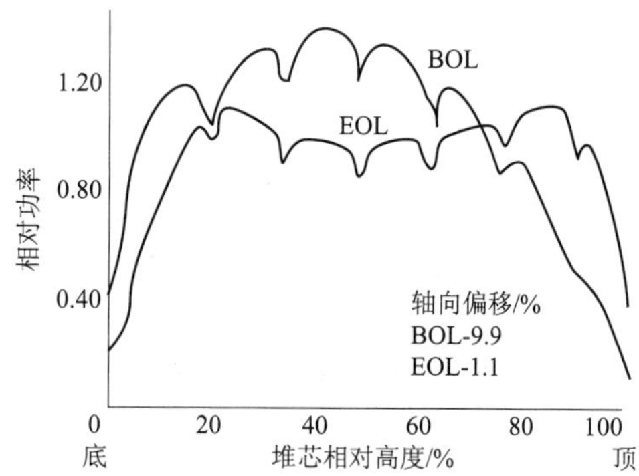

图 6-2-5 BOL，EOL，ARO，HFP，EQXe 情况下的轴向功率分布

(2) 控制棒

在反应堆运行过程中，控制棒的插入或提升，能够引起堆芯局部的径向和轴向功率分布畸变。随着控制棒的插入，轴向注量率峰下沉，可是当控制棒插入到一定深度时，注量率峰开始上移。在控制棒全部插入堆底时，由于控制棒具有均匀的轴向效应，使得轴向注量率峰

基本上位于堆芯中央平面上。

(3) 燃耗

轴向功率(中子注量率)分布是与堆芯燃耗有关的,即与堆芯寿期有关见图 6-2-4。它对轴向功率(中子注量率)分布的影响,与功率水平对轴向注量率分布的影响相同。

(4) 氙毒

由于在中子注量率高处氙浓度也高,这样抑制了该处的中子注量率水平。因此,氙分布可展平轴向注量率分布。当堆芯功率水平发生变化时,由于氙效应的变化使得堆芯轴向注量率分布也发生相应地变化。

6.2.2.2 堆外轴向功率偏移 AO 及轴向功率偏差 ΔI

轴向功率偏移 AO 和轴向功率偏差 ΔI 都是描述轴向功率分布的运行物理量。

(1) 轴向功率偏移 AO

轴向偏移 AO 是轴向中子注量率或轴向功率分布的形状因子,其定义为:

$$\mathrm{AO}=\frac{P_{\mathrm{T}}-P_{\mathrm{B}}}{P_{\mathrm{T}}+P_{\mathrm{B}}}\times 100\% \tag{6-2-3}$$

式中:P_{T}、P_{B} 分别表示堆芯上半部(下半部)的满功率份额。轴向功率偏移 AO 虽然在描述功率分布时常用,但更多的是在理论计算上的使用。在反应堆运行上,主要用于堆内外核测仪表的互校。

对于不同的功率水平,尽管 AO 相同,堆芯上、下部功率的差异却不同。所以,还必须引进另一个量,用以反映实际的轴向功率偏差大小,即轴向功率偏差 $\Delta I(\%Pn)$。

(2) 轴向功率偏差 ΔI

堆芯轴向功率偏差 ΔI 是反映堆芯轴向功率的不对称性,定义是堆芯上半部与下半部功率的偏差:

$$\Delta I=\frac{P_{\mathrm{T}}-P_{\mathrm{B}}}{(P_{\mathrm{T}}+P_{\mathrm{B}})_{\text{额定}}}\times 100\%=\frac{P_{\mathrm{T}}-P_{\mathrm{B}}}{(P_{\mathrm{T}}+P_{\mathrm{B}})}\times\frac{(P_{\mathrm{T}}+P_{\mathrm{B}})}{(P_{\mathrm{T}}+P_{\mathrm{B}})_{\text{额}}}\times 100\%=\mathrm{AO}\times P_{\mathrm{i}}\% \tag{6-2-4}$$

其中:P_{i} 为相对功率。在满功率 $P_{\mathrm{i}}=100\%\mathrm{FP}$ 时,$\mathrm{AO}=\Delta I$。

轴向功率偏差将随着堆芯的功率水平和燃料燃耗的变化而变化。在堆芯寿期初时,堆芯的轴向功率分布在堆芯的下部,所以 ΔI 为负值;在堆芯寿期末时,堆芯的轴向功率分布较为平坦,所以 ΔI 接近于零。随着堆芯功率的增加,堆芯下部将产生更多的功率,ΔI 将随着功率的增加而往负方向偏移。

6.2.3 堆芯功率峰因子

反应堆最经济的运行方式是使堆内各点的热流密度和功率水平都正好处于设计允许的最大值附近,这样可以使单位燃料输出最大功率。但事实上这是不可能的,因为堆内中子注量率分布或功率分布是不均匀的。虽然,在核设计和堆芯燃料管理上采用了“展平”措施,但在靠近堆芯边缘处的中子注量率明显下降是事实,这都影响着反应堆平均功率的输出。又因在沿着任何一个通道的轴向上,所有各点的热流密度不可能都等于最大允许值。因此,在反应堆运行和分析中,必须考虑某些局部地区可能存在的“热点”。整个堆芯峰值系数是径向和轴向功率峰值系数的乘积。没有反射层的典型堆芯径向功率峰值系数为 2.316 3,轴向功率峰值为 1.55。

(1) 径向功率峰因子 $F_{xy}(Z)$

径向功率峰因子 $F_{xy}(Z)$的定义：在堆芯高度为 Z 的平面上功率密度峰值与平均功率密度之比：

$$F_{xy}(Z)=\frac{Z\text{ 处的最大线性功率密度}}{Z\text{ 处的平均线性功率密度}}=\frac{P_{\max}(Z)}{P_{\text{avg}}(Z)} \tag{6-2-5}$$

(2) 核焓升因子 $F_{\Delta H}^{N}$

核焓升热管因子 $F_{\Delta H}^{N}$的定义见式(6-8)：

$$F_{\Delta H}^{N}=\frac{\text{最热燃料棒的功率}}{\text{堆芯平均燃料棒的功率}}=\frac{\int_0^{H_C}P_1(X_0Y_0Z)\mathrm{d}z}{\frac{1}{I}\sum_{i=1}^{I}\int_0^{H_C}P_1(X_iY_iZ)\mathrm{d}z}=\frac{Q_{\max}}{Q} \tag{6-2-6}$$

式中：X_0、Y_0为最热燃料棒的位置，I 为堆芯总的燃料棒根数。$Q_{\max}$为热管的积分输出功率，也是堆内具有最大焓升的燃料冷却剂通道。降低核焓升热管因子 $F_{\Delta H}^{N}$的主要方法是改善径向功率分布。

(3) 核热管因子(热点因子)F_Q^N

核热管因子 F_Q^N定义见下式：

$$F_Q^N=\frac{\text{堆芯最大的中子注量率}}{\text{堆芯平均的中子注量率}}=\frac{\phi_V^{\max}}{\phi_V^{\text{avg}}}\text{或}$$

$$F_Q^N=\frac{\text{堆芯最大的局部功率密度}}{\text{堆芯平均的功率密度}}=\frac{P_V^{\max}}{P_V^{\text{avg}}} \tag{6-2-7}$$

热管因子 $F_Q^N=1.0$ 时表示为理想的注量率形状，$F_Q^N>1.0$ 时表示堆内存在注量率峰值，因为堆内的功率分布正比于热中子注量率的分布。核热管因子大，表明堆芯局部地方存在较高的功率密度。为了防止燃料组件的熔化或棒包壳的破裂而导致大量放射性物质的泄漏，所以必须限制最大的功率密度。因此，必须使热管因子为最小，减小热管因子的目的是为了展平轴向和径向功率分布。

工程上所使用的热管因子都是计算值而不是测量值，由于存在许多不确定性因子，造成测量值在合理的范围内过于偏保守。因此，需要对计算值进行修正。这里需要考虑的不确定性因子有：

核不确定性因子 F_U^N，它是功率分布计算不确定性因子。这种“计算不确定性因子”约为5%，F_U^N取值约为 1.05。

工程修正因子 F_q^E($F_{\Delta H}^E$)，用于考虑燃料元件的制造公差，芯块富集度、密度、直径和表面积的变化及偏心度等对热通道因子(核焓升因子)的影响，此种“工程修正因子” F_q^E取值约为1.033，$F_{\Delta H}^E$取值约为 1.021。

这样在反应堆运行过程中，考虑了不确定性因子的总热管因子 F_Q为：

$$F_Q=F_Q^N\times F_U^N\times F_q^E \tag{6-2-8}$$

6.3 堆芯功率分布测量系统

在压水堆核电厂中，设计有专门为监测堆芯功率分布的测量系统：堆内核测系统和堆外核测系统。

6.3.1 堆内核测系统

堆内核测系统是由许多测量燃料组件出口温度的热电偶和几个堆内可移动式中子探测器组成。例如秦山核电二期工程堆内核测系统(RIC)是由 30 个测量燃料组件出口温度的热电偶和 4 个堆内可移动式中子探测器组成。如图 6-3-1 所示。其提供下列反应堆堆芯状态的数据：

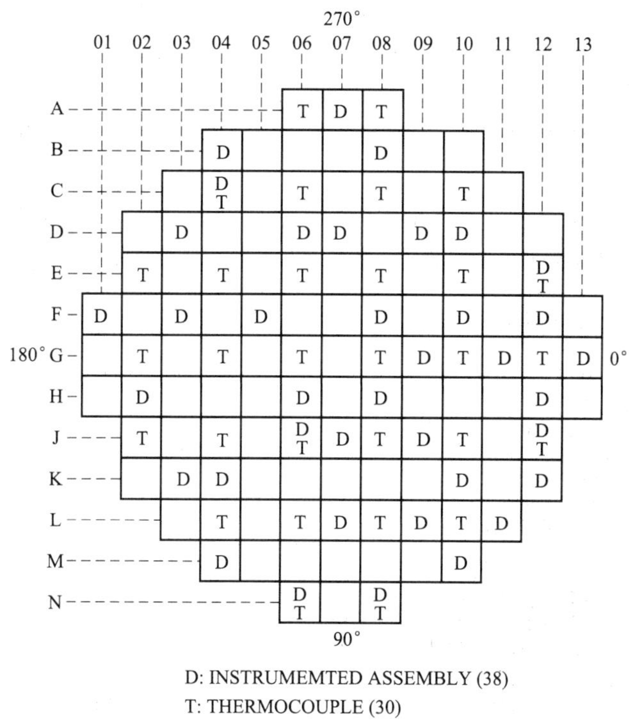

图 6-3-1　秦山核电二期堆芯测量系统布置

• 在燃料组件出口处的反应堆冷却剂温度分布；

• 堆芯轴向和径向的中子注量率分布，用于产生沿燃料组件全高度上的高精确度的中子注量率；

• 反应堆压力容器的水位测量。

这些数据应用于：

• 验证堆芯功率分布是否与核设计要求相符；

• 验证用于事故分析中的热点因子是否满足安全分析限值；

• 校核堆外核测仪表系统(使用 KHKBA 计算程序)；

• 判断堆芯是否发生错装料；

• 验证堆芯燃料燃耗是否满足核设计要求；

• 探测堆芯运行参数有否偏离正常值；

• 监测堆芯出口处的冷却剂饱和裕度，并提供反应堆压力容器的水位计算。

堆内核测系统能够定期进行堆内中子注量率分布的测量，这种工作在反应堆启动期间是比较频繁的，当反应堆在正常稳定运行期间，通常每30EFPD进行一次测量。由于堆芯仪表系统被间断地运行，并且需要一些延缓时间来传递有用的数据。因此，该系统的特点是：只能提供测量数据，而不与保护系统相连接，即不起控制电厂运行的功能。

热电偶安装在所选择的燃料组件出口末端，是用来测量从燃料组件流出的冷却剂温度，径向温度分布图可根据热电偶的读数处理得到。利用燃料组件出口温度可表示出堆芯区域的积分功率，并由此推算出堆芯功率的倾斜度，所以它的读数将提供径向功率分布的信息。

可移动式中子探测器（如微型裂变电离室）负责在38个燃料组件的测量导向管内，进行轴向中子注量率分布的测量。测量点布置原则是必须保证具有代表性和足够的数量，并且适当考虑对称性监测的要求。结合注量率分布测量时采集的堆芯状态数据和理论计算数据，使用专用的处理程序（CEDRIC、CARIN）进行测量数据的处理，可得到三维堆芯注量率分布图。

用于测量的38个测量通道分成4组（10、10、10、8），每一组测量通道配备一个微型可移动的裂变室探测器，具体整个测量系统见图6-3-2和图6-3-3。微型裂变室的特性参数如下：

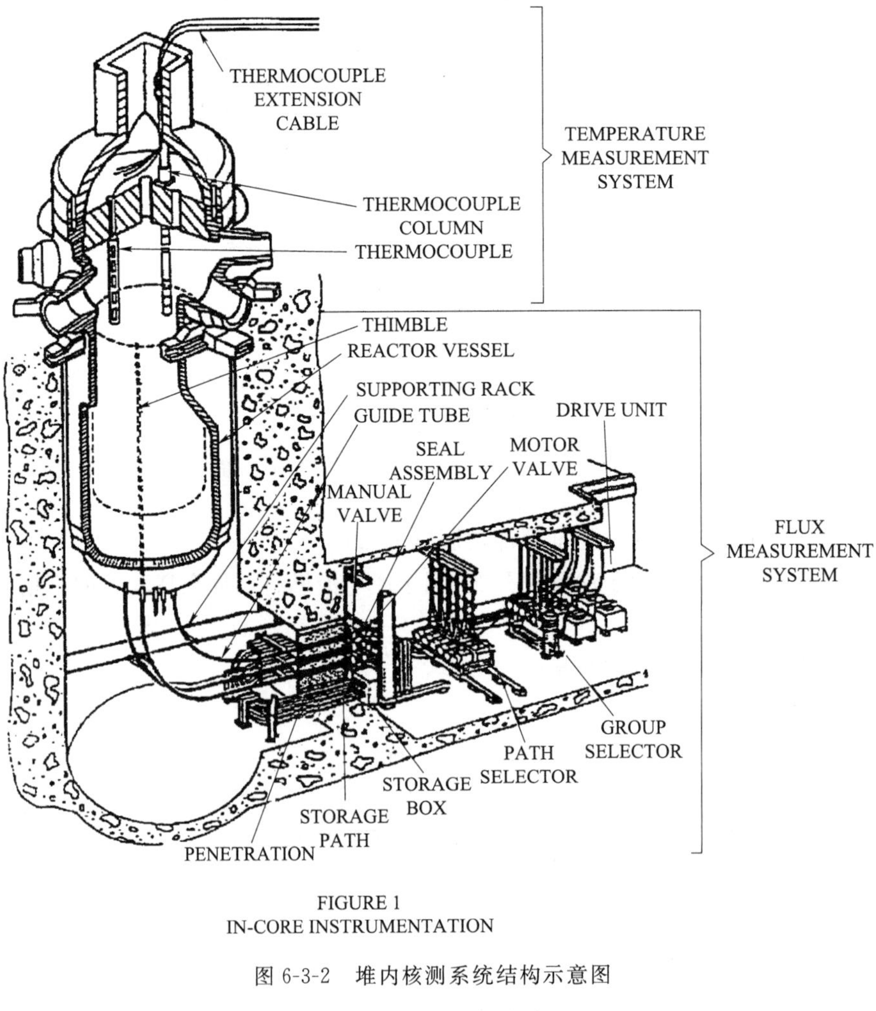

FIGURE 1
IN-CORE INSTRUMENTATION

图6-3-2 堆内核测系统结构示意图

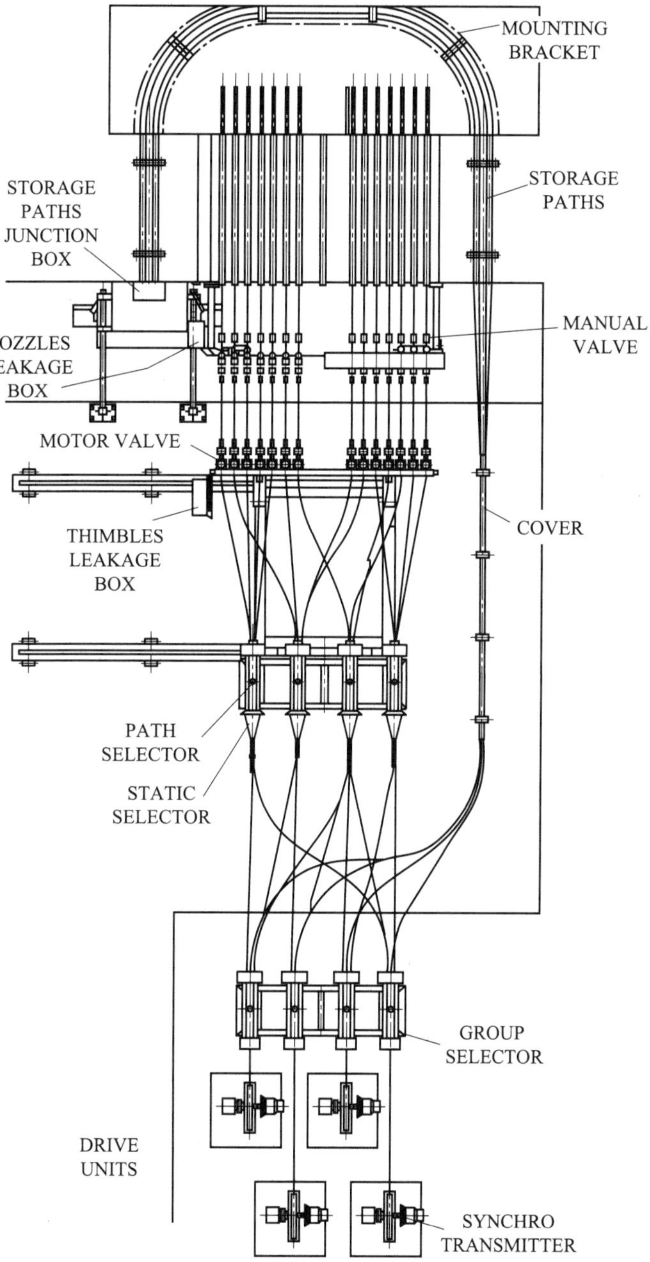

FIGURE 3
LAYOUT OF FLUX DETECTORS DRIVING SYSTEM

图 6-3-3 中子注量率探测器驱动系统布置图

- 电极上所涂铀-235 的富集度>90%；
- 微型裂变室的外径：4.70 mm；
- 微型裂变室的长度：66 mm；
- 探测器的测量范围：109～9.3×10^{13} n/cm^2·s；
- 热中子灵敏度：10^{-17} A/n/(cm^2·s)；

- γ 射线灵敏度：< 2×10^{-12} A/(Gy・h)；
- 探测器的线性度：在测量范围 1 011～9.3×10^{13} n/(cm^2・s)内小于±3%；
- 探测器的坪特性：电离室在运行电压(150 V)的±25 V 范围内低于 0.2%/V；
- 探测器的寿命：在 320 ℃上连续运行过程中，对于 1.5×10^{20} n/(cm^2・s)的累积注量率，其灵敏度的降低低于 10%。

这些微型裂变室各由一台机械-电气驱动机构来驱动。通过将 4 个注量率测量微型裂变室同时插入 38 个套管的 4 个子套管中，由反应堆压力容器底部插入到堆芯中。试验测量采集的数据和由电厂中央数据处理系统(KIT)采集的温度、压力和棒位等数据被送到本系统计算机中。这些数据被拷贝出来由物理工程师使用堆芯燃料管理软件包(CEDRIC、CARIN 和 KHKBA)的计算机程序进行数据处理和分析，并通过软件拟合后将 38 个测量通道的测量数据拓展到全堆芯 121 个组件的功率(注量率)分布图，并与理论数据库进行比较。

6.3.2 堆外核测仪表系统

堆外核测系统 RPN 是被设计用来在反应堆堆芯的整个运行寿期内中子注量率变化的瞬态监测。它适用于反应堆从启动到满功率运行，以及对部分事故的监测。它是核电厂日常监督堆芯中子注量率瞬态变化的主要手段，并负责在接近或达到反应堆设计或者设备安全的事故限值时产生报警。

堆外核测仪表系统由两个源量程通道、两个中间量程通道、四个功率量程通道组成。每个通道各自独立：

(1) 源量程通道探测器(见图 6-3-4)

反应堆一般正常换料启动时，设置两个彼此独立的源量程通道。源量程用于监测堆芯装卸料、换料后反应堆启动过程及低通量水平时中子的计数率变化；同时，向反应堆保护系统提供核功率和周期信号。源量程探测器是一个涂硼正比计数管(CPNB44)，其灵敏度为 8 counts/(n/cm^2・s)，典型的中子注量率探测范围为从 1 到 10^7cps，工作电压为 850 V。

(2) 中间量程探测器 (见图 6-3-4)

中间量程通常也由两个彼此独立的测量通道组成。它主要用来监测反应堆启动过程的功率和反应堆周期变化，它通常给出电流值来反映堆内的通量水平，它也向反应堆保护系统提供核功率和反应堆周期信号。由于它的测量范围比较宽，常采用对数功率指示。中间量程探测器是一个 γ 补偿电离室(cc80)，中子热敏度为 8×10^{-14} A/(n/cm^2・s)，中子注量率范围从 2×10^2 到 5×10^{10} n/(cm^2・s)。γ 灵敏度(未补偿)是 5.5×10^{-9} A/Gg・h，最大电流为 1 mA，工作电压为 600 V。

(3) 功率量程探测器(见图 6-3-4)

功率量程一般由 4 个彼此独立的测量通道组成。它用来监测反应堆功率运行时的中子注量率水平，并向反应堆保护系统和功率调节系统输送信号。每个功率量程通道是一个具有 6 节分布在中子敏感区域的不补偿电离室组成，在堆外每 90°安装一个功率量程通道。每一节电离室(CBL26)产生一个信号，并将 6 节电离室分成两部分：上面 3 节电离室的信号合并为一个输出信号作为监测堆芯上部注量率变化的上部信号，下面 3 节电离室的信号合并为一个输出信号作为监测堆芯下部注量率变化的下部信号，电离室的灵敏长度为 6×100 mm。

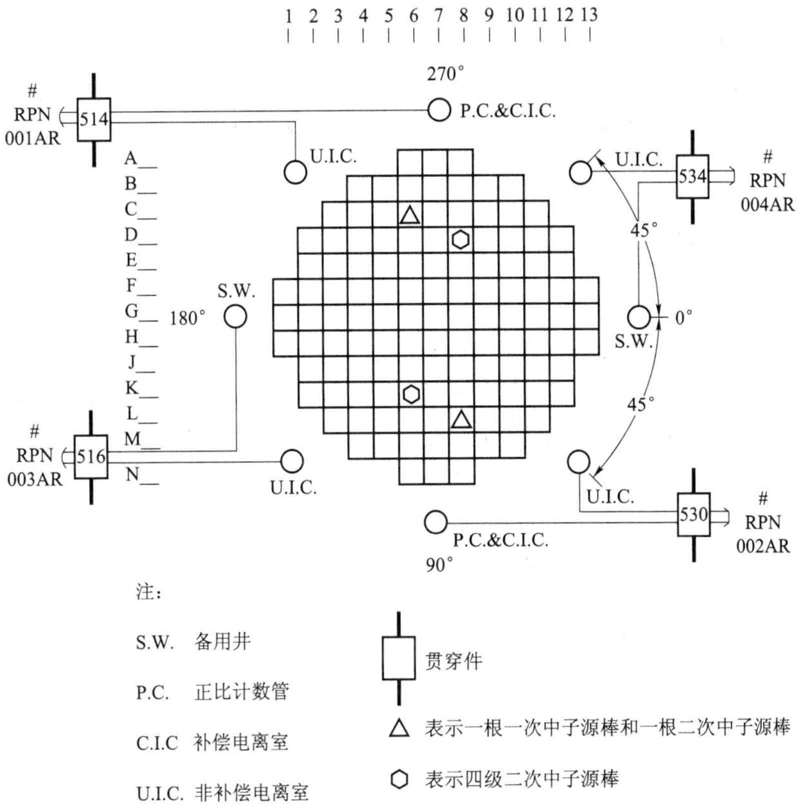

图 6-3-4　堆外核测系统布置图

每节电离室中子灵敏度大约为 2.4×10^{-14} A/(n/cm^2 · s)。测量中子通量范围从 5×10^2 n/cm^2 · s 至 5×10^{10} n/cm^2 · s，高压供电电源对于 6 个部分是相同的，在最大电流为 0.35 mA，工作电压为 600 V，γ 灵敏度(未补偿)是 5.5×10^{-9} A/Gy · h。

四个功率量程通道的上部探测器所测得的电流正比于堆芯上半部的功率，下部探测器所测得的电流正比于堆芯下半部产生的功率。功率量程通道的探测器上部和下部的功率信号之和指示了堆芯的总功率。功率量程通道的探测器是用来测量从反应堆堆芯泄漏的中子，起监测堆芯功率分布的作用。

监测堆芯的泄漏中子注量率是基于如下两点：

- 堆芯泄漏中子注量率正比于堆内中子注量率；
- 中子探测器位于堆外适当地方，以便安装和维修。

这个系统不仅可以监测中子注量率，而且还能够发出报警信号，它被要求与保护系统相联结，具有控制反应堆运行的功能。堆外核测仪表系统在每一循环过程中，都要通过启动物理试验对功率量程刻度系数进行首次标定。同时，在正常运行期间还必须用堆内核测仪表系统对其进行定期校准。

6.4　堆芯功率分布监测

为了保证反应堆在正常运行(Ⅰ类工况)和一般事故(Ⅱ类工况)下燃料组件的完整性，

必须对堆芯功率分布进行监测。这就要求在正常运行和短时间瞬态情况下,保证堆芯的最小烧毁比 DNBR 大于安全限值。限制裂变气体的释放,燃料芯块的温度和燃料包壳的机械性能必须限制在设计准则之内。此外,对 I 类工况下的线功率密度峰值进行限制,以保证在 LOCA 分析中的假设初始条件得到满足。同时,能够保证燃料包壳的温度和限值不被突破。

6.4.1 监测的参数

(1) 热点因子 F_Q

为了避免热点的产生,必须对 F_Q加以控制在其限值之内。但是 F_Q是一个不可测量的参数,在实际运行中是无法进行直接监视 F_Q的变化,而 AO 是一个可以测量的参数,只要 AO 与 F_Q之间建立一个关系式,就可以通过监测 AO 的变化来达到监测 F_Q变化的目的。

热管因子 $F_Q(z)=\max(Q(z))$

$$F_Q=\frac{\text{堆芯内最大线性功率密度}}{\text{堆芯平均线性功率密度}}=\frac{P_{\max}}{P_{\text{avg}}}=\max[Q(z)] \tag{6-4-1}$$

式中:$Q(z)$——z 平面最大的线功率密度。

实际运行监测中用如下公式:

$$F_q\times 1.08<F_q\text{LOCA}/P_r \tag{6-4-2}$$

其中:F_qLOCA=2.35(事故包络值),P_r 为相对功率水平。

(2) 焓升因子 $F_{\Delta H}$

$$F_{\Delta H}\times 1.04<1.55\times[1+0.3\times(1-P_r)] \tag{6-4-3}$$

当功率水平低于 10%FP 时,不对该因子进行核对。

(3) 径向功率峰因子 F_{xy}

径向功率峰因子 F_{xy}必须满足如下方程:

$$F_{xy}<1.04\times F_{xy}^{L}\times[1+0.1\times(1-P_r)] \tag{6-4-4}$$

式中:F_{xy}——径向功率峰因子的测量值;

F_{xy}^{L}——100%FP 下径向功率峰因子的设计预计值。

当功率水平低于 10%FP 时,不对该因子进行核对。

(4) 象限功率倾斜比 QPTR

象限功率倾斜比 QPTR 不得超过 1.02。

(5) 轴向功率偏差 ΔI

轴向功率偏差 ΔI 在 15%额定功率工况以上运行时,轴向注量率偏差指示必须保持在轴向注量率目标值 $\Delta I_{\text{ref}}\pm 5\%$范围内。

(6) DNB

与 DNB 有关的下列参数必须保持在如下的限值范围内:

反应堆冷却剂平均温度在加上测量仪表的误差后 T_{avg}小于或等于超温 ΔT 和/或超功率 ΔT 保护的定值;

稳压器的压力在减去测量仪表的误差后应大于等于 15.5 MPa;

反应堆冷却剂的总流量在减去测量仪表的误差后应大于等于设计规定值。

6.4.2　运行期间的堆芯功率分布监测

在反应堆运行中，主要的两个保护功能是超功率 ΔT 保护和超温 ΔT 保护。超功率 ΔT 保护燃料芯块不被熔化；超温 ΔT 保护燃料元件不被烧毁。运行过程中采用不断地测量堆芯进出口温差与超功率 ΔT 和超温 ΔT 设定值进行比较。如果实际测量值超过 ΔT 设定值，则必须实施紧急停堆。

在正常运行期间，每 30 个等效满功率天(EFPD)至少进行一次堆芯功率分布测量。经过数据处理得到堆芯燃料组件的相对功率分布、F_Q、F_{xy}、$F_{\Delta H}$、AO、QPTR 等数据，确认这些因子在允许范围内。

在堆芯功率分布异常时，控制棒位置指示不正常等现象发生时或在有危及堆芯运行安全的可能时，可以附加进行堆芯功率分布的测量，根据程序处理得到的结果以确认堆芯的安全并验证堆外核测仪表的指示。

(1) 轴向功率偏移 AO(轴向功率偏差 ΔI)的监测

每 30 个等效满功率天(EFPD)由堆芯功率分布测量的结果，给出堆芯轴向功率偏移 AO 值，并对堆外核测仪表的轴向功率偏差 ΔI 目标值进行一次更新。

每 90 个等效满功率天(EFPD)对堆外核测仪表进行一次轴向功率偏移的测定。即在热功率大于 75%额定功率下稳定运行(氙平衡)，进行堆内外核测仪表互校试验。

(2) F_Q、F_{xy}、$F_{\Delta H}$的监测

每 30 个等效满功率天(EFPD)至少进行一次堆芯功率分布测量，使用堆芯燃料管理软件进行数据处理，并将计算结果与运行限值进行比较，确认这些因子在规定的允许限值范围内。

以上参数的详细监督要求参见核电厂的技术规格书。

6.5　堆芯功率能力

6.5.1　Mode A 方式运行

CP600 核电厂是以 Mode A 控制模式运行的，所谓 Mode A 是指以 CAOC(Constant Axial Offset Control)控制方式设计堆芯的核电厂。Mode A 是靠下述手段来实现维持反应堆正常运行的：

- 通过平均温度调节系统使调节棒组自动移动使反应堆处于临界；
- 为了限制功率分布的轴向偏差，运行人员采用手动操作来改变硼浓度，以减少控制棒的位移；
- 改变堆内硼浓度来补偿由于燃耗、氙浓度变化等引起的较慢的反应性变化及功率变化很大的时候的功率亏损。

采用 Mode A 运行模式，该模式要求反应堆在满功率或接近满功率水平下稳定运行，反应堆的功率水平变化主要是靠调节可溶硼浓度来实现的。但考虑到反应堆可能出现的突然升降功率运行，此时只靠调硼来改变功率水平，从速度上是不够的，这是由于慢化剂中的硼浓度变化受到系统硼化或稀释能力的限制。因此，Mode A 还要求具有一定的控制棒调节

功率的能力。

Mode A 控制方式的优点：

- 运行简单，只有一个温度控制调节回路；
- 在正常运行时，运行人员只需仅仅改变硼浓度；
- 插入的控制棒数量少，径向和轴向的燃耗都相当均匀；
- 通过标准的管理就可方便地保证停堆深度。

Mode A 控制方式的缺点：

- 因为很少的控制棒插入，当需要改变功率时要受到化学和容积控制系统性能的限制；
- 在一个燃料循环中功率提升速率有规律地下降，实际上不可能在瞬间实现大幅度的负荷的变化。

6.5.2 负荷跟踪

一般地说，以 Mode A 运行的核电厂不进行负荷跟踪，但是为了满足电站功率变化的机动性要求，因而要求其具有一定的负荷跟踪能力。根据秦山核电二期工程施工设计报告，要求在 80%的循环长度内能够进行功率变化形式为 12-3-6-3 的日负荷跟踪，即反应堆在 12 个小时满功率运行后在 3 个小时内功率以线性变化到 50%FP，在 50%FP 下运行 6 个小时后又在 3 个小时内功率以线性恢复到 100%FP 满功率水平，以适应电网日负荷变化的要求。负荷跟踪还应具有 5%FP/min 线性功率变化及 10%FP 阶跃功率变化的调节能力。负荷跟踪是通过改变功率调节棒束的棒位和冷却剂中可溶硼浓度实现的，其棒位由反应堆输出的电功率来确定，即不同功率水平时的棒位依据控制棒刻度曲线来实现，刻度曲线是随燃耗的变化而变化的。

以调节棒组 D、C、B、A 为主伺服功率变化，调硼一方面分担功率变化所引起的反应性快变化，另一方面补偿氙毒所造成的反应性慢变化。Mode A 负荷跟踪运行时有如下限制：

(1) 上充流量的限制

上充流量的限制导致了稀释能力受限，因而造成受限的升负荷能力。在降负荷方面，同样由于稀释能力受限使得补偿氙毒反应性的能力受限制，因而造成受限的升降负荷速率。

(2) 处理废物的能力

由上述可知 Mode A 运行控制模式的压水堆核电厂虽然能一定程度够满足电网的要求，但其性能不足以满足较低成本的要求。

6.5.3 堆芯功率能力

以 Mode A 运行的核电厂，其堆芯功率能力是由在下述限制范围内控制堆芯功率分布来调节的：

- DNBR 限值。此限值用来约束堆芯的热通道因子，并用它来作为超温 ΔT 保护通道设定值的基础；
- 包壳应力或疲劳限值。用于限制随燃料燃耗的局部功率密度；
- LOCA 包络分析中的假想初始工况。这些工况则限制随堆芯高度变化的局部功率密度；

• 燃料熔化限值。它提供了热点的功率密度限值，并用于超功率 ΔT 保护通道设定值的计算。

6.5.4　咬量与插入极限

(1) 咬量

为了确保主调节棒组 D 具有足够的反应性引入能力，以满足 5%FP/min 线性功率变化及 10%FP 阶跃功率变化的机动性要求，并尽可能使轴向功率分布平坦，需要限制主调节棒组的最小插入深度。这个插入位置称为咬量。计算得到棒组 D 在设计咬量位置处具有 2.5 pcm/步左右的微分价值，可以满足上述机动性要求，同时对轴向功率分布的扰动也能满足设计限值要求。咬量位置是随燃耗而改变的，图 6-5-1 给出了咬量位置随燃耗的变化曲线的示例。

(2) 插入极限

限制主调节棒组插入限值是为了满足下述要求：

• 停堆裕量；

在 HFP 状态下，满足卡棒准则的同时，在 BOL 和 EOL 的停堆深度分别不得小于 1 000 pcm 和 2 000 pcm。

• 弹棒事故安全准则；

• 焓升因子 $F_{\Delta H}<1.55[1+0.3(1-P_r)]$ $(0\leqslant P_r\leqslant 1)$

基于上述要求，需通过计算给出主调节棒组插入限值随功率水平和燃耗的变化关系(如图 6-5-2 所示)。在反应堆控制中，当主调节棒组插入接近其限值时，将触发预报警系统。

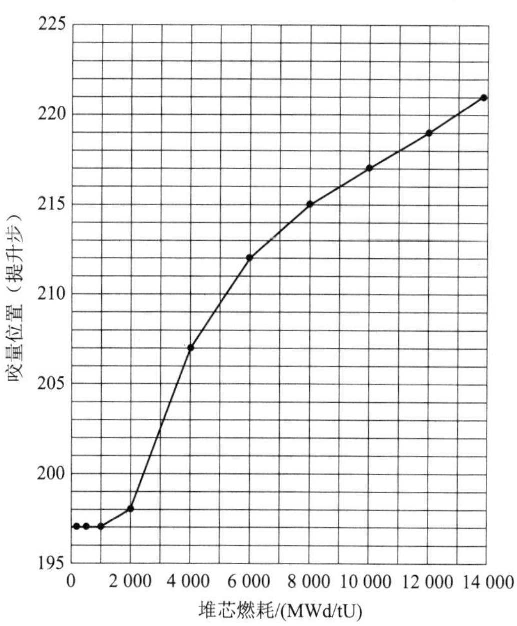

图 6-5-1　主调节棒组 D 的咬量位置随燃耗的变化曲线

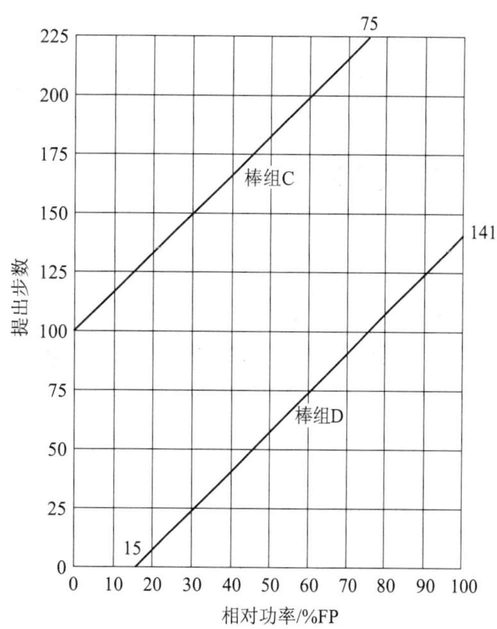

图 6-5-2　控制棒组插入限(全寿期内)

复习思考题

一、选择题

1. 堆芯理论轴向功率分布是高度 h 的(　　)。

A. 正弦函数　B. 余弦函数　C. 零阶贝塞尔函数　D. 抛物线函数

2. 堆芯理论径向功率分布是半径 r 的(　　)。

A. 正弦函数　B. 余弦函数　C. 零阶贝塞尔函数　D. 抛物线函数

3. CP600 核电厂堆内通量测量系统有(　　)个测量通道分(　　)组。

A. 30,4　B. 38,5　C. 36,5　D. 38,4

4. CP600 核电厂热点因子事故包络值 FqLOCA 是(　　)。

A. 2.35　B. 2.3　C. 2.45　D. 2.55

5. 下列各项不是 Mode A 运行方式的优点的是(　　)。

A. 运行简单

B. 插入的控制棒数量少

C. 在正常运行时,运行人员只需仅仅改变硼浓度

D. 能快速、大幅度改变功率

二、判断题

1. 技术规格书中规定:象限功率倾斜比 QPTR 不得超过 1.02。(　　)

2. 轴向功率偏移 AO 与轴向功率偏差 ΔI 的关系为 $AO=\Delta I/P_r$。(　　)

3. 技术规格书中规定,每 60 个等效满功率天(EFPD)需对堆内外核测仪表进行一次互校试验。(　　)

三、填空题

1. 堆外通量测量分________,________和________三个测量范围。

2. 为了确保主调节棒组 D 具有足够的反应性引入能力,以满足________ FP/min 线性功率变化及________ FP 阶跃功率变化的机动性要求,并尽可能使轴向功率分布平坦,需要限制主调节棒组的最小插入深度。这个插入位置称为________。

第 7 章　裂变产物的产生与中毒

随着反应堆的运行，堆内燃料组件中的^{235}U、^{238}U和^{239}Pu等同位素成分不断变化；在裂变过程中，裂变产物不断地生成与积累，固体可燃毒物数量不断地消耗，这都造成了堆芯临界硼浓度、功率分布、多普勒温度效应、慢化剂温度效应及控制棒价值等因素发生改变，氙中毒反应性效应和结渣反应性效应等也有一定的改变；同时，中子动力学参数，诸如缓发中子份额 β_i、缓发中子先驱核的衰变常数 λ_i 等都有一定的变化。

本章将主要讨论：核燃料同位素的产生与消耗、裂变产物的毒性。

7.1　核燃料同位素的产生与消耗

反应堆在运行过程中，堆芯燃料中的易裂变同位素^{235}U在不断地在裂变过程中消耗掉，这就引起了反应性的下降；同时可转换同位素^{238}U核在俘获中子后，又可转换成易裂变同位素^{239}Pu……这又会使反应性上升。因此，堆芯核燃料中的各种重同位素的核密度，将随着反应堆的运行时间不断地发生变化。

下面将根据某一重同位素 X 的产生与消耗图（见图 7-1-1），建立起其核密度随时间的变化规律，即燃耗方程为：

$$\frac{\partial}{\partial t}N_{\mathrm{X}}(r,t) = N_{\mathrm{Z}}(r,t)\int_0^{\infty}\sigma_r^z(E)\phi(r,E,t)\mathrm{d}E + \lambda_{\mathrm{Y}}N_{\mathrm{Y}}(r,t) - N_{\mathrm{X}}(r,t)\left[\int_0^{\infty}\sigma_{\mathrm{a}}^x(E)\phi(r,E,t)\mathrm{d}E + \lambda_{\mathrm{X}}\right]$$

式中，等式右边第一项为同位素 Z 俘获中子生成同位素 X 的产生率；第二项为同位素 Y 经衰变生成同位素 X 的产生率；第三项为同位素 X 的吸收中子和 β 衰变的总消耗率。

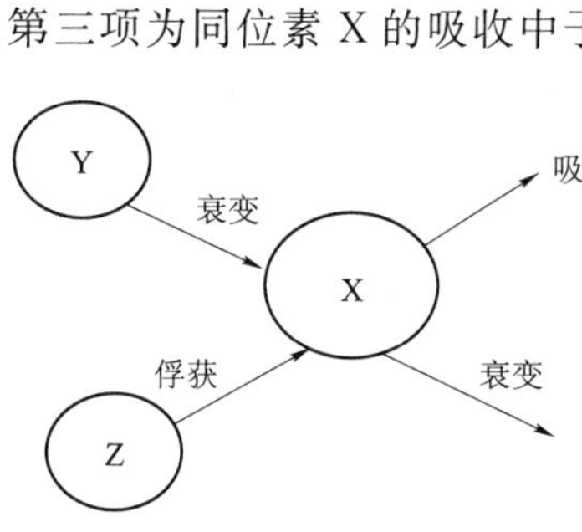

图 7-1-1　同位素 X 的产生和消耗

图 7-1-2 所示为堆芯核燃料中各种重同位素核密度随燃耗的变化规律。从图中可见，在堆芯易裂变同位素^{235}U成分不断地减少的同时，另一种易裂变同位素^{239}Pu成分却在堆内不断地增加。这样随着堆芯燃耗的不断加深，^{239}Pu裂变产生的功率也在增加，从而降低了^{235}U燃耗所引起反应性的下降速率。在燃耗较深的情况下，对能量输出有贡献的易裂变同位素主要有^{235}U、^{239}Pu和^{241}Pu。

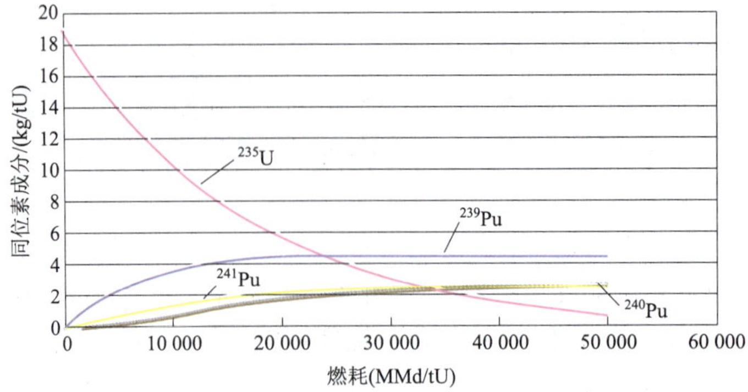

图 7-1-2　重同位素核密度随燃耗的变化

7.2　裂变产物的毒性

裂变过程中，将形成很宽的裂变产物谱，所有的裂变碎片实际上都是放射性的，它们经过β衰变产生新的同位素。裂变过程中所生成的裂变碎片及其衰变产物都称为裂变产物。许多裂变产物都具有很大的热中子吸收截面，这些核素称为裂变毒物。对于每一质量数的裂变产物都有其相应的裂变产额（某一质量数的裂变产物在核裂变总产物中所占有的百分数）。

反应堆内毒性 P 的定义为：被毒物吸收的热中子数与被燃料吸收的热中子数之比。即：

$$P \frac{\Sigma_a^P}{\Sigma_a^U}$$

其中，Σ_a^P 为毒物的宏观吸收截面，$\Sigma_a^P = N_P \times \sigma_a^P$，因此 N_P 与 σ_a^P 的大小都直接反映了毒性的大小；Σ_a^U 为燃料的宏观吸收截面。

所以裂变产物的毒性正比于裂变产物的浓度。裂变毒物的浓度直接与热中子注量率有关，这主要是毒性对与 k_{eff} 有关的六因子中热中子利用系数的影响。因此，当反应堆功率发生变化时，随着中子注量率的变化，裂变毒物的浓度也相应发生变化，这就向堆芯引入正的或负的反应性效应。假设堆内的中子注量率是均匀分布的，无毒物时

$$f = \frac{\Sigma_a^U}{\Sigma_a^U + \Sigma_a^m + \Sigma_a^s}$$

式中：Σ_a^m 为慢化剂的宏观吸收截面；Σ_a^s 为结构材料的宏观吸收截面。有毒物时

$$f' = \frac{\Sigma_a^U}{\Sigma_a^U + \Sigma_a^m + \Sigma_a^s + \Sigma_a^P}$$

对上面两式进行数学处理得：

$$f = \frac{1}{1 + \frac{\Sigma_a^m + \Sigma_a^s}{\Sigma_a^U}}$$

$$f' = \frac{1}{1 + \frac{\Sigma_a^P}{\Sigma_a^U} + \frac{\Sigma_a^m + \Sigma_a^s}{\Sigma_a^U}}$$

如果无毒物反应堆的有效增殖系数为 k_{eff}，而有毒物的为 k'_{eff}，则有：

$$\frac{k'_{\text{eff}}-k_{\text{eff}}}{k'_{\text{eff}}}=\frac{f'-f}{f'}=-\frac{P}{1+\dfrac{\Sigma_a^m+\Sigma_a^s}{\Sigma_a^U}}$$

如果反应堆在无毒物情况下恰好是临界的，即 $k_{\text{eff}}=1$，则有毒物所导致的反应性为：

$$\rho=\frac{k'_{\text{eff}}-1}{k'_{\text{eff}}}=-\frac{P}{1+\dfrac{\Sigma_a^m+\Sigma_a^s}{\Sigma_a^U}}=\frac{\Sigma_a^P}{\Sigma_a^U+\Sigma_a^m+\Sigma_a^s}\approx-\frac{\Sigma_a^P}{\Sigma_a^U}=-P \tag{7-2-1}$$

在典型的压水堆堆芯里，一般 $(\Sigma_a^m+\Sigma_a^s)/\Sigma_a^U$ 是很小的一个分数，很接近于 0（约为 0.008 2）。所以，由于裂变产物的存在，所导致的负反应性大致就等于毒性。

7.2.1　氙毒(氙-135)

氙毒是所有裂变产物中最重要的一种毒物，它的热中子吸收截面非常大，在中子能量为 0.025 eV 时，氙-135 的微观吸收截面约为 2.7×10^6 b。而在中子能量为 0.08 eV 处存在较大的共振峰（如图 7-2-1 所示），所以在热能区内它的平均吸收截面约为 3×10^6 b。氙-135 在裂变反应中的直接裂变产额大约为 0.228%，但它的先驱核碘-135 的直接裂变产额却很高，它们经 β 衰变后就形成氙-135。

氙-135 可以由吸收中子或经 β 衰变为铯-135 而从堆芯消失。氙的衰变率是氙浓度的函数，氙的生成率是碘-135 浓度和中子注量率（功率）的函数。氙浓度的变化依赖于 Xe 的存在量、中子注量率水平和碘-135 的浓度。碘-135 浓度是时间和中子注量率（功率）水平的函数，可以认为碘是由裂变直接生成的，其生成率为裂变率与裂变产额的乘积，而碘-135 的损失率只有 β 衰变。如图 7-2-2 所示。

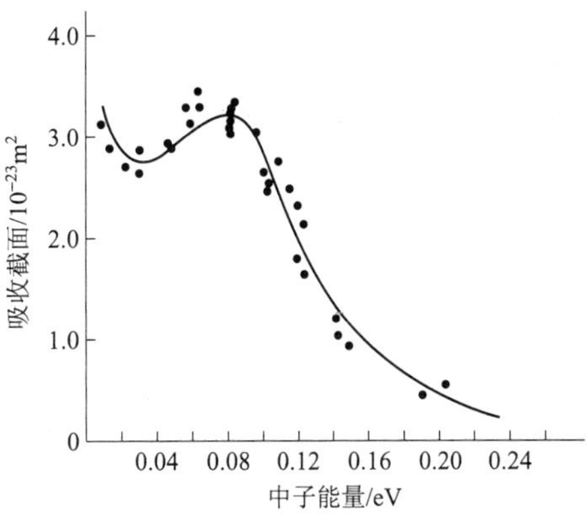

图 7-2-1　氙-135 吸收截面与中子能量的关系

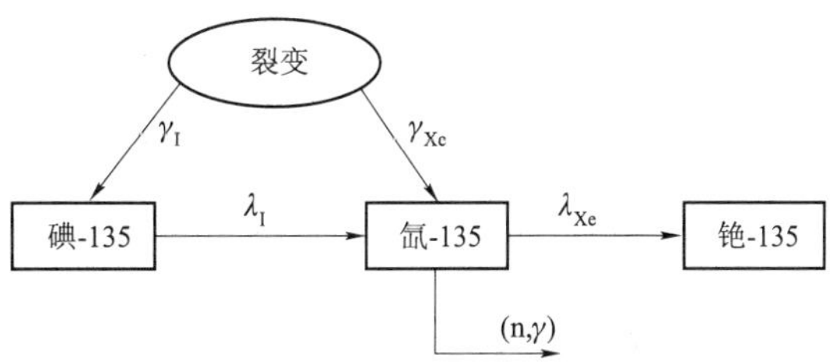

图 7-2-2　氙-135 衰变图

于是，氙-135 和碘-135 的平衡方程为：

变化率＝生成率－损失率

即：

$$\frac{dN_{Xe}}{dt}=(\gamma_{Xe}\Sigma_f\varphi+\lambda_I N_I)-(\lambda_{Xe}N_{Xe}+\sigma_{a,Xe}N_{Xe}\varphi) \tag{7-2-2}$$

$$\frac{dN_I}{dt}=\gamma_I\Sigma_f\varphi-\lambda_I N_I \tag{7-2-3}$$

式中，N、γ 和 λ 分别表示相应裂变产物的浓度、产额和衰变常数。

(1) 反应堆启动时的氙中毒

对于一个新堆,碘-135 和氙-135 的初始浓度都为零。若此时反应堆从零功率开始作阶跃增加,并很快达到满功率。这时假设 $t=0$ 时,中子注量率瞬时达到额定值,并保持不变。利用式(7-2-2)和式(7-2-3),并采用下列的初始条件:

$$N_{\mathrm{I}}(0)=N_{\mathrm{Xe}}(0)=0$$

设堆内的平均中子注量率为 φ,这样可以解得在反应堆启动后,碘-135 和氙-135 的浓度随时间的变化规律为:

$$N_{\mathrm{I}}(t)=\frac{\gamma_{\mathrm{I}}\Sigma_{\mathrm{f}}\varphi}{\lambda_{\mathrm{I}}}[1-\exp(-\lambda_{\mathrm{I}}t)]$$

$$N_{\mathrm{Xe}}(t)=\frac{(\gamma_{\mathrm{I}}+\gamma_{\mathrm{Xe}})\Sigma_{\mathrm{f}}\varphi}{\lambda_{\mathrm{Xe}}+\sigma_{\mathrm{a,Xe}}\varphi}\{1-\exp[1-(\lambda_{\mathrm{Xe}}+\sigma_{\mathrm{a,Xe}}\varphi)t]\}+\frac{\gamma_{\mathrm{I}}\Sigma_{\mathrm{f}}\varphi}{\lambda_{\mathrm{Xe}}+\sigma_{\mathrm{a,Xe}}\varphi-\lambda_{\mathrm{I}}}\{\exp[-(\lambda_{\mathrm{Xe}}+\sigma_{\mathrm{a,Xe}}\varphi)t]-\exp(-\lambda_{\mathrm{I}}t)\}$$

图 7-2-3 给出了反应堆启动后 ^{135}I 和 ^{135}Xe 的浓度随时间变化的曲线。从图中可以看出,反应堆启动后,^{135}I 和 ^{135}Xe 的浓度随着运行时间的增加而增加。当 t 足够大后,上述两式中的指数项都趋近于零,这时 ^{135}I 和 ^{135}Xe 的浓度达到平衡(或饱和)浓度。当堆芯稳定运行大约 40~50 h 时,^{135}I 和 ^{135}Xe 的浓度基本上处于平衡状态,即接近于平衡浓度。所谓平衡浓度是指 ^{135}I 或 ^{135}Xe 的产生率等于其损失率情况下的浓度,即它们的浓度保持不变(饱和),则:

$$N_{\mathrm{I}}(\infty)=\frac{\gamma_{\mathrm{I}}\Sigma_{\mathrm{f}}\varphi}{\lambda_{\mathrm{I}}} \tag{7-2-4}$$

$$N_{\mathrm{Xe}}(\infty)=\frac{(\gamma_{\mathrm{I}}+\gamma_{\mathrm{Xe}})\Sigma_{\mathrm{f}}\varphi}{\lambda_{\mathrm{Xe}}+\sigma_{\mathrm{a,Xe}}\varphi} \tag{7-2-5}$$

另外,也可以在 ^{135}I 和 ^{135}Xe 的浓度随时间的变化规律方程式中,令 $\mathrm{d}N_{\mathrm{I}}(\mathrm{t})/\mathrm{d}t=\mathrm{d}N_{\mathrm{Xe}}(\mathrm{t})/\mathrm{d}t=0$ 而直接求出它们的平衡浓度。在氙毒浓度达到平衡时,氙毒反应性也达到了平衡值,见图 7-2-4 和图 7-2-5。

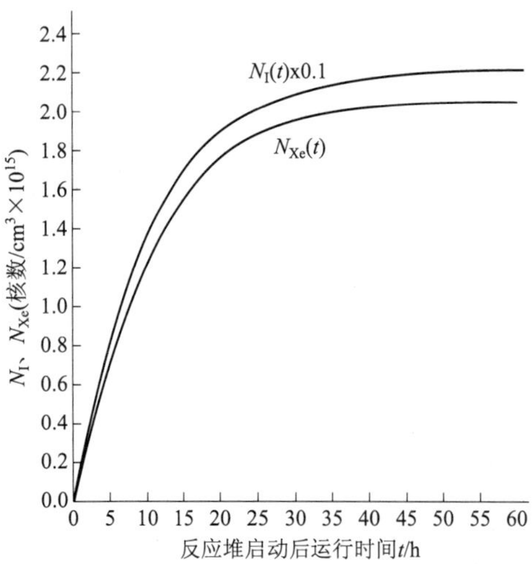

图 7-2-3 反应堆启动后碘-135 和氙-135 的浓度随时间的变化曲线

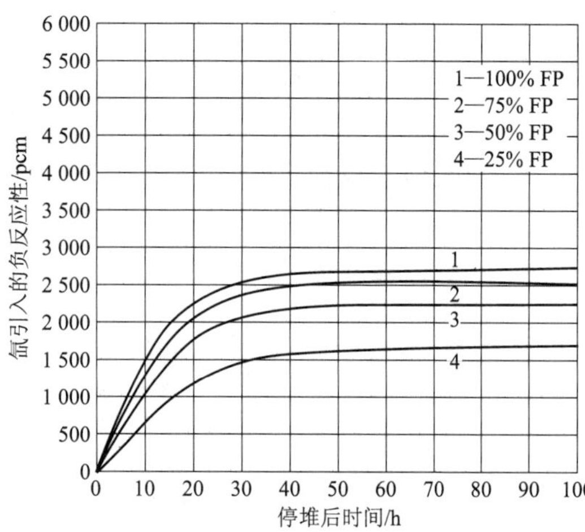

图 7-2-4 首循环堆芯从零功率提升到不同功率氙反应性随时间的变化提升

从图与上式可见，平衡值的大小取决于堆芯中子注量率水平，^{135}Xe 的反应性效应正比于其浓度。即：

$$\rho = -P_0(\infty) = -\frac{N_{Xe}\sigma_{a,Xe}}{\Sigma_a^{235U}} = -\frac{(\gamma_{Xe}+\gamma_I)\Sigma_f\varphi\sigma_{a,Xe}}{(\lambda_{Xe}+\sigma_{a,Xe}\varphi)\Sigma_a^{235U}} \tag{7-2-6}$$

由式(7-2-6)的变形，可以近似求得平衡氙中毒，即：

$$\Delta\rho_{Xe}(\infty) \approx -\frac{\gamma\Sigma_{Xe}}{\Sigma_a} = -\frac{\gamma\Sigma_f}{\Sigma_a}\frac{\varphi}{\dfrac{\lambda_{Xe}}{\sigma_{a,Xe}}+\varphi} \tag{7-2-7}$$

由此可知，$\Delta\rho_{Xe}(\infty)$与热中子注量率值有关。当反应堆内热中子注量率很小时，平衡氙中毒也很小。例如中子注量率 $\varphi \leqslant 10^{11}\ n/cm^2 \cdot s^{-1}$时，则 $\Delta\rho_{Xe}(\infty)$的数量级约为 10^{-5}。这说明在低的热中子注量率时，平衡氙中毒可以忽略不计。但当中子注量率 $\varphi = 10^{13}\ n/cm^2 \cdot s^{-1}$或更大时，由于 λ_{Xe} 比 $\sigma_{a,Xe}$来的小得多，可以忽略不计，则：

$$\Delta\rho_{Xe}(\infty) \approx -\frac{\gamma\Sigma_f}{\Sigma_a} \tag{7-2-8}$$

因此，在高的热中子注量率下运行的反应堆中，可以近似地认为平衡氙中毒与热中子注量率的大小无关，而只与堆内宏观裂变截面与宏观吸收截面的比值有关。例如当 Σ_f/Σ_a 为 0.6～0.8 时，$\Delta\rho_{Xe}(\infty)$为 0.04～0.05。这已经是一个可观的数值，因而平衡氙的中毒对于满功率运行的反应堆来说是不可忽略的。动力反应堆在额定功率运行时的热中子注量率一般都满足(7-2-7)关系式，因此可以采用式(7-2-8)近似地计算出平衡氙中毒。但若反应堆在低于额定功率水平下运行，则平衡氙中毒就与运行的堆功率大小有关。图 7-2-6 给出了反应堆在运行过程中，平衡氙中毒与反应堆运行功率的关系。

不同的堆芯会有不同的燃料装载，因而有着不同的 Σ_f 和 Σ_a。因为平衡氙浓度是 Σ_f 的函数，所以对于不同的堆芯，即使同一中子注量率水平的平衡氙浓度也是不同的，但是与之相关的氙毒反应性对所有的堆芯是近似相同的，因为氙毒反应性是 Σ_f/Σ_a 的函数(此比值近似是个常数)。

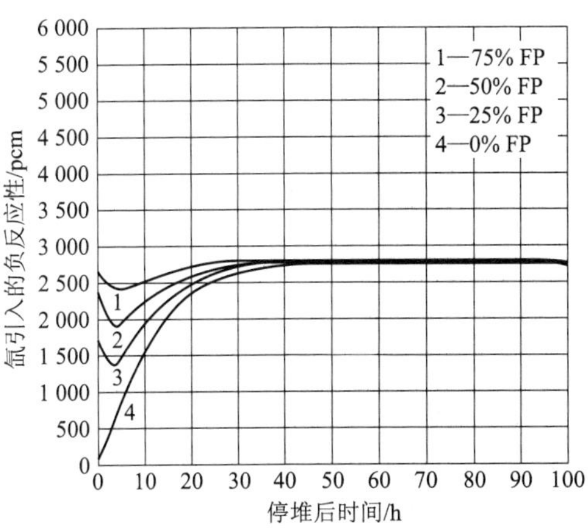

图 7-2-5　堆芯从低功率提升到高功率，氙反应性随时间的变化

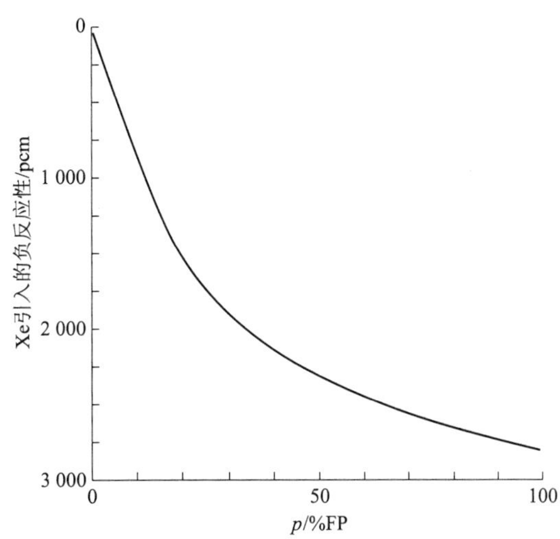

图 7-2-6　堆芯氙平衡引入的负反应性

(2) 停堆后的氙中毒

假设反应堆在恒定中子注量率 φ_0 下已经运行了两天以上，堆内氙浓度已达到平衡浓度。在反应堆停堆后，中子注量率近似地降为零，裂变直接产生的^{135}Xe也近似为零。但是堆内的 ^{135}I仍然在继续衰变成^{135}Xe，而^{135}Xe又不能吸收中子来消失，它只能通过 β^- 衰变来消失。另外，^{135}Xe的半衰期大于^{135}I的半衰期，所以在停堆后的一段时间里，^{135}Xe的浓度将要增加。但是，在停堆后，没有新的^{135}I产生，^{135}Xe的浓度不会无限地增加，当达到某一数值后，^{135}Xe的浓度将逐渐地减小。停堆后，中子注量率近似地认为降为零，此时碘-135 浓度和氙-135 浓度的变化率为：

$$\frac{dN_I(t)}{dt}=-\lambda_I N_I \tag{7-2-9}$$

$$\frac{dN_{Xe}(t)}{dt}=\lambda_I N_I-\lambda_{Xe}N_{Xe} \tag{7-2-10}$$

令停堆时刻 $t=0$，方程组的初始条件为：$N_I(0)=N_I(\infty)$；$N_{Xe}(0)=N_{Xe}(\infty)$。

其中，$N_I(\infty)$和 $N_{Xe}(\infty)$分别为停堆前碘-135 和氙-135 的平衡浓度。方程组的解为：

$$N_I(t)=N_I(\infty)\exp(-\lambda_I t) \tag{7-2-11}$$

$$N_{Xe}(t)=N_{Xe}(\infty)\exp(-\lambda_{Xe}t)+\frac{\lambda_I N_I(\infty)}{\lambda_I-\lambda_{Xe}}[\exp(-\lambda_{Xe}t)-\exp(-\lambda_I t)] \tag{7-2-12}$$

将 $N_I(\infty)$和 $N_{Xe}(\infty)$代入式(7-2-12)得：

$$N_{Xe}(t)=\frac{(\gamma_I+\gamma_{Xe})\Sigma_f\varphi_0}{\lambda_{Xe}+\sigma_{a,Xe}\varphi_0}\exp(-\lambda_{Xe}t)+\frac{\gamma_I\Sigma_f\varphi_0}{\lambda_I-\lambda_{Xe}}[\exp(-\lambda_{Xe}t)-\exp(-\lambda_I t)] \tag{7-2-13}$$

为了分析停堆后氙毒的变化规律，将上式对 t 求导并令 $t=0$ 得：

$$\left.\frac{dN_{Xe}(t)}{dt}\right|_{t=0}=\left[\frac{\sigma_{a,Xe}\gamma_I\varphi_0-\gamma_{Xe}\lambda_{Xe}}{\sigma_{a,Xe}\varphi_0+\lambda_{Xe}}\right]\Sigma_f\varphi_0 \tag{7-2-14}$$

因为：

$$\frac{\Sigma_f\varphi_0}{\sigma_{a,Xe}\varphi_0+\lambda_{Xe}}>0 \tag{7-2-15}$$

所以只要

$$\varphi_0<\frac{\gamma_{Xe}\lambda_{Xe}}{\gamma_I\sigma_{a,Xe}}=2.76\times10^{11}\ \text{n/cm}^2\cdot\text{s} \tag{7-2-16}$$

则：

$$\left.\frac{dN_{Xe}(t)}{dt}\right|_{t=0}<0 \tag{7-2-17}$$

在这种情况下，停堆后的氙浓度是下降的，是不可能出现最大氙中毒的现象。反之，当 $\varphi_0>2.76\times10^{11}\ \text{n/cm}^2\cdot\text{s}$ 时，则停堆后氙浓度是上升的。对于一般的压水反应堆在额定功率运行时，φ_0 总是满足这个条件的。另外在停堆开始时，$\lambda_I N_I>\lambda_{Xe}N_{Xe}$，氙的产生率大于其衰变率，堆内只存在^{135}I继续衰变成^{135}Xe，而^{135}Xe却不能由于吸收中子而减少，它只能通过 β^- 衰变而减少。所以在刚停堆后的一段时间内，氙浓度总是上升的。

但是随着停堆时间的增加，^{135}I的浓度在减少且其衰变率也在减少，dN_{Xe}/dt 的正值变得越来越小，氙浓度的增长率在下降。当这两个衰变率相等($\lambda_I N_I=\lambda_{Xe}N_{Xe}$)时，$dN_{Xe}/dt=0$，氙浓度达到极值。这之后，$\lambda_I N_I<\lambda_{Xe}N_{Xe}$，$dN_{Xe}/dt$ 变成负值，氙浓度逐渐下降，当所有^{135}I的浓度衰变完，氙浓度仍然继续在衰减。

$$\frac{dN_{Xe}(t)}{dt}=-\lambda_{Xe}N_{Xe} \tag{7-2-18}$$

停堆后，氙浓度从其平衡值上升到最大值所需的时间称为最大氙浓度发生的时间，用 t_{max} 来表示。t_{max} 可由令 $dN_{Xe}/dt=0$ 求得：

$$t_{max}=\frac{1}{\lambda_I-\lambda_{Xe}}\ln\left[\frac{\lambda_I/\lambda_{Xe}}{1+\frac{\lambda_{Xe}}{\lambda_I}\left(\frac{\lambda_I}{\lambda_{Xe}}-1\right)\frac{N_{Xe}(\infty)}{N_I(\infty)}}\right]\approx\frac{1}{\lambda_I-\lambda_{Xe}}\ln\left(\frac{1+\phi_0\sigma_{a,Xe}/\lambda_{Xe}}{1+\phi_0\sigma_{a,Xe}/\lambda_I}\right) \quad (7\text{-}2\text{-}19)$$

由此可见，t_{max} 与停堆前的 ϕ_0 有关，也就是说与停堆前的运行功率有关。但当 $\phi_0\gg\lambda_{Xe}/\sigma_{a,Xe}\approx10^{13}\ n/cm^2\cdot s$ 时，则停堆后达到最大氙的时间就与中子注量率无关。这时

$$t_{max}\approx\frac{1}{\lambda_I-\lambda_{Xe}}\ln\left(\frac{\lambda_I}{\lambda_{Xe}}\right) \quad (7\text{-}2\text{-}20)$$

这就表明：在较高的热中子注量率下运行的反应堆，停堆后出现最大氙浓度。对于一般的压水堆 $t_{max}\approx11$ h。把 t_{max} 的值代入式(7-2-13) $N_{Xe}(t)$ 就可以求得停堆后最大的氙浓度，以 $N_{Xe,max}$ 表示。氙的峰值 $N_{Xe,max}$ 和达到峰值的时间取决于停堆时的氙浓度。再将 $N_{Xe,max}$ 的值代入式(7-2-1)可以近似求出停堆后的最大氙中毒，其引入最大的负反应性约为 2 800 pcm，在停堆 80～90 h 后，氙-135 完全衰变掉。图 7-2-7 表示了停堆前后氙浓度和剩余反应性随时间变化的关系。从图中可知，剩余反应性随时间的变化则与氙浓度的变化刚好相反，即先是减小到最小值，然后又逐渐地增大。通常所谓的“碘坑”实应称为“氙坑”，因为在停堆后，氙-135 由碘-135 衰变而来。故人们习惯称为“碘坑”。在图中 t_i 为碘坑时间，是指从停堆时刻开始，到剩余反应性又返回到停堆时刻的时间间隔。t_P 为允许停堆时间，是指在碘坑内且剩余反应性大于零的时间间隔，在这段时间内反应堆仍然可能启动起来。t_f 为强迫停堆时间，它表示在这段时间间隔内的剩余反应性小于零，且反应堆无法启动起来。停堆后反应堆的过剩反应性下降到最小值的程度称为碘坑深度。碘坑的深度与反应堆停堆前堆芯运行的热中子注量率水平有关，热中子注量率愈大，碘坑的深度愈深。图 7-2-8 表示了在不同热中子注量率水平下运行的反应堆，停堆后氙反应性随时间的变化曲线。从图中可以看出，当 $\varphi<10^{13}\ n/cm^2\cdot s$ 时，停堆后氙中毒效应是很小的，当 $\varphi>10^{14}\ n/cm^2\cdot s$ 时，停堆后氙中毒效应是很显著的。如果反应堆在停堆前的过剩反应性不足以补偿其氙中毒，那就会出现强迫停堆现象。图 7-2-9 表示了堆芯从满功率降到不同功率水平时氙反应性随时间的变化曲线。

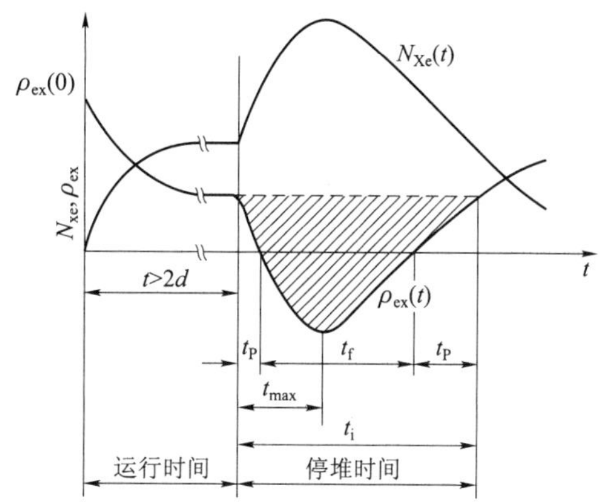

图 7-2-7　停堆前后氙-135 浓度和剩余反应性随时间的变化示意图

停堆后氙中毒的变化还与停堆方式有关。如果采用逐渐降低功率的停堆方式，而不是突然停堆，这样在停堆过程中，部分 ^{135}I 和 ^{135}Xe 因吸收中子和衰变而消失。所以，采用这种停堆方式的碘坑深度要比采用后者的停堆深度浅得多。

如果在停堆后还存在大量的氙-135 情况下重新启动反应堆，那么由于中子注量率的突然增加导致氙-135 将大量地消耗，氙浓度也将很快地下降，因而氙中毒将迅速地减小。如

图 7-2-10 所示。这时反应堆内的剩余反应性将很快地增加，原来作为启动用而提起的控制棒将要插到足够的深度，以补偿氙浓度减小而引起的反应性的增加。

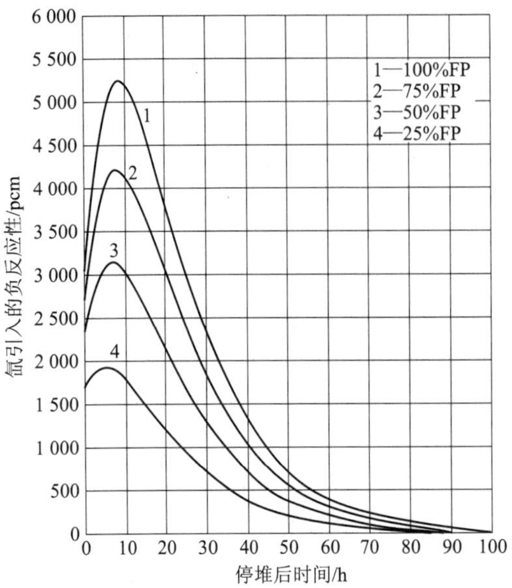

图 7-2-8 CYCLE1 堆芯不同功率运行工况下停堆后，氙反应性随时间的变化

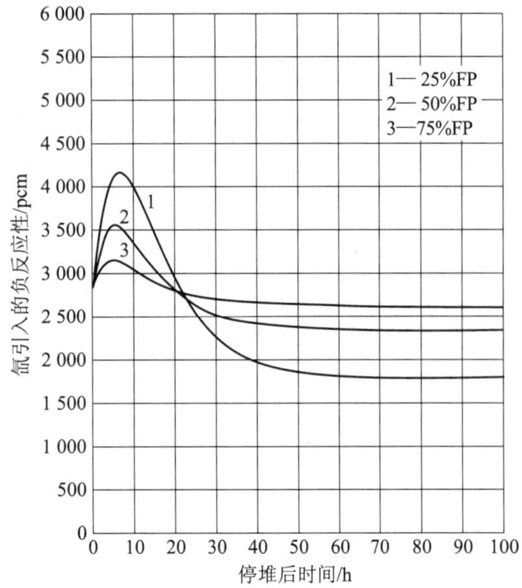

图 7-2-9 CYCLE1 堆芯从满功率降到不同功率，氙反应性随时间的变化

(3) 氙反应性的瞬变

反应堆功率的变化将引起^{135}Xe 浓度的变化，从而引起反应性的瞬变。假设反应堆在稳定功率下运行了一段时间，而在 $t=0$ 时刻突然改变它的功率，相应的热中子注量率也从 φ_1 变成 φ_2。堆内的碘-135 和氙-135 的浓度也随之发生改变。这时在解方程组(7-2-2)和(7-2-3)时，所采用的初始条件为：

$$N_{\mathrm{I}}(0)=N_{\mathrm{I}}(\infty);\ N_{\mathrm{Xe}}(0)=N_{\mathrm{Xe}}(\infty)$$

其中：$N_{\mathrm{I}}(\infty)$和 $N_{\mathrm{Xe}}(\infty)$分别为碘-135 和氙-135 在热中子注量率水平为 φ_1时的平衡浓度。在满足以上初始条件的情况下，方程组(7-2-2)和(7-2-3)的解分别为：

$$N_{\mathrm{I}}(t)=\frac{\gamma_{\mathrm{I}}\Sigma_{\mathrm{f}}\varphi_2}{\lambda_{\mathrm{I}}}\left[1-\left(\frac{\varphi_2-\varphi_1}{\varphi_2}\right)\exp(-\lambda_{\mathrm{I}}t)\right]$$

$$N_{\mathrm{Xe}}(t)=\frac{(\gamma_{\mathrm{I}}+\gamma_{\mathrm{Xe}})\Sigma_{\mathrm{f}}\varphi_2}{\lambda_{\mathrm{Xe}}+\sigma_{\mathrm{a}}^{\mathrm{Xe}}\varphi_2}$$

$$\left\{1-\left(\frac{\varphi_2-\varphi_1}{\varphi_2}\right)\left[\begin{array}{l}\dfrac{\lambda_{\mathrm{Xe}}}{\lambda_{\mathrm{Xe}}+\sigma_{\mathrm{a}}^{\mathrm{Xe}}\varphi_1}\exp(-(\lambda_{\mathrm{Xe}}+\sigma_{\mathrm{a}}^{\mathrm{Xe}}\varphi_2)t)\\[2ex] +\dfrac{\gamma_{\mathrm{I}}}{\gamma_{\mathrm{I}}+\gamma_{\mathrm{Xe}}}\left(\dfrac{\lambda_{\mathrm{Xe}}+\sigma_{\mathrm{a}}^{\mathrm{Xe}}\varphi_2}{\lambda_{\mathrm{Xe}}+\sigma_{\mathrm{a}}^{\mathrm{Xe}}\varphi_2-\lambda_{\mathrm{I}}}\right)[\exp(-\lambda_{\mathrm{I}}t)-\exp(-(\lambda_{\mathrm{Xe}}+\sigma_{\mathrm{a}}^{\mathrm{Xe}}\varphi_2)t)]\end{array}\right]\right\}$$

由此可知，当反应堆功率发生改变后，碘-135 和氙-135 的浓度与功率变化前后的中子注量率有关。图 7-2-11 表示了反应堆功率变化前后，碘-135 浓度、氙-135 浓度和剩余反应性随时间的变化。当功率降低时，氙-135 浓度和剩余反应性随时间的变化的曲线形状与突然停堆的情况相似，只是在变化程度上有差别。

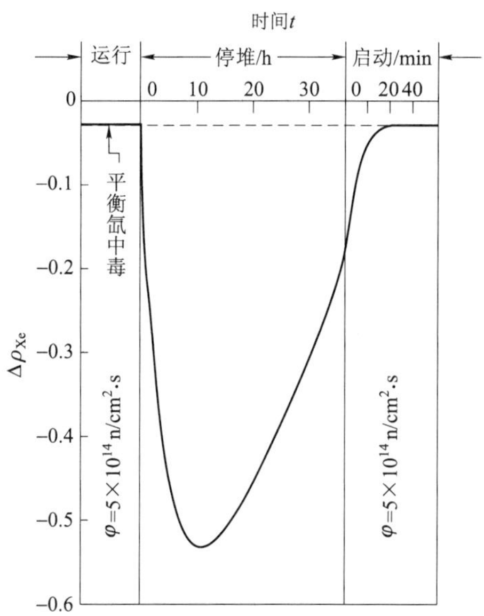

图 7-2-10　停堆后，在碘坑期内启动时氙中毒随时间变化曲线

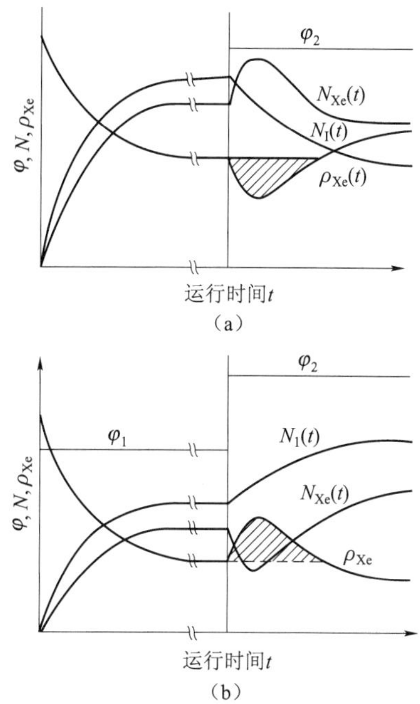

图 7-2-11　功率变化前后，碘-135、氙-135 浓度和过剩反应性随时间变化示意图

(a)突然降低功率；(b)突然升高功率

当功率突然升高时，初始反应性的变化是由于氙浓度的立即减少引起的。氙浓度 N_{Xe} 的减少是因为氙消耗率($\sigma_{a,Xe}N_{Xe}\varphi$)的立即增加引起的，其裂变生成率($\gamma_{Xe}\Sigma_f\varphi$)也稍有增加，但碘-135 浓度 N_I 不可能瞬时改变，所以由碘-135 的衰变($\lambda_I N_I$)导致氙-135 的生成率不能立即得到改变，因此氙-135 的生成率小于其衰变率，氙浓度 N_{Xe} 减小。随着氙浓度 N_{Xe} 的减小，氙的衰变率($\lambda_{Xe}N_{Xe}$)和损失率($\sigma_{a,Xe}N_{Xe}\varphi$)也在减少。在碘-135 浓度 N_I 增加的同时，碘-135 的衰变导致氙-135 的增加，当氙-135 的生成率超过其衰变率时，氙浓度 N_{Xe} 和氙毒反应性将开始增加。当氙浓度 N_{Xe} 增加时，氙的衰变率($\lambda_{Xe}N_{Xe}$)和损失率($\sigma_{a,Xe}N_{Xe}\varphi$)也开始增加，最终导致氙的生成率等于损失率，氙浓度和氙毒反应性都达到一个较高的水平。碘-135 浓度、氙-135 浓度和剩余反应性随时间的变化与功率突然下降的情况刚好相反。

达到氙-135 最大浓度的时间，取决于功率变化的大小和最终的功率水平，它总是小于 9 h 的。达到氙平衡浓度的时间也取决于功率变化的大小和最终的功率水平，它大约为功率变化后 40～50 h。

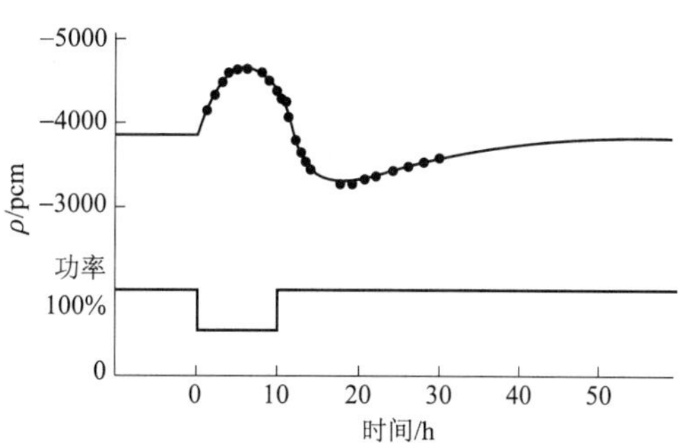

图 7-2-12　阶跃负荷变化时的氙反应性

对于反应堆功率先降低然后再升高的情况，氙的瞬变特性如图 7-2-12 所示。假设功率变化前初始的氙浓度已经达到其平衡值。当堆功率下降时，氙的损失率($\sigma_{a,Xe}N_{Xe}\varphi$)立即减少，所以氙浓度增加；碘

浓度由于中子通量密度水平的下降而开始减小（$\lambda_I\Sigma_f\varphi$）；随着氙浓度 N_{Xe} 增加，氙的衰变率（$\lambda_{Xe}N_{Xe}$）和损失率（$\sigma_{a,Xe}N_{Xe}\varphi$）也在增加；而碘浓度的减小将导致氙的生成率（$\lambda_I N_I$）减小。大约 5～6 h 后，氙的损失率将会超过其生成率，这时氙浓度开始下降。如果不再改变堆功率，在大约 40～50 h，氙浓度和氙毒反应性将会下降到目标功率水平上的平衡值。10 h 的功率提升所引起的氙瞬变，其讨论方法与前面的讨论相同，不过这里的初始氙浓度不是处于目标功率水平上的平衡值，因为这时氙的平衡条件还未达到。

当堆功率线性变化时，氙毒反应性的变化与功率作阶跃的变化相类似，因为^{135}I 和^{135}Xe 的衰变常数（$\lambda_I=0.105\ h^{-1}$，$\lambda_{Xe}=0.076\ h^{-1}$）对于典型 PWR 的一般功率变化比是很小的。

（4）氙振荡

前面所讨论的都是假定堆内热中子注量率分布是均匀的，事实上堆内中子注量率分布是不均匀的，因此氙-135 的浓度也是不均匀的。氙振荡是一种物理现象，它是指由于氙-135 浓度的改变而引起的堆功率分布的缓慢振荡。在大型热中子反应堆中，由于局部区域内的中子注量率发生变化，引起局部区域内氙浓度和反应性的变化；反过来，局部区域反应性的变化也会引起氙浓度的改变。在这种彼此相互作用的情况下，就有可能使堆内氙浓度和中子注量率分布产生空间振荡现象。

氙振荡只有在大型的和高中子注量率的热中子反应堆中才可能发生。产生氙振荡现象的条件是：

- 高热中子注量率，一般要大于 $10^{13}\ cm^{-2}/s$；
- 反应堆尺寸要很大，一般要求堆芯尺寸大于 30 倍中子徙动长度。

氙振荡现象的定性解释：

考虑一个堆内初始中子注量率分布比较平坦的压水反应堆，其堆芯尺寸大于中子徙动长度的 30 倍，堆内已经建立了氙平衡状态。在反应堆总功率保持不变的前提下，在堆芯某一区域内由于某种扰动造成该区域内的中子注量率分布升高，那么要保持反应堆的总功率不变，堆芯的另一个区域的功率密度必然要降低。这就使堆内中子注量率分布或功率分布发生变化。

在功率密度升高的区域中，域内的氙-135 浓度消耗加快，碘-135 的产生率也增加了。由于碘-135 的半衰期大约为 6.7 h，这样由于该区域中的中子注量率的增加与氙-135 浓度的增加之间存在相当大的延迟，因此一开始氙浓度是减小的。同时由于该区域中的反应性在增加，使该区域内的中子注量率将进一步地增加，这就将进一步减小该区域中的氙浓度，从而持续地提高了该区域内的中子注量率，这一过程直至由碘-135 生成的氙-135 数量增加为止，这之后该区域中的中子注量率开始下降。

与此同时，在另一个中子注量率降低的区域中，氙浓度会因其消耗率的下降而增加。一段时间内下降的碘-135 产生率不会影响氙-135 的浓度。该区域中增加的氙浓度将进一步地使中子注量率降低，当氙-135（由碘-135 衰变）的产生率大大降低时，该区域中的中子注量率才会开始增加，两个区域中的中子注量率将进行相反的变化，区域Ⅰ中的中子注量率降低，区域Ⅱ中的中子注量率增加。在适当的时候，氙的延迟产生率又会引起区域Ⅱ内的相反过程。结果导致堆芯热中子注量率（堆功率）将在区域Ⅰ和区域Ⅱ之间产生振荡，如图 7-2-13 所示。

但是必须注意到，这些过程并不会单向地无限制地发展下去。有两个因素限制着它的变化：

• 在中子注量率进一步倾斜后，将形成中子注量率的梯度，中子注量率高的区域向中子注量率低的区域有一个净的中子流，这就使中子注量率分布趋向平坦一些；

• 在中子注量率下降的区域内，碘-135 的产生量也在相应地减少，因而由它衰变成氙-135 的量也在减少。

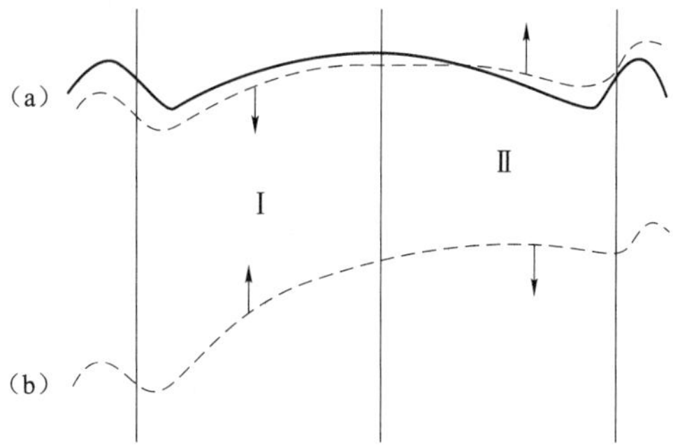

图 7-2-13 氙振荡示意图

这就使氙浓度由原来的增加逐渐地转为减小。相应地，该区域的增殖因数也由原来的减小逐渐转为增大，从而使该区域的中子注量率或功率密度由原来的下降转为上升。而在另一中子注量率上升区域的情况刚好与此相反，该区域的氙浓度由原来的减少转为增加，中子注量率或功率密度由原来的上升转为下降。这样中子注量率(功率密度)的变化将沿着原来相反的方向进行，并重复下去。这就形成了功率密度、中子注量率和氙浓度的空间振荡，简称氙振荡。这种振荡可能是稳定的，也可能是不稳定的，这就将取决于堆内的中子通量水平和它的物理特性。氙振荡的周期一般约为 15～30 h。

氙振荡时，有的区域中氙浓度减小，有的区域中氙浓度增加，但是对整个堆芯氙的总量变化是不大的，因此它对反应堆有效增殖系数的影响是不显著的。所以要想从总的堆芯反应性测量中来发现氙振荡是很困难的，只有从测量堆芯局部的功率密度或局部的中子注量率的变化中才能发现氙振荡现象。例如使用分布在堆芯不同位置处的功率(或中子注量率)测量的探测器，可以及时地测出氙振荡。

氙振荡不是一种核危害，但是氙振荡可使反应堆的热管位置发生转移和功率密度峰因子发生改变；并使堆内局部中子注量率增加，造成堆芯局部温度的升高，若不加以控制甚至会使燃料元件熔化；另外，氙振荡还使堆芯中的温度场发生交替变化，加剧了堆内材料温度应力的变化，这样会因此导致超过预期值或超过反应堆事故分析的假设值，以至于过早地损坏。因此，在反应堆的核设计中必须认真对待此问题。

应该指出，由于氙振荡的周期较长，所以很容易使用控制棒来抑制氙振荡现象。如果反应堆具有较大的负慢化剂温度系数，则也可以由此来克服氙-135 的不稳定性，因为局部的温度变化会抵消由氙-135 引起的中子注量率的变化。

7.2.2 钐毒(钐-149)

钐-149(^{149}Sm)是裂变产物中第二种重要的毒物，它对堆的影响仅次于氙-135。它对热中子(能量为 0.025 eV)的吸收截面为 40 800 b。图 7-2-14 表示钐-149 的裂变产物链。

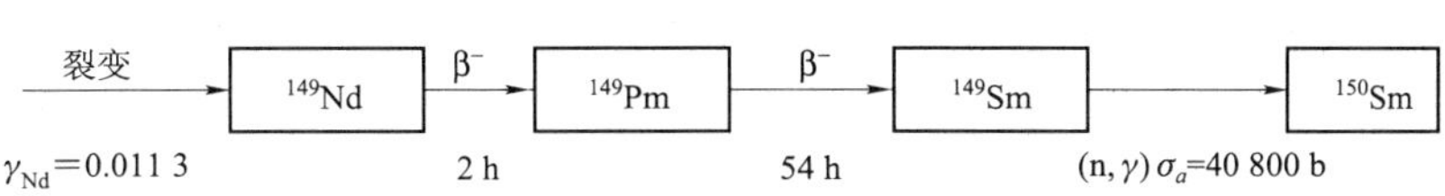

图 7-2-14 钐-149 裂变产物链

由图 7-2-14 可知，可近似地认为^{149}Pm 是直接裂变产生的，其裂变产额为 $\gamma_{Pm}=0.0113$。这样^{149}Pm 和^{149}Sm 的浓度随时间的变化为：

$$\frac{dN_{Pm}(t)}{dt}=\gamma_{Pm}\Sigma_f\varphi-\lambda_{Pm}N_{Pm}(t) \tag{7-2-21}$$

$$\frac{dN_{Sm}(t)}{dt}=\lambda_{Pm}N_{Pm}(t)-\sigma_{a,Sm}\varphi N_{Sm}(t) \tag{7-2-22}$$

下面分别讨论反应堆启动、停堆和功率变化过程中钐-149 浓度及中毒随时间变化的情况。

(1) 反应堆启动时钐-149 的中毒

反应堆刚启动时，初始条件为 $N_{Pm}(0)=N_{Sm}(0)=0$，这时^{149}Pm 和^{149}Sm 的浓度随时间的变化关系为：

$$N_{Pm}(t)=\frac{\gamma_{Pm}\Sigma_f\varphi}{\lambda_{Pm}}[1-\exp(-\lambda_{Pm}t)] \tag{7-2-23}$$

$$N_{Sm}(t)=\frac{\gamma_{Pm}\Sigma_f}{\sigma_{a,Sm}}[1-\exp(-\sigma_{a,Sm}\varphi t)]-\frac{\gamma_{Pm}\Sigma_f\varphi}{\lambda_{Pm}-\sigma_{a,Sm}\varphi}[\exp(-\sigma_{a,Sm}\varphi t)-\exp(-\lambda_{Pm}t)] \tag{7-2-24}$$

当 t 足够大时，上述两式中的指数项都趋近于零，这样就可以得到^{149}Pm 和^{149}Sm 平衡浓度：

$$N_{Pm}(\infty)=\frac{\gamma_{Pm}\Sigma_f\varphi}{\lambda_{Pm}} \tag{7-2-25}$$

$$N_{Sm}(\infty)=\frac{\gamma_{Pm}\Sigma_f}{\sigma_{a,Sm}} \tag{7-2-26}$$

由此可知，^{149}Pm 的平衡浓度与堆芯的热中子注量率有关，而 Sm-149 的平衡浓度与堆芯的热中子注量率（功率水平）无关。因此，可由式(7-2-7)近似地求得平衡钐-149 浓度所引起的反应性变化值，即平衡钐中毒为：

$$\Delta\rho_{Sm}(\infty)\approx\frac{N_{Sm}(\infty)\sigma_{a,Sm}}{\Sigma_a}=\frac{\gamma_{Pm}\Sigma_f}{\Sigma_a} \tag{7-2-27}$$

虽然平衡钐浓度与热中子注量率无关，但是达到平衡钐浓度所需要的时间却与堆芯热中子注量率有密切的关系。当式(7-25)中的所有指数项全为零或接近于零时，就达到了平衡钐浓度。为此，要求 t 至少满足下列两个条件：

$$t\gg\frac{1}{\sigma_{a,Sm}\varphi} \tag{7-2-28}$$

$$t\gg\frac{1}{\lambda_{Pm}} \tag{7-2-29}$$

式中，λ_{Pm} 和 σ_a^{Sm} 的值可分别查表得到。对于一般压水反应堆的热中子注量率，t 要远远大于 0.5×10^6 s。由此可知，对于运行在高中子注量率情况下的反应堆，达到平衡钐浓度的时间至少需要几百个小时以上，如图 7-2-15 所示。这与到达平衡氙浓度的时间相比要大得多。其主要原因是由于氙-135 的吸收截面要远远地大于钐-149 的吸收截面，而且氙-135 还由于放射性衰变而消失，所以它很快就达到了饱和值。

(2) 反应堆停堆后钐-149 浓度随时间的变化

假设反应堆在停堆前已经运行了相当长的时间，堆内的^{149}Pm 和^{149}Sm 的浓度都已达到平衡浓度。然后在 $t=0$ 时刻突然停堆。停堆后^{149}Pm 和^{149}Sm 的浓度随时间变化为：

$$N_{Pm}(t)=\frac{\gamma_{Pm}\Sigma_f\varphi}{\lambda_{Pm}}\exp(-\lambda_{Pm}t) \tag{7-2-30}$$

$$N_{Sm}(t)=\frac{\gamma_{Pm}\Sigma_f}{\sigma_{a,Sm}}+\frac{\gamma_{Pm}\Sigma_f\varphi}{\lambda_{Pm}}[1-\exp(-\lambda_{Pm}t)] \tag{7-2-31}$$

式中，φ 为停堆前稳定运行时的热中子注量率，t 为由停堆时刻开始算起的时间。由此可见，停堆后钐-149 的浓度将随时间而增加(如图 7-2-16 所示)。

当反应堆再次启动后，这些多余的钐-149 很快就被消耗掉，平衡钐状态又将恢复。若停堆前的热中子注量率水平较低，则停堆后的钐浓度基本上保持不变。

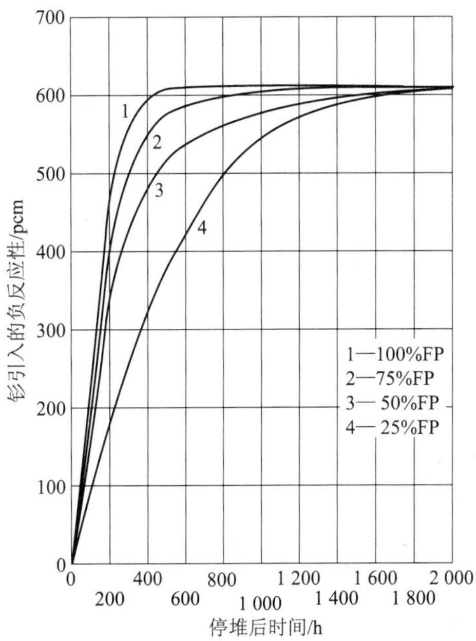

图 7-2-15　CYCLE1 堆芯从零功率提升到不同功率，钐反应性随时间的变化

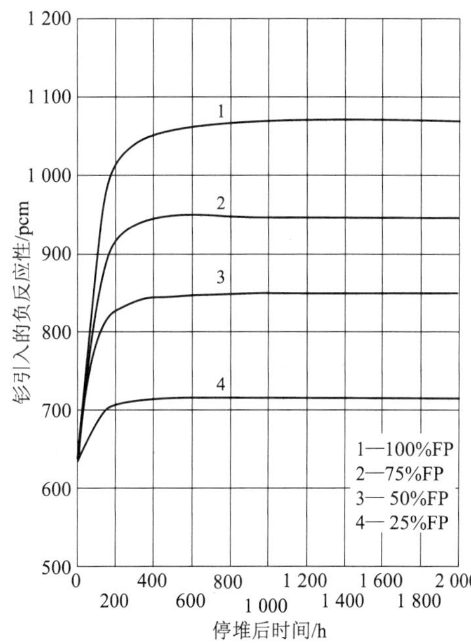

图 7-2-16　CYCLE1 堆芯从不同功率降到零功率，钐反应性随时间的变化

(3) 功率变化时钐-149 浓度随时间的变化

图 7-2-17 给出了反应堆由满功率降至其 50%FP 时，^{149}Sm 毒性随时间的变化。在功率变化大约 400 h 后，^{149}Sm 的浓度回到其平衡值。^{149}Sm 的损失率($\sigma_a^{Sm}N_{Sm}\varphi$)变化开始时为 ^{149}Pm 的产生率补偿。在任何功率水平下，^{149}Sm 的浓度总会回到其平衡值，只要能够有足够长的时间维持功率水平的不变即可。图 7-2-18 给出了反应堆由满功率降到不同功率水平时，钐反应性随时间的变化。

7.2.3　其他毒物

在所有裂变产物中，除了热中子吸收截面特别大的 ^{135}Xe 和 ^{149}Sm 外，还存在着其他一些核素。这些核素在整个反应堆运行过程中，不断地积累并引入负反应性。由于它们的吸收截面较小，引起的中子的损失率相对也比较小，所以它们的浓度随时间的增加而不断地增加。这些裂变产物统称非饱和性(或永久性)的裂变产物。其中，比较重要的同位素有：^{113}Cd，^{151}Sm，^{155}Gd 和 ^{157}Gd 等(它们的中子吸收截面都＞10^{-24} m)。

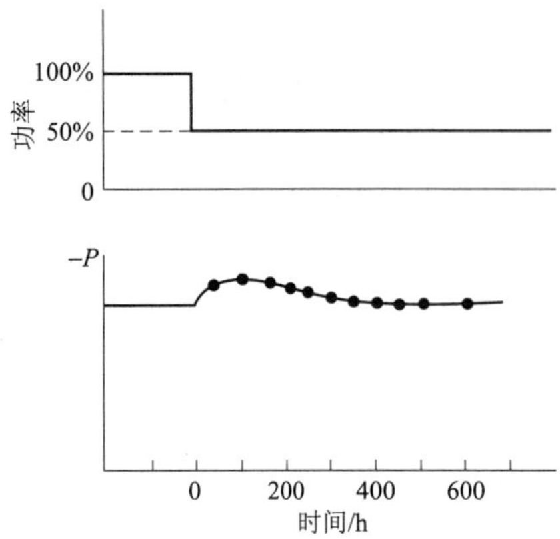

图 7-2-17　功率变化时的^{149}Sm毒性随时间的变化

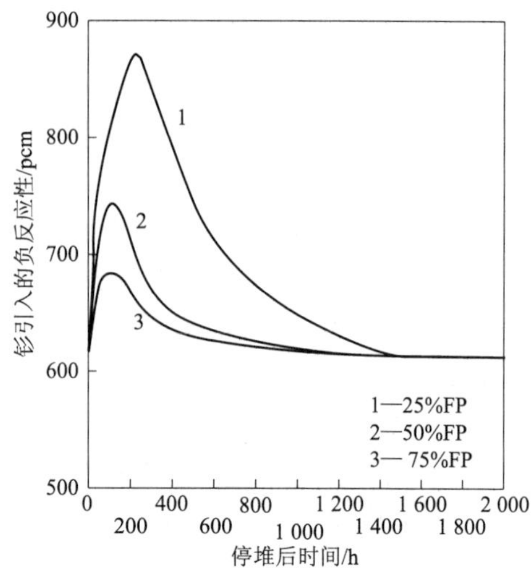

图 7-2-18　CYCLE1 堆芯从满功率降到不同功率，钐反应性随时间的变化

非饱和性裂变产物的浓度，随着中子注入量 $\varphi(t)$的增加而增加。当反应堆运行时间较长时，燃料内非饱和性裂变产物的浓度增大，由它们引入的负反应性也增大，这将使反应堆的剩余反应性显著地下降。

除了裂变产物外，铀、钚和镎等一些同位素的积累也对反应性有明显的影响。这些同位素可与中子起不同的核反应，有时在核反应中还伴有β衰变。虽然它们本身不是裂变产物，但却是在反应堆中产生的，并同时吸收中子，对反应堆整体毒性有贡献，因此需要考虑。最重要的核素有：^{236}U，^{237}Np，^{239}Pu，^{240}Pu，^{241}Pu 和^{242}Pu。虽然^{239}Pu 和^{241}Pu 是易裂变同位素，但它们的非裂变的俘获截面却很大，所以它们也是堆内的毒物。

复习思考题

一、填空题

1. 反应堆运行时，由裂变产生的毒物中主要有________和________，在长时间的稳定功率下运行时毒物是____________的。

2. 碘坑形成的原因是：^{135}I 的半衰期比^{135}Xe 的半衰期________和________的积累。

3. 在各种反应性的损失中，只在运行时才出现而停堆一段时间后可以恢复的有________，________和________，属于永久性的损失而不能恢复的是________和________。

4. 氙毒的定义是________________________。

5. 氙振荡的周期大约是________________________。

二、选择题

1. 启动后，处于功率提升阶段运行的反应堆，氙毒将随时间增加而增大，其原因是(　　)。

A. 碘的浓度未达到平衡　　B. 氙的浓度未达到平衡　　C. A+B

2. 反应堆从高功率降到低功率运行，其他参数不变，控制棒将不断提升，其原因是(　　)。

A. 氙的自衰变减少　　B. 氙的中子消毒减少　　C. 氙增加了

3. 额定参数下的反应堆在碘坑中临界棒位比在稳定运行下达到氙平衡时的临界棒位(　　)。

A. 高　　B. 低　　C. 相同

4. 氙振荡的条件是：热通量大于________；堆芯尺寸超过________倍徙动长度。(　　)

A. $10^{13}/cm^2 \cdot s$, 30　　B. $10^{14}/cm^2 \cdot s$, 10

C. $10^{15}/cm^2 \cdot s$, 30　　D. $10^{12}/cm^2 \cdot s$, 50

第8章　反应堆启动与停堆

8.1　反应堆启动

8.1.1　概述

反应堆启动是指将反应堆从次临界状态启动到临界状态，暨达到自持链式裂变反应的过程。临界是反应堆物理最基本的问题，一般可分为：首次临界、恢复临界和换料后的临界。临界试验的目的在于使反应堆安全、顺利地达到临界状态，并确定这个状态下的参数即临界参数。临界时的棒位和硼浓度称为临界棒位和临界硼浓度。影响临界状态的主要因素有中子的增殖、吸收与泄漏等；这些因素又涉及核裂变材料、慢化剂、结构材料以及吸收材料的种类、密度、数量和状态等。

反应堆临界过程中，随着次临界度的减小，堆内中子注量率水平会逐渐增长，但是没有稳定的倍增周期。逐步向堆芯引入正反应性直至出现正的稳定的倍增周期时，堆芯过渡到超临界状态。一般将中间量程电流为 1.0×10^{-8} A 的稳定临界状态称为标准临界状态。

8.1.2　基本原理

由于反应堆的类型不同，启动方法各有差异。但是，反应堆达临界的原理是相同的，基本做法有共同性：都是事先根据运行技术规范的要求确定一个次临界状态，其次临界度一般由已有的同类型反应堆的临界试验经验值、过去的临界试验值或比较可信的理论值为依据，进行达临界操作。压水堆核电厂是在核裂变材料、慢化剂、结构材料以及吸收材料(控制棒及化学毒物)已经确定的情况下，通过控制棒的提出以及硼浓度的稀释来使反应堆达到临界，其实现的方法是：在事先确定的次临界状态下，采用提棒、连续稀释向临界逼近，最后分段提棒向超临界过渡的方法使反应堆达到临界。

为使整个临界过程中能够随时掌握反应堆的次临界状态，并预计临界点，使临界操作有据可依，在达临界的过程中需要进行中子计数率的测量，并作出中子计数率的倒数外推曲线。

由中子动力学方程：

$$\frac{\mathrm{d}n}{\mathrm{d}t}=\frac{k_{\mathrm{eff}}(1-\beta)-1}{l}n+\sum_{i=1}^{6}\lambda_iC_i+S \tag{8-1-1}$$

$$\frac{\mathrm{d}C_i}{\mathrm{d}t}=\frac{k_{\mathrm{eff}}\beta_i}{l}n-\lambda_iC_i \tag{8-1-2}$$

式中：n——中子密度，cm^{-3}；

$\frac{\mathrm{d}n}{\mathrm{d}t}$——中子密度随时间的变化率，$\mathrm{cm}^{-3}\cdot\mathrm{s}^{-1}$；

β_i——第 i 组缓发中子在全部裂变中子中所占的有效份额，$\beta=\sum_{i=1}^{6}\beta_i$；

l——中子平均寿命，s；

C_i——第 i 组缓发中子的先驱核浓度，N/cm³；

S——外中子源强度，Bq；

λ_i——第 i 组缓发中子先驱核裂变碎片的衰变常数，1/s。

在反应堆达临界过程中，若堆内存在外中子源，则处于次临界状态的反应堆也可形成稳定的中子分布，即：

$$\frac{\mathrm{d}n}{\mathrm{d}t}=0 \tag{8-1-3}$$

$$\frac{\mathrm{d}C_i}{\mathrm{d}t}=0 \tag{8-1-4}$$

这样，解式(8-1-3)和式(8-1-4)，得：

$$n=\frac{l}{1-k_{\mathrm{eff}}}S \tag{8-1-5}$$

在式(8-1-5)中：$1-k_{\mathrm{eff}}$ 表征反应堆的次临界度。

可以看出，$n\propto 1/(1-k_{\mathrm{eff}})$，当 $n\to\infty$ 时，$k_{\mathrm{eff}}\to 1$，反应堆便达临界。

临界过程中根据不同的操作过程和监督参数有不同的外推方法。

(1) 中子计数率的倒数外推

可以采用中子倒计数率($1/M$)对控制棒棒位、一回路硼浓度和稀释水量进行外推。$1/M$ 的定义如下：

$$1/M=N_0/N_i$$

式中：N_0——基准计数率；

N_i——不同棒位、不同硼浓度、不同稀释水量或不同时间下的计数率。

理想的 $1/M$ 曲线是一条直线，但是实际上 $1/M$ 曲线有可能是凹形的也可能是凸形的。尽管存在这两种情况，但是最后外推临界的结果都归于一点。就外推而言，凹形走向较为安全。影响 $1/M$ 曲线的因素有：

- 中子源在堆芯的位置；
- 中子源强度；
- 中子探测器的位置。

(2) 相似三角形方法

在图 8-1-1 中，当控制棒棒位位于 h_1 时，中子计数率为 N_1，当控制棒棒位位于 h_2 时，中子计数率为 N_2。在这两个相似三角形中有：

$$x=a\times N_1(N_2-N_1)$$

这样可以求出预计的临界棒位为：

$$h_c=h_2+a\times N_1/(N_2-N_1)$$

由此可以进行如下判断：

- 当 $N_2=2N_1$，即中子计数率翻一番时，$x=a$，意味着控制棒再提 a 步，反应堆即可达到临界；

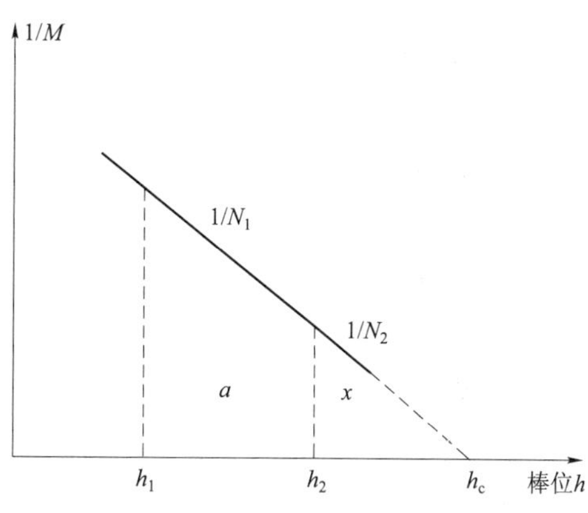

图 8-1-1　相似三角形方法

• 当 $N_2=3N_1$，即中子计数率增长超过 1 倍时，$x=a/2$，意味着控制棒再提 $a/2$ 步（小于 a 步），反应堆即可达到临界；

• 当 $N_2=(3/2)N_1$，即中子计数率增长没有超过 1 倍时，$x=2a$，意味着控制棒再提 $2a$ 步（大于 a 步），反应堆方可达到临界。

8.1.3 堆芯首次临界和换料后堆芯首次临界

8.1.3.1 堆芯首次临界和换料后堆芯首次临界的特点和注意事项

反应堆临界可分为初始临界和恢复临界（详见 9.2.3 节），初始临界包括反应堆首次临界和换料大修后的堆芯首次临界，这两者的根本区别为：反应堆首次临界时，堆芯是净堆。而换料大修后的堆芯首次临界时，堆芯已经经过一个或几个循环的运行，堆芯已具有一定的次临界度，但是临界方法基本一致，均是先提棒，再稀释，最后提棒向超临界过渡。在提棒或稀释的过程中，必须进行 $1/M$ 与棒位或 $1/M$ 与堆芯分析硼浓度 C_B、$1/M$ 与稀释水量 Q 的外推曲线。当两套源量程外推临界点一致时，$K_{eff}\geqslant0.998$ 后，才能向超临界过渡。当测得倍增周期稳定，插棒找临界点，具体见 9.2.3 节。

临界过程应注意如下的问题：

(1) 试验必须严格遵守运行技术规格书和物理试验技术规范；

(2) 临界操作前，应检查堆外核测仪表系统的报警及保护整定值；

(3) 在任何时候都不能同时采用两种或两种以上的方式向堆芯引入正反应性；

(4) 向超临界过程时一次添加的反应性不得超过 200 pcm；

(5) 严禁引起反应堆温度突然变化的操作；

(6) 反应堆启动率（SUR）应小于 1 DPM。即中子通量增加的倍增周期不得短于 18 s；

(7) 在稀释过程中，反应堆不允许发生临界；

(8) 如果慢化剂温度系数有轻微的超限，反应堆仍可逼近临界；

(9) 在试验期间，任何使反应堆发生紧急停堆时，都应立即停止临界试验操作；如果紧急停堆的原因已知且不影响核电厂的核安全，反应堆可重新进入启动的初始状态，硼浓度应维持在紧急停堆时的值。如果紧急停堆以前反应堆处于次临界，继续完成临界操作步骤。如果紧急停堆以前反应堆已经达临界，提棒使反应堆恢复临界，提棒过程中做计数率倒数曲线。

8.1.3.2 中子源

处于次临界状态的反应堆，不具有足够的中子密度来形成可测量出的中子计数率，所以要在反应堆内装入中子源，以提高启动时的测量准确度和克服测量上的“盲区”，使操作人员可以随时掌握堆芯的次临界状况，保证启动操作的安全。

在反应堆堆芯首次装料中，堆内装有初级中子源和次级中子源两种中子源组件。

(1) 一次中子源

对于新建成的反应堆首次装料，堆内需要装入初级中子源。秦山核电二期工程采用的初级中子源为锎-252（^{252}Cf）自发裂变中子源，其强度为 8×10^8 n/s。锎-252（^{252}Cf）是钚-239在反应堆内长期受中子照射而制得的。通常在高中子注量率（10^{14} n/(cm^2 · s)以上）反应堆内两年仅能生产几十毫克锎-252（^{252}Cf）。^{252}Cf 是放射性核素，它既能衰变发射出 α 粒子，又能自发产生中子，中子的单位产额是 2.32×10^{12} n/(s·g)，中子的比发射率非常高。因而这种源极其精密小巧。中子能谱近似于裂变中子谱。它自发裂变的半衰期为 85 a，α 衰变半衰期为 2.64 a。表 8-1-1 列出了锎-252(^{252}Cf)的主要性能。

表 8-1-1　锎-252(^{252}Cf)的主要性能

中子反射率	2.31×10^{13}/(n/s·g)
每次裂变发出的中子数	3.76 个
中子平均能量	2.2 MeV
α 衰变半衰期	2.64 a
自发裂变半衰期	85.5 a
α 粒子的平均能量	6.12 MeV
总发热量	38.5 W/g

(2) 次级中子源

秦山核电二期工程采用的次级中子源，是最常用的锑-铍源(^{123}Sb-Be)。锑-铍(^{123}Sb-Be)二次源的原理如下：这种中子源是利用(γ,n)反应来获得中子的，锑在吸收中子后形成活性锑(^{124}Sb)，放出 γ 射线，后者与 Be 发生(γ,n)反应放出中子。所以这种中子源又称为光中子源。^{124}Sb 是由天然锑(57.2%的^{121}Sb，42.8%的^{123}Sb)经中子照射后产生的。核反应为^{123}Sb+n→^{124}Sb，^{124}Sb 的半衰期为 60.9 d，衰变过程中它能发出几种 γ 射线，其中能量为 1.692 MeV 的占 48%。应该指出，这种光中子源要求 γ 射线的能量必须大于 1.67 MeV，才能引起(γ,n)核反应。又因为^{124}Sb 的半衰期短，为了维持源强，这种源必须在高功率下经常对其进行重复照射，然后分别用于在低功率水平和停堆后再启动的临界，其中子的产额取决于辐照水平和辐照与使用的时间间隔。

对于压水反应堆来说，次级中子源从反应堆首次装料开始就随核燃料装入堆芯。两个一次源和两个 Sb-Be 次级源使用于首循环，反应堆第一循环运行结束时，一次中子源卸出反应堆，不再装入。两个次级源在≥2 循环时被再次使用。

8.1.4　堆芯恢复临界

反应堆在正常运行过程中，因某种原因使反应堆处于热停堆或冷停堆状态，在这种状态下的反应堆重新启动属于恢复临界。反应堆经过首次临界后，已经精确地知道堆芯的临界硼浓度和临界棒位。在进行恢复临界前，可以根据停堆前堆芯实际运行的工况和停堆时间，计算出预计的临界硼浓度和控制棒的棒位。这样在启动过程中就有较为可靠的数据可遵循。

临界条件的估算(ECC)实际上是进行反应性的平衡计算，是对停堆前的运行工况与现在要启动的工况的反应性进行比较。考虑的因素包括控制棒棒位、功率亏损、毒性及其硼浓度等。

8.1.4.1　反应性平衡

一个新的堆芯(或换料堆芯)，它的核燃料装载量比冷态(20 ℃)临界时的装载量要大，即初始的有效增殖因数 $k_{eff}>1$。这些过剩的反应性主要用来抵消堆芯正常运行过程中产生的各种负反应性，并保证反应堆在规定的寿期内能够正常运行。堆芯内的主要反应性来源于：

- 堆内所装载核燃料产生的反应性：ρ_f；
- 堆芯插入控制棒的负反应性：ρ_{Rod}；
- 冷却剂中硼产生的负反应性：ρ_B；
- 氙和钐毒引起的负反应性：ρ_{Xe}和 ρ_{Sm}；
- 多普勒功率效应：ρ_P；
- 慢化剂温度效应：ρ_m。

这样堆内总的反应性 $\rho_{总}$ 为：$\rho_{总}=\rho_f+\rho_{Rod}+\rho_B+\rho_{Xe}+\rho_{Sm}+\rho_P+\rho_m$。

在堆芯临界情况下，正负反应性平衡，总反应性约为零。

图 8-1-2 给出了一个堆芯在整个寿期内的正、负反应性的平衡概况。

图中：(1) 为核燃料中潜在的反应性 ρ_f；(2) 为控制棒的负反应性 ρ_{Rod}；(3) 为硼的反应性 ρ_B；(4) 为慢化剂温度效应 ρ_m；(5) 多普勒功率效应 ρ_P；(6) 为氙和钐毒引起的总的负反应性 ρ_{Xe}和 ρ_{Sm}。

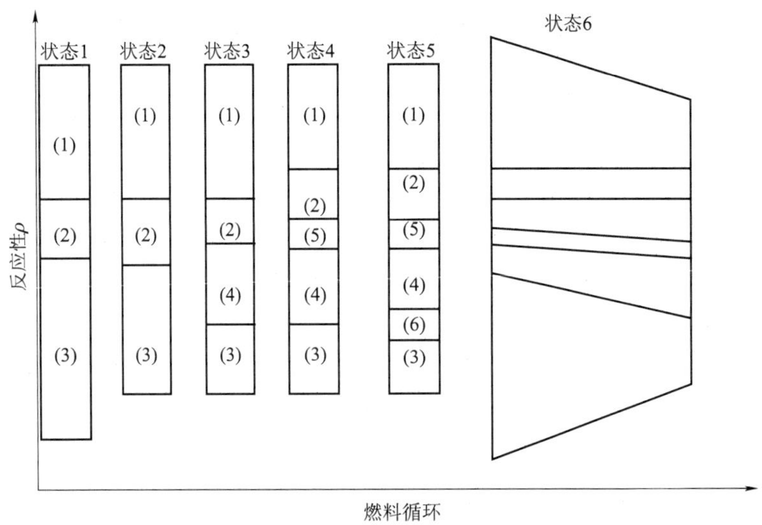

图 8-1-2 反应堆平衡

状态 1：正常冷停堆。

通过控制棒束和硼溶液引入很大的负反应性，来补偿核燃料所拥有的相当大的潜在反应性。这时堆芯总的反应性 $\rho_{总}$ 是负的。

状态 2：中间停堆。

通过硼和部分地抽出堆芯的控制棒来补偿堆芯潜在的反应性，以使得堆芯总反应性 $\rho_{总}$ 为零。

状态 3：热态零功率。

慢化剂温度效应出现：它由稀释硼来补偿。

状态 4：热态满功率。

多普勒效应引入的负反应性通过控制棒束的提升补偿，直到控制棒束在“参考区”内。

状态 5：反应堆在额定功率运行几天。

出现氙效应和钐效应，它们引入的负反应性由硼补偿。

状态 6：它表示从状态 5 到卸料（循环结束）时反应性平衡的变化。

那时由燃耗引入的负反应性是用稀释硼来补偿的。

8.1.4.2　参考反应性

反应堆停堆后的反应性及其临界时的参数计算是由反应性平衡计算来指导的。这种计算必须建立一个已知反应性的堆芯作为参考状态，虽然反应堆停堆前的任何时刻都可以作为这种参考点，但是采用停堆前那个时刻的状态作为参考点可以简化计算，并且参考状态的反应性为零。

参考状态的参数是指反应堆停堆前最后时刻（$k_{eff}=1$）反应堆的状态参数，包括停堆前反应堆稳定运行的功率水平、控制棒棒位和硼浓度等。见表 8-1-2。

表 8-1-2　参考反应性状态参数

序号	项　目	单　位
1	停堆时间	h
2	停堆前的功率水平	%FP
3	停堆前的控制棒棒位	步(step)
4	停堆前冷却剂中的硼浓度	ppm
5	停堆前冷却剂的平均温度 T_{avg}	℃

停堆时的参考反应性是指零反应性参考点与所有控制棒在堆外（ARO）、热态零功率（HZP）的反应性之差。之所以选用 ARO、HZP 状态是由于停堆棒、调节棒和功率亏损的反应性曲线都是参考这一状态的。

停堆后，硼、氙、钐和冷却剂平均温度这些变量都是变化的，每个变量的变化都将引起反应性的变化。停堆时，每一个变量所引起的反应性都是相对于参考点或零点的。因此，参考反应性必须可以用来描述每一个变量的初始点或参考点。假定停堆时的温度为无负荷温度，这样由于温度变化所引起的反应性变化都将以功率亏损反应性记录下来。记录停堆时刻的硼浓度，以便能够计算停堆后硼浓度变化所引起的反应性。为了确定停堆后氙毒和钐毒的反应性变化，要求记录功率变化史和停堆时间。

确定氙反应性用的功率史是指停堆前 36 h 中每一小时的平均功率。用权重因子确定每一小时产生的氙的相对价值。加权平均功率之和除以权重因子之和可得到氙的等效功率水平，以此计算停堆后的氙反应性。见表 8-1-3。

表 8-1-3　氙等效功率的计算

停堆前/h	功率水平/%	乘子	乘积
0～1		×6	
1～2		×5	
2～3		×5	
3～4		×5	

续表

停堆前/h	功率水平/%	乘子	乘积
4～5		×4	
5～6		×4	
6～7		×4	
7～8		×4	
8～9		×4	
9～10		×3	
10～11		×3	
11～12		×3	
12～13		×3	
13～14		×3	
14～15		×3	
15～16		×3	
16～17		×2	
17～18		×2	
18～19		×2	
19～20		×2	
20～21		×2	
21～22		×2	
22～23		×2	
23～24		×2	
24～25		×2	
25～26		×1	
26～27		×1	
27～28		×1	
28～29		×1	
29～30		×1	
30～31		×1	
31～32		×1	
32～33		×1	
33～34		×1	
34～35		×1	
35～36		×1	
		总计	
氙等效功率＝总计/91＝	%		

钐反应性的等效功率计算类似于氙等效功率计算。由于钐在停堆后不会消失，而且继续从钷的衰变中生产。所以，这项计算实际上是确定停堆后由钷生成的钐浓度增加。因为钷的半衰期为 53.1 h 比氙的半衰期 9.1 h 或碘的半衰期 6.7 h 大得多，所以为了确定等效钐功率必须考虑停堆前更长的一段时间，钐等效功率计算要用停堆前 8 天的平均功率。

因为钐等效功率是逐天计算的，但停堆这天的 24 h 未必都在运行，所以这天的权重因子只考虑 12 h 的运行。加权平均功率之和被权重因子之和除就是钐等效功率水平，用这个钐等效功率水平就可以确定停堆后钐所引起的反应性。见表 8-1-4。

表 8-1-4 钐等效功率的计算

停堆前的天数/d	功率水平/%	乘子	乘积
当天		×15.6	
1		×24.7	
2		×18.1	
3		×13.2	
4		×9.6	
5		×7.0	
6		×5.2	
7		×3.8	
8		×2.8	
		总计	
钐等效功率＝总计/100＝ %			

这是计算氙和钐引入反应性的一种方法，也可以使用其他方法计算，如程序等。

表 8-1-5 是参考反应性计算的内容和步骤：

表 8-1-5 参考反应性的计算

1 停堆前堆芯状态

1.1 氙

1.1.1 停堆前的氙等效功率：________%；

1.1.2 氙反应性：________ pcm；

1.2 钐

1.2.1 停堆前的钐等效功率：________%；

1.2.2 钐反应性：________ pcm；

1.3 控制棒

1.3.1 停堆前调节棒组的位置：________ step；

1.3.2 调节棒组引入的总反应性：________ pcm；

1.4 功率亏损

1.4.1 停堆前的堆芯功率：________%；

1.4.2 堆芯至热态零功率由功率亏损引入的反应性：________ pcm；

1.5 硼

1.5.1 停堆前的硼浓度：________ ppm；

1.5.2 硼引入的总反应性：________ pcm；

2 参考反应性

参考反应性(代数和)：(1.1.2)＋(1.2.2)＋(1.3.2)＋(1.4.2)＋(1.5.2)＝________ pcm。

8.1.4.3 临界状态的估算(ECC)

反应堆停堆后恢复临界是由反应性平衡计算来指导的，通过反应性的计算来预计临界条件。因为堆芯临界，所以反应性平衡计算时控制棒置于预期位置时的净反应性为零。

计算方法是把启动时的反应性与参考反应性进行比较，考虑的反应性是氙、钐、控制棒、平均温度和硼浓度。利用表 8-1-3 和表 8-1-4 来确定停堆前氙和钐的等效功率，确定恢复临界时间后就可以确定氙和钐的反应性(由于钐的积累时间长、价值又小，所以许多电厂在计算 ECC 时不考虑钐反应性）。启动期间冷却剂系统的温度通常要求与参考反应性数据中的温度相差 1 ℃左右，这样由温度效应引入的反应性很小。若考虑这个反应性则利用慢化剂温度系数就可以算出。在这些已知条件下，与参考反应性进行比较可以确定硼和控制棒引入的总反应性。一般先确定临界棒位，通过调整硼浓度来使控制棒在预期棒位时的净反应性为零。技术规格书中规定：预计临界棒位的高度必须是在控制棒插入极限之上，并在控制棒提升极限之下。在选择预计临界棒位时还要考虑对反应性的影响，若在氙积累期间启动反应堆，则要选取较低的临界棒位，以方便控制棒有足够的反应性补偿氙的积累。

因为临界状态的估算是计算将来某一时刻反应堆的状态，所以在记录参考反应性数据后，随时都可以进行 ECC 的计算。若启动不在预定时间前后 1 h 进行，除非停堆时间超过 80 h，否则必须重新进行 ECC 的计算。因为停堆超过 80 h 氙反应性不再变化可以忽略。

由于计算误差的存在，允许实际临界状态与预计的存在差别，但是这个差别必须在 ±500 pcm 的反应性范围内。如若超出这个范围，则必须查出原因，并重新进行 ECC 计算。

表 8-1-6 给出了临界状态估算的内容和步骤。

表 8-1-6 临界状态的估算(ECC)

1 预计临界条件

1.1 预计启动日期：__________；预计启动时间：__________；

1.2 氙

1.2.1 停堆前的氙等效功率：__________%；

1.2.2 停堆时间：__________ h；

1.2.3 氙反应性：__________ pcm；

1.3 钐

1.3.1 停堆前的钐等效功率：__________%；

1.3.2 钐反应性：__________ pcm；

1.4 预计临界棒位

1.4.1 __________棒组在__________ 步；

1.4.2 控制棒组的反应性：__________ pcm；

1.5 温度

1.5.1 启动时预期的温度：__________℃；

1.5.2 与参考状态(HZP)温度之差：__________℃；

1.5.3 慢化剂温度系数：__________ pcm/℃；

1.5.4 温度反应性：__________ pcm；

1.6 总反应性(代数和)：(1.2.3)+(1.3.2)+(1.4.2)+(1.5.4)=__________ pcm。

---

2 临界硼浓度的估算

2.1 参考状态的总反应性 ：__________ pcm；

2.2 启动时的总反应性 (1.6) ：__________ pcm；

2.3 停堆与启动反应性之差：(2.1)−(2.2)=__________ pcm；

2.4 微分硼价值：__________ pcm/ppm；

2.5 预计临界硼浓度：(2.3)/(2.4)=__________ ppm。

---

3 预计控制棒的位置

3.1 控制棒的插入极限：(1.4.2)−500 pcm=__________ pcm，__________棒组在__________步；

控制棒的提升极限：(1.4.2)+500 pcm=__________ pcm，__________棒组在__________步。

8.1.4.4　堆芯恢复临界

在反应堆运行过程中，因某种原因使反应堆处于热停堆或冷停堆状态，在这种状态下的反应堆重新启动属于恢复临界。反应堆经过首次临界后，已经精确地知道堆芯的临界硼浓度和临界棒位。在进行恢复临界前，根据停堆前堆芯实际运行的工况和停堆时间，计算出预计的临界硼浓度和控制棒的棒位。

(1) 已知反应堆的临界硼浓度，确定临界棒位

实际上，首先进行 ECC 反应性平衡计算，对停堆前的运行工况与即将要启动的工况的反应性进行比较。需要考虑的因素包括控制棒棒位、功率亏损、毒性及硼浓度等。具体操作如下：

反应堆在稀释前，首先将停堆棒组提升至堆顶，再进行稀释反应堆一回路中硼浓度到预计的临界硼浓度(可以是预定的临界硼浓度或者为停堆前那一时刻的临界硼浓度)。稀释过程中，一回路冷却剂温度应该保持不变，稀释速率不得大于 250 pcm/h。当估计的一回路冷却剂的硼浓度(外推计算或者硼浓度计)基本达到预计临界硼浓度时，停止稀释并取水样进行化学分析。稳定 30～60 min，待一回路冷却剂中的硼浓度与稳压器中的硼浓度之差小于 20 ppm 后，进行提棒达临界。提棒方式仍按重叠棒组方式提升调节棒组。当源量程测量通道中的中子计数率增加到原计数率的 2 倍时，停止提升控制棒。证明再添加使中子计数率增加 1 倍的反应性时，反应堆即达临界。继续提升控制棒组，使反应堆达临界，当停止提升后，周期表出现稳定的周期或源量程测量通道仪表指数稳定上升时，表明堆已超临界。

稀释和提棒过程中，要密切注意源量程测量通道中中子计数率的变化，同时还应该注意周期表的指示，严防出现临界事故。

(2) 已知反应堆的临界棒位，确定临界硼浓度

原理同上，只是在实际操作中刚好与上述方式相反。但是，在提升控制棒时，为了防止出现慢化剂正温度系数，必须首先将反应堆一回路硼浓度稀释至慢化剂温度系数为负的值。秦山核电二期工程 1 号/2 号堆施工设计中给出，在热停堆状态时，硼浓度大于 1 300 ppm 时，慢化剂温度系数为正。随着换料策略的变化，慢化剂温度系数转折点对应硼浓度有变动。

对于上述两种恢复临界的方式需要注意的事项，是反应性的平衡计算，即对临界棒位和临界硼浓度的估算。所以，还需要注意下面几点：

- 在反应堆启动过程中，不能同时以两种或两种以上的方式向堆芯引入正反应性，即绝对不允许提棒与稀释同时进行；
- 反应堆的启动速率(SUR)应小于 1 DPM。即反应堆超临界倍增周期不得短于 26 s；
- 停堆后，在有氙毒变化的情况下启动，需要特别注意氙毒的变化：

—中毒段启动。由于氙毒本身随时间在不断地增加，即不断向堆内引入负反应性，所以，在 ECC 估算中需要考虑氙毒的不断增加引入的负反应性。

—解毒段启动。由于氙毒本身随时间在不断地减小，即不断向堆内引入正反应性。所以，需要特别注意，并 ECC 估算中考虑氙毒的不断减小而引入的正反应性。

- 核对临界棒位或者临界硼浓度：

—满足技术规范中的限制规定，即临界棒位必须位于控制棒插入极限之上；

—根据运行规程要求，所得到的实际临界棒位(临界硼浓度)与 ECC 估算值的反应性差值应在±500 pcm 之内，否则必须停堆，检查 ECC 计算，重新进行启动。

8.2 反应堆停堆

8.2.1 停堆裕度

8.2.1.1 停堆裕度的定义

停堆裕度又称停堆裕量，是指某一特定时刻，将全部停堆棒组、控制棒组(去掉一束当量最大的控制棒束，假定它卡在全提的位置)插入堆芯使反应堆达到次临界时计算的负反应性总量(用 pcm 表示)。

停堆裕度主要是从事故安全分析的角度定义的一个概念，它描述反应堆紧急停堆的一种能力。在紧急停堆时，控制棒组全部插入堆芯，出于保守考虑，假设反应性最大的一束控制棒被卡在堆芯顶部。此时要求堆芯必须处于次临界状态，且次临界度必须满足一定的准则要求一般在 HZP 时，BOL 和 EOL 停堆裕量分别不低于 1 000 pcm 和 2 000 pcm。

8.2.1.2 停堆裕度的计算

停堆裕量可以从下述反应性计算比较后得到：

- 从 HFP 到 HZP 时各种反馈效应引入堆芯的正反应性；
- 控制棒组插入后引入的负反应性。

正反应性引入主要包括从 HFP 至 HZP 时由于功率降低而引起的慢化剂温度效应、Doppler 效应、通量再分布效应及空泡效应等。

(1) 慢化剂温度效应

当反应堆由 HFP 过渡到 HZP 时，慢化剂平均温度由 310.7 ℃降至 290.8 ℃，考虑到控制棒死区和测量误差，温差增加 2.2 ℃，即由 19.9 ℃增至 22.1 ℃。

由于慢化剂温度系数为负，因此功率下降将引起反应性增加。随着燃料燃耗增加，临界硼浓度下降，慢化剂温度系数会变得更负，因而这个效应在堆芯循环末期更为重要。

(2) 多普勒效应

多普勒效应是由^{238}U、^{240}Pu 等同位素共振峰随燃料芯块温度增加展宽而引起的。由于从满功率到零功率，燃料芯块温度变化大，因此这个效应很重要。

(3) 轴向通量再分布效应

在反应堆功率运行时，堆芯慢化剂密度随堆芯高度上升而下降；而在零功率时，慢化剂密度沿堆芯高度则为常量。因此从 HFP 到 HZP 时轴向通量分布会有相应的改变，这会导致轴向中子泄漏的变化从而引起反应性的改变。

(4) 空泡效应

空泡效应是由堆芯局部沸腾后产生少量体积的小气泡，在功率降低时，由于汽泡消失引入正反应性。由于空泡体积小，其引入的正反应性也就很小，一般不超过 50 pcm。

(5) 主调节棒组插入效应

反应堆在功率运行时，主调节棒组(D)位于建议运行位置，为了满足停堆裕量要求，弹棒事故安全准则及 $F_{\Delta H}$设计限值要求，主调节棒组在反应堆满功率运行时有插入限要求，主调节棒组必须处于插入限之上。

停堆裕量计算中负反应性的引入主要是 33 束控制棒全部插入堆芯时所引入的反应性。

为了保守起见，假设控制棒全部插入时反应性最大的一束棒被卡在堆外，因此 33 束控制棒全部插入堆芯时所引入的反应性还必须要减去反应性最大的一束棒的反应性。考虑到计算不确定性，控制棒引入的负反应性应从上述 32 束棒价值中再扣除 10%。

下面举例 2 号机组第二循环寿期末停堆裕量的计算。从表 8-2-1 中可以看出，反应堆由满功率过渡到零功率时，正负反应性抵消之后，所具有的可利用的停堆裕量为 2 666 pcm，满足设计准则所规定的停堆裕量的要求。这是换料堆芯核设计时必须进行的工作。

表 8-2-1 寿期末的停堆反应性裕量(U2C2)

	反应性/pcm
33 束控制棒插入引入的价值	8 340
卡一束最大价值棒价值	−1 122
其余 32 束控制棒引入价值	7 218
扣除 10%不确定性	−722
调节棒引入价值	−574
停堆时插棒引入价值……………………(1)	5 922
多普勒效应	967
慢化剂效应	1 289
空泡效应	50
通量再分布效应	950
反馈引入的正反应性……………………(2)	3 256
停堆裕量 ……………………(1)−(2)	2 666
要求停堆裕量	2 000

8.2.2 停堆深度

8.2.2.1 定义

停堆深度指在反应堆停堆后的某特定时刻，由堆芯反应性平衡(燃料、硼、插入的控制棒、温度效应和毒物)求得的负反应性。

停堆深度和停堆裕度是两个不同的概念。停堆深度指的是堆芯在停堆状态下的次临界度，在计算中还应包含毒物的变化。而停堆裕度是指反应堆在功率运行中，要求其紧急停堆时反应堆所能够达到的次临界度，它更多强调的是一种停堆的能力，因为要求反应堆在很短的时间达到热停状态，所以毒物的变化不予考虑。

8.2.2.2 停堆深度的计算

停堆深度的计算与临界计算类似，都是利用反应性平衡原理进行计算的，它将停堆后的某一特定时刻的数据与参考反应性数据相比较来确定其次临界度。这需要考虑控制棒、堆芯硼浓度、毒物(氙和钐)和冷却剂平均温度变化所引起的反应性。但是也可以不考虑钐毒的负反应性，这样所得到的次临界度偏于保守。同样的为了保守，控制棒的价值也要考虑 10%的棒价值计算的误差。具体计算如表 8-2-2 所示。

表 8-2-2　停堆深度的计算

1　停堆前最后一次的临界状态参数(取自参考反应性数据单)

1.1　停堆日期:________；停堆时间:________；

1.2　功率水平(平衡氙):________%；

1.3　临界硼浓度:________ppm；

1.4　参考反应性:________pcm。

2　停堆堆芯状态

2.1　氙

2.1.1　停堆后的时间:________h；

2.1.2　氙反应性:________pcm；

2.2　控制棒

2.2.1　停堆后控制棒组和停堆棒组的位置:________step；

2.2.2　所有棒组引入的总反应性:________pcm；

2.2.3　控制棒组引入的总反应性×90%=________pcm；

2.3　平均温度的变化

2.3.1　停堆期间的冷却剂平均温度:________℃；

2.3.2　参考反应性数据中的冷却剂平均温度:________℃；

2.3.3　温度变化:(2.3.1)-(2.3.2)=________℃；

2.3.4　慢化剂温度系数:________pcm/℃；

2.3.5　慢化剂温度引入的反应性:(2.3.3)×(2.3.4)=________pcm；

2.4　硼

2.4.1　停堆前的临界硼浓度:________ppm；

2.4.2　停堆前的微分硼价值:________pcm/ppm；

2.4.3　停堆后实际测量的硼浓度:________ppm；

2.4.4　停堆后微分硼价值:________pcm/ppm；

2.4.5　硼反应性:[2.4.3]×[2.4.4]-[2.4.1]×[2.4.2]=________pcm；

2.5　相对参考状态的反应性变化代数和:

(2.1.2)+(2.2.3)+(2.3.5)+(2.4.5)=________pcm。

3　停堆深度

停堆深度=(2.5)- 参考反应性(1.4) =________pcm。

8.2.3　最小停堆硼浓度

技术规格书中规定了停堆时的最小次临界度,要求实际的停堆深度不低于该值。表 8-2-3 是不同停堆状态对次临界度的要求。

表 8-2-3　不同停堆状态对次临界度的要求

序号	运行状态	反应堆的反应性	控制棒组位置
1	换料冷停堆	≥5 000 pcm 和 C_B≥2 100 ppm	全部插入
2	维修冷停堆	≥5 000 pcm 和 C_B≥2 100 ppm	全部插入
3	正常冷停堆	≥1 000 pcm	S、B、C 棒提出,A、D 棒在堆内
4	RRA 投运工况下的单相中间停堆	≥1 000 pcm	S、B、C 棒提出,A、D 棒在堆内

续表

序号	运行状态	反应堆的反应性	控制棒组位置
5	RRA 投运工况下的双相中间停堆	≥1 000 pcm	S、B、C 棒提出，A、D 棒在堆内
6	RRA 退出工况下的正常中间停堆	≥1 000 pcm	S、B、C 棒提出，A、D 棒在堆内
7	热停堆	≥1 000 pcm	S、B 棒提出，A、C、D 棒在堆内

从表 8-2-3 可以看到，在换料冷停堆和维修冷停堆情况下不仅规定了次临界度，也对硼浓度有具体的要求。其他几种停堆状态则只规定了停堆次临界的要求，在这些情况下，由于控制棒的插入状态是一定的，要达到一定的次临界度要求，就需要依靠硼来调节。满足停堆次临界度要求的最小硼浓度称为最小停堆硼浓度。也就是说只要堆芯硼浓度大于最小停堆硼浓度，那么堆芯的次临界度就能满足技术规格书的要求。

停堆后，堆内的反应性处于动态变化中，主要是氙毒有一个先增大后减小，最终变成无氙状态的过程。因为最小停堆硼浓度须使得整个停堆过程中都能满足规定的次临界度要求，同时也为偏于保守，计算时需要假设堆芯内没有氙毒，而钐毒不变。

复习思考题

一、选择题

1. 在临界过程中，若反应堆有稳定的中子注量率倍增周期，则说明反应堆此时处于：(　　)。

A. 次临界　　B. 临界　　C. 超临界

2. 秦山核电二期工程采用的次级中子源是：(　　)。

A. 锑-铍源　　B. 锎-252　　C. 无次级中子源

3. 一个新的堆芯(或换料堆芯)，它的核燃料装载量比冷态临界时的装载量要大得多，即初始的有效增殖因数 $k_{eff} \gg 1$。这些过剩的反应性在堆芯正常运行过程中会被各种负反应性所抵消，以保持堆芯的临界状态，这些负反应性有(　　)。

A. 插入堆芯控制棒的积分负反应性

B. 冷却剂中硼产生的负反应性

C. 氙和钐毒引起的负反应性

D. 多普勒功率效应

E. 慢化剂温度效应

4. 下面哪个物理参数的计算需要考虑堆芯的氙毒？(　　)

A. 停堆裕度

B. 反应堆停堆后不同时刻的停堆深度

C. 最小停堆硼浓度

5. 若停堆后 80 h 内进行恢复临界过程操作，要注意：(　　)。

A. 不要提棒过快

B. 要结合换料堆芯初始临界点来达临界

C. 需要在达临界后提升控制棒，平衡氙毒上涨

二、判断题

1. 中子倒计数率的外推曲线可能是凹形的也可能是凸形的，但是最后外推临界的结果都归于一点。(　　)

2. 堆芯首次临界和换料后临界试验中，由于有设计院的理论数据，所以可以完全以此为操作依据，进行临界操作。(　　)

3. 在 CP600 核电厂的反应堆临界操作中，在稀释过程中发生临界是不可以的。(　　)

4. 停堆裕度，是指某一特定时刻，即将全部停堆棒组、控制棒组(去掉一组当量最大的控制棒束，假定它卡在全提的位置)插入堆芯使反应堆达到次临界时计算的负反应性总量。(　　)

5. 满足停堆次临界度要求的最小硼浓度称为最小停堆硼浓度。(　　)

6. 反应堆停堆后的热功率主要与堆芯的次临界度有关。(　　)

7. 若在氙积累期间启动反应堆，则要选取较低的临界棒位，以方便控制棒有足够的反应性补偿氙的积累。(　　)

第9章 反应堆物理试验与堆芯监督

9.1 概 述

对于任何一个新建成核电厂的反应堆或换料后的堆芯，在投入正常运行之前都需要经过堆芯物理启动试验。核电厂反应堆的物理启动试验是一项大型的、综合性的试验，它涉及核电厂几乎所有的重要安全相关系统，而且需要多个技术部门的通力合作。反应堆物理启动试验是核电站中唯一的一项需要对其心脏——反应堆堆芯，进行针对不同燃料循环的堆芯装载所实施的反应性测量试验。通过这些大都是围绕着堆芯反应性变化测量所获得的结果，来验证理论计算值的有效性和合理性，从而达到验证(换料)堆芯核设计关键安全参数的正确性和用于安全分析假设条件的保守性的目的。这就是物理试验的根本任务。对于大多数压水堆核电站物理启动试验来说，其具体的试验目的如下：

• 确保堆芯装、卸料过程中的临界安全；

• 引导反应堆安全地、顺利地达到首次临界状态；

• 在零功率物理试验阶段以及在逐级提升功率过程中的各功率台阶上，验证堆芯相关的物理参数测量值与设计准则的符合性，并满足相关的安全准则，以掌握堆芯不同装载的核特性；

• 对堆外通量测量仪表系统的性能进行检测和刻度，以便其在反应堆的功率运行状态下能够提供正确的、有效的监控手段，并向控制保护系统提供正确的核测信号；

• 在整个物理启动试验过程中，所有的重要安全系统和设备、仪器仪表都将经受考验；所有与运行和试验相关的规程和试验细则都将得到验证。这一切都将成为电厂运行和管理人员提供熟悉电厂性能的一次难得的极好机会。

另外，物理试验的结果还可以反映出不同燃料循环的设计是否能够达到电厂设计时所要求的经济性指标。

反应堆物理试验整体上可以分为启动物理试验、零功率物理试验、提升功率物理试验和正常运行期间的堆芯监督试验几大部分。

9.2 启动物理试验

启动阶段的物理试验是指反应堆次临界到临界过程所实施的测量，包括堆芯装料和卸料的临界安全监督试验、堆芯达临界试验。对于反应堆次临界状态，对堆物理参数的直接测量比较困难，也不能十分清晰地反映堆芯的设计结果，因此该阶段的试验主要是对次临界度的监督，实现核安全的监测。达临界试验是实现反应堆到达临界的重要操作，并且通过达临界试验获取堆芯发热点、获取探测器的线性与重叠、校刻反应性仪等，为后续试验提供基础。

9.2.1 堆芯装料临界安全监督试验

装料是反应堆重要的大型操作，对于新建成的反应堆来说，装料标志着反应堆正式进入带核燃料运行状态。在反应堆装料操作过程中，堆芯的反应性是随核燃料组件的增加或减少而发生变化的，因此就必须对反应堆堆芯在装料过程实施有效的反应性监督，即临界安全的监督，以确保反应堆堆芯在装料操作过程中始终处于次临界状态下。

9.2.1.1 临界安全监督的原理

堆芯在装料期间应始终处于次临界状态，如果此时堆内没有外中子源，则次临界堆内的中子密度将不断衰减直到零。如果堆内有一个外中子源，则中子密度将在一个与次临界度相关的通量水平上稳定。这就是临界安全监督的基本原理，利用外中子源的计数率变化对堆芯的次临界程度进行监督。

假设外中子源发射的中子数是恒定的，即：中子源每 θ 秒（θ＝中子代时间）发出一批中子，每批中子数为 s 个。这样中子从第一代开始反应堆内中子数为 s 个，在第二代开始就有（$s+s\times k_{\text{eff}}$）个中子，第三代开始就有（$s+s\times k_{\text{eff}}+s\times k_{\text{eff}}^2$）个中子，依此类推，到第 n 代时反应堆内的中子总数应为：

$$n=s+s\times k_{\text{eff}}+s\times k_{\text{eff}}^2+s\times k_{\text{eff}}^3+\cdots+s\times k_{\text{eff}}^{n-1} \tag{9-2-1}$$

因为次临界堆芯的 k_{eff}值小于 1，因此当 n 很大时，此等比级数之和为一有限值：

$$n=s/(1-k) \tag{9-2-2}$$

事实上，式(9-2-1)也可以从点堆动力学方程推导得到：

$$\frac{\mathrm{d}n}{\mathrm{d}t}=\frac{k_{\text{eff}}(1-\beta)-1}{l}n+\sum_{i=1}^{6}\lambda_i C_i+S \tag{9-2-3}$$

$$\frac{\mathrm{d}C_i}{\mathrm{d}t}=\frac{k_{\text{eff}}\beta_i}{l}n-\lambda_i C_i \tag{9-2-4}$$

式中：n——中子密度，n/cm^3；

$\frac{\mathrm{d}n}{\mathrm{d}t}$——中子密度随时间的变化率，n/(cm^3 · s)；

β_i——第 i 组缓发中子在全部裂变中子中所占的有效份额，$\beta=\sum_{i=1}^{6}\beta_i$；

l——中子平均寿命，s；

C_i——第 i 组缓发中子的先驱核浓度，N/cm^3；

S——外中子源强度，Bq；

λ_i——第 i 组缓发中子先驱核裂变碎片的衰变常数，1/s。

在反应堆装料过程中，由于堆内存在外中子源，使处于次临界状态的反应堆也可形成稳定的中子分布，即：

$$\frac{\mathrm{d}n}{\mathrm{d}t}=0 \tag{9-2-5}$$

$$\frac{\mathrm{d}C_i}{\mathrm{d}t}=0 \tag{9-2-6}$$

这样，解式(9-2-5)和式(9-2-6)，得：

$$n=\frac{l}{1-k_{\mathrm{eff}}}S \tag{9-2-7}$$

式中：$1-k_{\mathrm{eff}}$表征反应堆的次临界度。

由此可以看出，随着核燃料组件装载数的增加或减少，k_{eff}在逐渐增大或减小，中子计数率也在增加或减少。图 9-2-1 给出了有外中子源的堆芯装料时次临界堆芯的中子计数相对水平的变化，不同的曲线对应着不同的 k_{eff}。平衡值与 k_{eff}值有关，k_{eff}值大，平衡值大，并且达到平衡值较慢。所以，在反应堆堆芯装料临界安全监督过程中，利用外中子源来增高堆内的中子数，更有效地实施临界安全监督，使反应堆始终保持在次临界状态上。

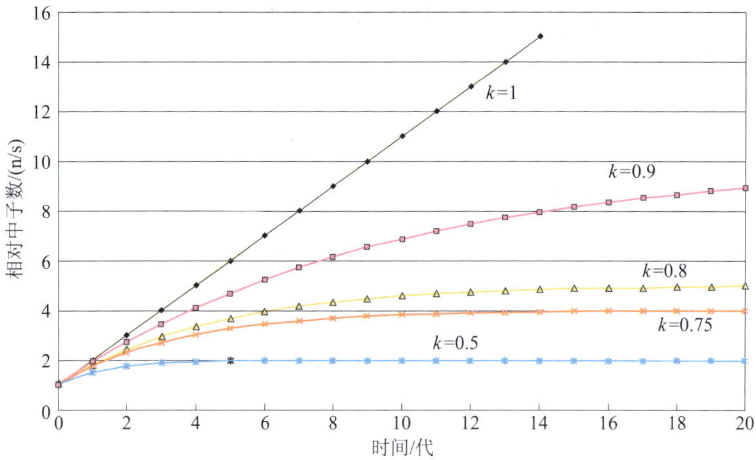

图 9-2-1　有源时堆内中子相对水平的变化

9.2.1.2　装料方式和装料顺序

首次堆芯装料时，由于新燃料组件放射性水平极低，堆坑可以为半干半湿（即指堆芯活性区充水），这样可以方便工作人员在堆坑内进行相关工作，包括检修装卸料设备等。当然，也可以堆坑充满水，以方便进行其他相关试验。

对于换料后的装料试验，由于辐照燃料组件的放射性水平很高，因此堆坑必须是全湿式装料，以保证放射性防护的需要。

CP600 核电厂核电站首循环装料普遍采用平板式顺序（如图 9-2-2 所示）。首先，沿着堆芯活性区围板装入三套临时中子计数装置探头和两个带有一次中子源的燃料组件。接着沿着堆外两个源量程测量通道的连线方向（即 0°向 180°的方向）上，先进行燃料组件的装料就位，以形成稳定的“板壁”；然后，装入 270°方向上的垂直三排和左右两个角；最后装入 90°方向上的燃料组件。这种方法的特点是：在结构上较为稳定，燃料组件插入压力容器时倾倒的可能性较小。

对于换料后的堆芯装料，普遍采用斜线顺序（如图 9-2-3 所示），对首循环装料，也可以采取这样的顺序。首先装入两个带有一次中子源的燃料组件（对首循环堆芯装料，需要首先沿着堆芯活性区围板装入三套临时中子计数装置探头）。接着沿着图示的斜线方向，依次装入燃料组件。这种方法的特点是：每次装入燃料组件，均至少有 2 个固定的支撑面，可以防止由于相邻组件的影响造成组件倾斜或倾倒。同时，减少了装料过程中，装卸料机从已装入堆芯的组件上方经过的可能性，降低组件跌落的后果，而且斜线的装料顺序比较便于记忆操作。

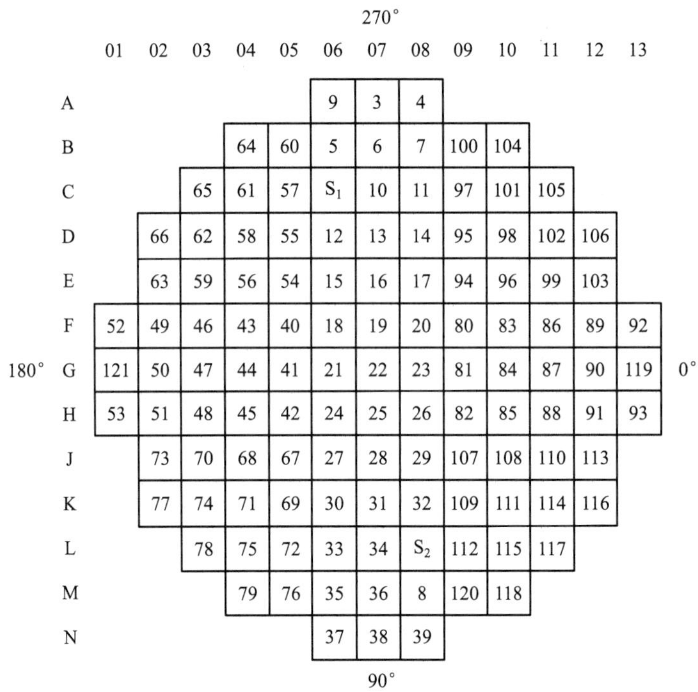

图 9-2-2　板式装料顺序图

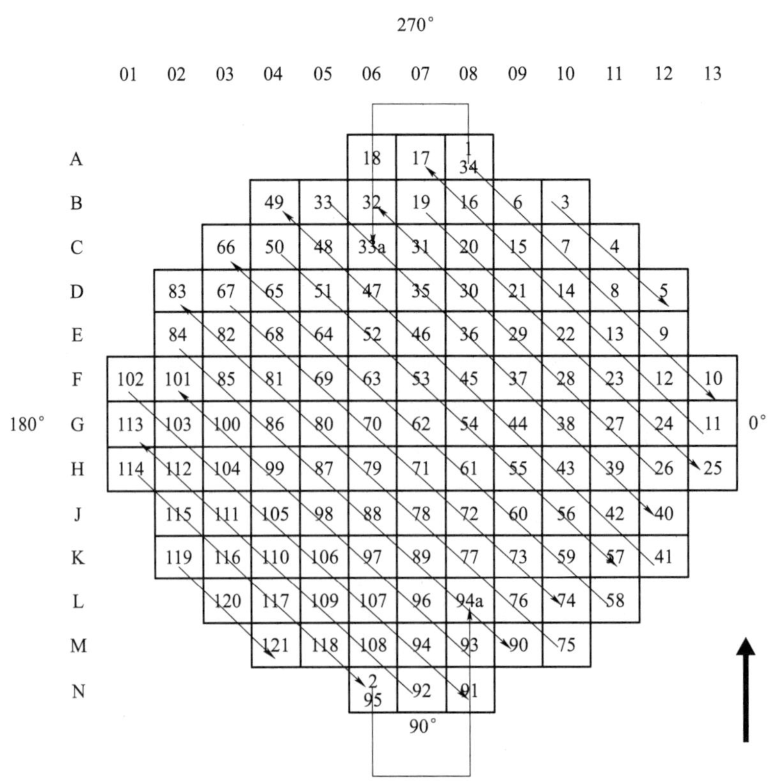

图 9-2-3　斜线装料顺序图

9.2.1.3　临界安全监督的方法

为了确保在整个堆芯装料过程中不发生意外临界事故，在核燃料组件按照预先制定好的堆芯装料顺序装入堆芯的过程中。临界安全监督的方法是在堆芯每装入一组核燃料组件后，用中子探测器探测的中子计数率的倒数与燃料组件的装载数目作外推。通常采用堆外核测仪表系统中的源量程测量通道的计数率(首燃料循环的初始堆芯装料过程中，还在堆芯增设了 3 套临时中子计数装置)，进行倒计数率外推来有效实施临界安全监督。其监督过程主要如下：

(1) 探测器本底计数率监测

在堆芯装料开始之前，首先进行各测量通道的本底计数率的测量。通常是获取所有在线有效的中子测量通道累计 10 s 的积分中子计数值，一般取每个测量通道的 10 个中子积分计数值的平均值，作为各测量通道的平均本底计数值或是平均计数率 n。

一般来说，典型的本底计数率应小于 0.1 cps (即 n/s)。如果测量结果比 0.1 cps 明显偏大，要寻找超本底的原因。如果本底计数比测量总计数的 10%还大，则认为此套测量系统是不可靠的。

在核电厂中，一般由以下方法判断中子计数装置工作状态是否正常：

① 幅度比>2(即在用示波器检测时，有用信号幅度与噪声信号幅度之比大于 2)；

② 计数率比(测量通道中子计数率比本底计数率至少大 1 个数量级)。

(2) 基准计数率测定

按照堆芯装料顺序表的规定，在装料前需对各测量通道进行基准计数率的测量。基准计数率的测量方法与本底计数率的测量方法相同，各测量通道分别取 10 次累计 10 s 的积分中子计数率测量值的平均值。严格的说，在堆芯装料监督过程中，基准计数率应扣除本底计数率，再将计算修正后的结果作为各个测量通道的基准计数 NR。

每移动一次带中子源的燃料组件后，需要对中子测量通道重新进行基准计数的测定。

(3) 倒中子计数率的测定($1/M$ 测定)

每当一组燃料组件就位于堆芯预定位置，在中子计数达到稳定后，需对各中子测量通道进行至少 5 次中子计数率测量，并计算其平均值 N_{avg}，对于堆芯装料监督时，需对该测量通道进行本底修正($N_{avg}-n$)，计算其倒中子计数率比，记为 $1/M$，即：

$$1/M=N_R/(N_{avg}-n) \tag{9-2-8}$$

其中：n 是对应测量通道的本底计数率，N_R 是对应测量通道的基准计数值。通常对于本底计数率 n 很小时可以忽略。故式(9-2-3)有：

$$1/M=N_R/N_{avg} \tag{9-2-9}$$

根据式(9-2-2)，可得：

$$1/M=(1-k_{eff})/(1-k_{eff,0}) \tag{9-2-10}$$

其中：$k_{eff,0}$、k_{eff}分别为初始状态和燃料组件入堆后的有效增殖系数。对式(9-2-10)化简，可以得到：

$$k_{eff}=1-[(1-k_{eff,0})/M] \tag{9-2-11}$$

由此可见，对装料过程中的中子计数率倒数的监督，可达到临界安全监督的目的。

在平面坐标上以 $1/M$ 作为纵坐标，以次临界度($1-k_{eff}$)作为横坐标(如前所述，次临界度与入堆燃料组件的数目成对应关系)。因此,在实际操作时是以入堆燃料组件的数目 N_F 为横坐标,$1/M$ 为纵坐标,进行临界安全监督。这样就可以得到堆芯在装料过程的临界安全监督外推曲线。为了安全起见,在临界安全监督过程中,要求必须至少有一套独立的中子计数装置(首次堆芯装料时,堆芯增设三套临时中子计数装置,在连同两套源量程测量通道在内,必须要求至少有两套是可用的)是可运行的;否则,停止装料操作。

(4) 影响 $1/M$ 曲线的因素

理想的 $1/M$ 曲线是一条直线,但是实际上 $1/M$ 曲线有可能是凹形的,也可能是凸形的,但是最后外推临界的结果都归于一点。影响 $1/M$ 曲线的因素有:

- 中子源在堆芯的位置;
- 中子探测器(包括堆内、堆外)的位置;
- 堆芯燃料组件的装载顺序;
- 堆芯中子源的强度。

9.2.1.4 试验验收准则

在整个堆芯装料过程中,反应堆应始终处于次临界状态。根据中子计数率倒数($1/M$)与燃料组件数入堆的外推曲线图,来确保反应堆在整个装料期间堆芯始终处于次临界状态。

所有燃料组件和相关组件在没有发生机械损伤的情况下,安全、顺利地装入指定的反应堆堆芯位置上,其在堆芯的位置、方向与经批准的堆芯装载图一致。

在堆芯装满 121 组燃料组件后,两个源量程测量通道上的中子计数率都不小于 0.5 cps。

9.2.2 堆芯卸料临界安全监督试验

虽然在反应堆首循环启动中,不存在堆芯卸料的问题,但由于换料大修时机组必须停堆卸料。同装料一样,卸料过程同样涉及反应性变化导致的次临界改变问题,因此,在卸料过程中同样需要实施临界安全监督。

卸料临界安全监督的方法和装料相同,即使用中子计数率倒数($1/M$)与燃料组件数出堆的外推曲线图,来确保反应堆在整个卸料期间堆芯始终处于次临界状态。

卸料顺序和装料顺序正好相反,如图 9-2-4 所示。

9.2.3 堆芯临界试验

9.2.3.1 试验基本原理

临界是反应堆物理最基本的问题。在核电厂中,堆芯临界试验一般可分为:首次临界、恢复临界和换料后的初始临界。堆芯临界试验的目的在于使反应堆堆芯安全、顺利地达到临界状态,并确定这个状态下的临界条件,即临界棒位和临界硼浓度。所谓堆芯首次临界是指反应堆建造完成后,第一次从次临界状态达到稳定的自持链式裂变反应的过程。

由于反应堆的类型不同,启动的顺序和采用的具体方法各有差异。但是,使反应堆达到临界状态的原理是相同的,基本做法也有共同性:都是首先根据电厂运行技术规范的要求,确定一个次临界状态,其次临界度一般由过去已有的同类型反应堆的临界试验经验值、过去的临界试验值或比较可信的理论值为依据,然后进行达临界试验。压水堆核电厂是在核裂

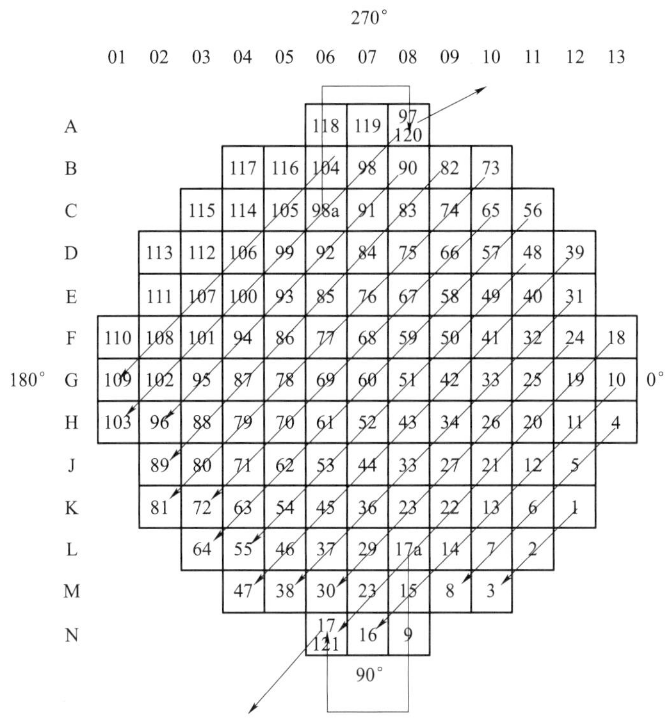

图 9-2-4 斜线卸料顺序图

变材料、慢化剂、结构材料以及吸收材料(控制棒及化学毒物)已经确定的情况下,通过控制棒的提出以及硼浓度的稀释来使反应堆达到临界。确定反应堆临界的条件是:临界控制棒棒位以及临界硼浓度。其实现的方法是:在首先确定的次临界状态下,采用提棒和连续稀释的方式向临界状态逼近,最后通过分段提升控制棒的方式,向超临界状态过渡,以此判断反应堆达到临界状态。在这个达临界的过程中进行中子计数率的监测,并根据中子计数率的倒数外推曲线,判断临界条件。

(1) 中子计数率的倒数($1/M$)外推法

根据次临界公式(9-2-7)可知,堆内初始的中子数:

$$N_0=\frac{S}{1-k_{\mathrm{eff},0}} \tag{9-2-12}$$

按照 $1/M$ 的定义:

$$1/M=N_0/N_i \tag{9-2-13}$$

式中:N_0——基准计数率;

N_i——不同棒位或不同硼浓度或不同稀释水量和水体积或不同时间下的计数率。

改变堆内 k_{eff} 的途径可以通过改变控制棒棒位或硼浓度的方法来实现。

根据式(9-2-1)、式(9-2-2)可得:

$$M=\frac{1-k_{\mathrm{eff},0}}{1-k_{\mathrm{eff},i}} \tag{9-2-14}$$

所以

$$k_{\mathrm{eff},i}=1-\frac{1-k_{\mathrm{eff},0}}{M}=1-\frac{\Delta k_{\mathrm{eff},0}}{M} \tag{9-2-15}$$

(2) 相似三角形方法

见图 9-2-5，当控制棒棒位位于 h_1 时，中子计数率为 N_1，当控制棒棒位位于 h_2 时，中子计数率为 N_2。在这两个相似三角形中有：

$$x=a\times\frac{N_1}{(N_2-N_1)}$$

这样可以求出预计的临界棒位为：

$$h_c=h_2+a\times\frac{N_1}{(N_2-N_1)}$$

由此可以进行如下判断：

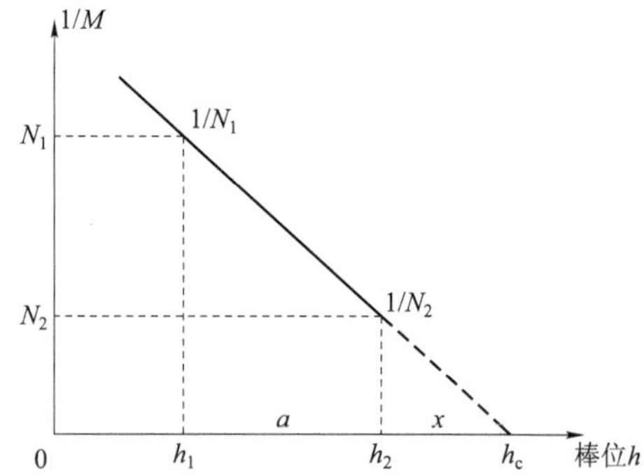

图 9-2-5 相似三角形方法

• 当 $N_2=2N_1$，即中子计数率翻一番时，$x=a$ 意味着控制棒再提 a 步，反应堆即可达到临界；

• 当 $N_2=3N_1$，即中子计数率增长超过一倍时，$x=a/2$ 意味着控制棒再提 $a/2$ 步（小于 a 步），反应堆即可达到临界；

• 当 $N_2=(3/2)N_1$，即中子计数率增长没有超过一倍时，$x=2a$ 意味着控制棒再提 $2a$ 步（大于 a 步），反应堆方可达到临界。

因此，在提棒达临界操作过程中，可以根据每次提棒完毕后中子计数变化的情况，来预计控制棒再提升多少步后反应堆可以达到临界状态。这在反应堆启动过程中是很有实际意义的。

上述两种方法在压水堆核电厂的临界试验过程中都要使用到，只不过使用的阶段是不一样的。由于 $1/M$ 外推法可以得到一条完整的中子计数特性的曲线，因此它常常用在次临界深度较深的阶段，如硼浓度稀释前的提升控制棒组的操作和硼浓度稀释过程中的临界安全监督。而相似三角形方法更适合于快速计算，不需要作图外推，而且计算简单，计算结果准确，因此该方法通常被用于硼浓度稀释均匀后的提棒达临界过程中。

9.2.3.2 临界试验步骤

CP600 核电厂核电机组临界试验可分为以下 3 个阶段：

(1) 提升控制棒组的操作：

• 在反应堆热停堆状态下，将控制棒组 A、B、C 和 D 放置在 5 步状态上；

• 建立两个源量程通道的基准计数率；

• 将控制棒组的提升方式置于“手动”状态，并按正常的重叠棒组提升方式提升控制棒组；

• 在提升控制棒组的过程中，当每提 50 步时停止控制棒组的提升操作，完成一次中子计数的测量，并做以控制棒组提升步数的 $1/M$ 倒数曲线；

• 当 D 棒组提升至离控制棒组全提出棒位还差 500 pcm 的棒位时，停止控制棒组的提升操作。

(2) 进行一回路硼浓度的稀释逼近临界操作：

• 在完成控制棒组提升操作后，投入稳压器的所有电加热器，打开喷淋阀，投入化学和容积控制(RCV)系统的所有下泄流孔板，稳压器的压力控制置于“自动”方式，上述状态将一直保持到反应堆达到初始临界状态，以使稀释过程中堆芯和稳压器的硼浓度尽快到达均匀状态；

• 重新建立基准计数率，并在稀释过程中做中子计数率倒数（$1/M$）与时间、加水量及硼浓度的外推曲线；

• 硼浓度稀释操作：

• 由于硼稀释操作大都至少是在该状态下的最小停堆硼浓度以上的硼浓度基础上开始的，因此一回路冷却剂中的硼浓度都很高，比如初始堆芯大都从 2 100 ppm 以上开始的。因此，硼稀释操作首先采用的是快速稀释方法，即：以 20 t/h 左右恒定的对一回路冷却剂系统进行快速稀释。当中子倒计数率 $1/M \sim 0.2$ 或当前实验室取样分析的硼浓度 $C_{B_{测}}$ 距离以稀释水量外推的临界硼浓度 $C_{B_{cri}^{cal}}$ 还差 100 ppm 时，即：$C_{B_{测}} = C_{B_{cri}^{cal}} + 100$ ppm，停止快速稀释，并转为慢速稀释；

• 慢速稀释通常采用以 500 pcm/h 的恒定速率继续进行稀释，当中子倒计数率 $1/M \sim 0.08$，或当前实验室取样分析的硼浓度 $C_{B_{测}}$ 距离以稀释水量外推的临界硼浓度 $C_{B_{cri}^{cal}}$ 还差 30 ppm 时，即：$C_{B_{测}} = C_{B_{cri}^{cal}} + 30$ ppm，停止慢速稀释；稳定 30～60 min 使堆芯充分均匀，即使反应堆一回路冷却剂系统内的硼浓度与稳压器内的硼浓度之差的绝对值小于等于 20 ppm，$|C_{B_{loop}} - C_{B_{pres}}| \leqslant 20$ ppm。

注：1）在硼稀释过程中，反应堆冷却剂中的硼浓度 $C_{B_{loop}}$ 与稳压器中的硼浓度 $C_{B_{pres}}$ 应始终保证：$C_{B_{loop}} \leqslant C_{B_{pres}} + 50$ ppm，否则可暂停稀释操作，直至化学实验室取样分析结果满足上述要求后，才允许继续执行稀释操作。如果 $C_{B_{pres}} - C_{B_{loop}} > 100$ ppm 时，建议可酌情考虑降低稀释速率，以使系统中硼浓度更趋均匀；

2）最大硼稀释速率时引入的反应性速率应小于理论计算给出的热停堆硼稀释事故时最大反应性添加速率限值。

（3）提棒向超临界过渡

• 当堆芯充分均匀后，即：$|C_{B_{loop}} - C_{B_{prz}}| \leqslant 20$ ppm。重新对两个源量程测量通道 SC_1、SC_2 做基准计数率；

• 逐步提升主调节 D 棒组，进行以倒中子计数率比与棒位的相似三角形的外推临界计算，以使反应堆达临界状态；

• 如果 D 棒组提升至堆顶时，反应堆仍未临界，则须将 D 棒组插回到提棒前的初始棒位上；并以 500 pcm/h 的恒定流量进行慢速稀释，向堆芯引入正反应性。其稀释水量由引入的反应性应不超过从当前棒位到外推临界棒位临界所需要的反应性 ρ 来确定；

• 当堆芯充分均匀后，即：$|C_{B_{loop}} - C_{B_{prz}}| \leqslant 20$ ppm。重新测基准计数率进行 $1/M$ 重新归一；

• 重复上述试验操作，直至反应堆出现不短于 200 s 正周期为止。此时反应堆已经达到超临界状态，然后根据反应性与周期关系的数据表，查出反应堆出现的正周期所对应的反应性，计算出主调节棒组 D 所需插入的步数，最后将主调节棒组 D 下插对应的步数，使反应堆刚好达到临界状态。此时的主调节棒组 D 的棒位即为临界棒位，一回路冷却剂系统的硼浓度即为临界硼浓度。

9.2.3.3　临界点的判断：

（1）通过源量程测量通道的中子计数和倍增周期监测，判断临界点：

• 源量程测量通道未被切除(即 P6 信号产生)之前;

• 可通过卡秒表和/或堆外核测仪表系统的显示,仔细观察源量程的中子计数的倍增,及其周期读数的变化与稳定情况;

• 在源量程测量通道观察到的中子计数快速增长过程中,其倍增周期稳定在某一段数据内变化(如 120~160 s 或者 180~240 s 等);

• 反应堆已达到超临界状态。

(2) 通过中间量程测量通道的倍增周期监测,判断临界点:

• 此时源量程测量通道被切除(即 P6 信号产生);

• 通过堆外核测仪表系统仔细观察中间量程周期读数的变化与稳定情况,或者反应性仪的反应性指示变化;

• 当观测到中间量程测量通道的倍增周期稳定在某一段数据内变化(如 120~160 s 或者 180~240 s 等);

• 反应堆已达到超临界状态。

(3) 通过观测反应性仪的注量率水平和反应性测量,判断临界点:

• 反应性仪测量的注量率水平在逐步增长;

• 同时,反应性仪给出了稳定的正反应性 $\rho>0$ pcm;

• 反应堆已达到超临界状态。

9.2.3.4 临界过程应注意的问题

(1) 临界试验必须严格遵守电厂运行技术规格书中的规定;

(2) 在逼近临界时,次临界度 ρ 愈小,反应性引入率 $\delta\rho/\delta t$ 愈小,因此应采用逐步逼近达临界。同时,应采用单一反应性控制原则,即不能采用两种或两种以上的方式向堆芯引入正反应性。反应堆启动率(SUR)应小于 1 DPM,即中子通量增加的倍增周期不得短于 26 s(换料堆芯中子通量增加的倍增周期不得短于 18 s);

(3) 试验期间,应严禁引起反应堆温度突然变化的操作。稀释前的提棒阶段,应防止意外硼稀释事故的发生,以使反应堆不应该发生意外临界;

(4) 在试验期间,任何使反应堆发生紧急停堆时,都应立即停止稀释或提棒操作;如果紧急停堆的原因已知且不影响核电厂的核安全,反应堆可重新进入启动的初始状态,硼浓度应维持在紧急停堆时的值。如果紧急停堆以前反应堆处于次临界,继续完成临界操作步骤。如果紧急停堆以前反应堆已经达临界,提棒使反应堆恢复临界,提棒过程中作计数率倒数曲线;

(5) 在恢复临界过程中,如果调节棒组 D 已经提至堆顶,反应堆仍未临界,这时应该插入所有的调节棒组,重新预计临界硼浓度和棒位;如果实际临界棒位超出预计临界棒位 500 pcm 的限值棒位时,必须查明原因,然后才能继续提升功率;否则,将插入所有的调节棒组。

9.2.3.5 临界试验的验收准则

安全地、顺利地使反应堆达到(换料)初始临界状态。

9.2.4 校验堆外核测仪表系统探测器的线性与重叠

CP600 核电厂核电机组的堆外核测仪表系统由三个不同量程段的测量通道组成,即源量程测量通道、中间量程测量通道和功率量程测量通道。它们的测量范围覆盖了反应堆的整个功率变化范围(即从 $10^{-1}\sim5\times10^{10}\ cm^{-2}/s$,相当于 $10^{-9}\sim200\%$FP)。堆外核测仪表系统不仅为反应堆在各种功率运行状态提供实时的监测手段,同时它也为反应堆保护系统提供最为原始的功率和中子注量率水平变化的测量信息,承担着一定的保护功能。为此它们的每个测量区段之间都至少要有两个数量级的衔接,以保证在三个测量通道所负责的区段水平间的保护和控制的连续性。而且它们的输出应与反应堆的核功率水平成线性关系。

试验方法是通过提升主调节棒组 D,向堆芯引入一个大约 80 s 倍增周期的正反应性。在中子注量率水平增长的过程中,可通过电厂数据采集系统或人工方式记录下源量程测量通道、中间量程测量通道和功率量程测量通道的对应读数,然后分别在双对数坐标纸上做出源量程测量通道和中间量程测量通道,中间量程测量通道和功率量程测量通道的线性与重叠关系曲线。

试验的验收准则为每个测量区段之间至少有两个数量级的重叠,并在重叠区间内具有较好的线性度。

9.2.5　零功率物理试验范围的确定(即多普勒发热点寻找试验)

通常压水堆的零功率状态下的反应性测量都是要求在系统无反应性反馈状态下进行测量的,这是因为本底噪声和多普勒发热都会对试验的测量结果产生影响。因此,就必须在零功率物理试验实施前,确定零功率物理试验所需要的范围,以保证用于验证设计准则和安全准则的试验结果的科学性和准确性。零功率物理试验范围大都是在系统本底噪声水平以上,多普勒发热点以下。

试验方法:以中间量程通道的对数电流、平均温度 T_{avg} 和反应性仪指示的反应性随堆内中子注量率变化的曲线为依据,在临界状态下,通过提升主调节棒组 D 向堆芯引入一个周期约为 100 s 的正反应性时,中子注量率水平将缓慢增加,此时注意观测反应性信号、中子注量率水平的变化和冷却剂平均温度的变化。当观测到反应性记录仪上的信号指数下降,或中子注量率水平不按指数规律上升而改变斜率,或冷却剂平均温度上升偏离原曲线轨迹时,表明堆内开始产生核加热效应,即观察到多普勒核发热点 φ 多普勒(见图 9-2-6)。当多普勒核发热点 φ 多普勒测定结束后,就将此通量水平确定为零功率物理试验的上限。从上限值下降 1 个数量级的中子注量率水平,反应性仪的量程设置在 50 pcm 档上,观察反应性仪的指示是否稳定,若反应性仪的指示稳定,则确认该中子注量率水平为零功率物理试验功率水平的下

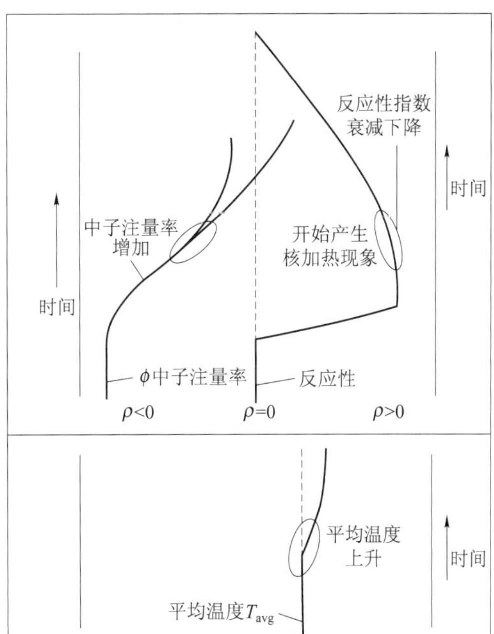

图 9-2-6　多普勒发热点寻找

限。若反应性仪指示不稳定，则需调整 D 棒组，提高中子注量率水平(但不能超过上限值)，直至反应性仪指示稳定，并将该中子注量率水平为零功率物理试验功率水平的下限。这种下限的确定方法是系列堆芯或换料堆芯启动物理试验中，所采用的零功率物理试验功率水平的确定方法。

对于原型堆的首次堆芯启动物理试验来说，零功率物理试验的下限的确定方法如下，在上限确定后，下插控制棒 D 棒组，引入一个周期约为 80 s 的负反应性。停止插棒后，反应堆功率会自动下降，此时注意观察反应性仪，当反应性出现平衡稳定时，系统的本底噪声水平就测量到了。当系统的本底噪声水平找到后，将本底值上升 1 个数量级确定为热态零功率物理试验的下限值。通常将零功率物理试验范围确定在如下的范围内：

$$10\times\varphi(\text{本底})<\text{零功率物理试验范围}<\varphi(\text{多普勒})/10$$

这样零功率物理试验的功率水平范围就确定了。应该指出，在反应堆向超临界过渡时，尤其是堆芯首次启动过程中，为了确保安全，中子注量率水平至少要以一个不小于 80 s 的稳定倍增周期变化。

9.2.6 反应性仪的校刻试验

反应性是反应堆物理计算与分析的一个重要物理参数，它的计算准确性对于反应堆的安全具有重要意义。反应性测量是动力堆物理试验的基本组成部分之一，反应性是不能直接测量得到的，它是通过跟踪堆内中子注量率水平的变化，而间接实时测量得到的。反应性仪作为反应性测量的重要计量设备，在其对反应性实施测量之前，必须对其的测量精度进行校验，以保证它在跟踪堆内由各种参数变化(包括控制棒位置的变化、硼浓度的变化及温度变化等)引起的中子注量率水平变化时，所测量的反应性的准确性。特别是在热态零功率状态下，可以给出一系列反应堆重要参数的实测值，如各种控制棒价值、硼微分价值及等温温度系数等，以提供对理论计算结果的验证和运行人员的控制参考。

9.2.6.1 反应性仪的工作原理

当反应堆中子注量率处于动态变化时，为了简化模型，假设堆内各处中子注量率变化与空间位置无关，即可得到“点堆，单群，6 组缓发中子”的点堆动力学方程：

$$\frac{\mathrm{d}n(t)}{\mathrm{d}t}=\frac{k_{\mathrm{eff}}(1-\beta_{\mathrm{eff}})-1}{l_0}n(t)+\sum_{i=1}^{6}\lambda_i C_i(t)+S \tag{9-2-16}$$

$$\frac{\mathrm{d}C_i(t)}{\mathrm{d}t}=\frac{k_{\mathrm{eff}}\beta_{i,\mathrm{eff}}}{l_0}n(t)-\lambda_i C_i(t) \tag{9-2-17}$$

$$\beta_{\mathrm{eff}}=\Sigma\beta_{i,\mathrm{eff}} \tag{9-2-18}$$

$$l_0=k_{\mathrm{eff}}\times l \tag{9-2-19}$$

$$\rho=(k_{\mathrm{eff}}-1)/k_{\mathrm{eff}} \tag{9-2-20}$$

$$\beta_{i,\mathrm{eff}}=I\times\beta_i \tag{9-2-21}$$

式中：$n(t)$——与时间相关的中子密度；

β_i——第 i 组缓发中子份额；

I——缓发中子平均价值因子；

$\beta_{i,\mathrm{eff}}$——第 i 组有效缓发中子份额；

β_{eff}——有效缓发中子份额；

λ_i——第 i 组缓发中子先驱核的衰变常数；

$C_i(t)$——第 i 组先驱核密度；

l_0——瞬发中子平均寿命；

S——外中子源；

l——瞬发中子平均代时间。

则由式(9-2-16)、式(9-2-17)、式(9-2-18)、式(9-2-19)、式(9-2-20)推导得：

$$\rho = \frac{l}{n}\left(\frac{\mathrm{d}n}{\mathrm{d}t} + \sum_{i=1}^{6}\frac{\mathrm{d}C_i}{\mathrm{d}t} - S\right) \tag{9-2-22}$$

在反应性测量过程中，当通量水平较低时，源项应该考虑。当中间量程电流测量值超过 10^{-8} A 时，源项的贡献可以忽略不计。

由于中子注量率水平和探测器测得的电流大小成正比，同时，该电流由放大器按比例转化为电压，所以式(9-2-22)中的中子注量率水平可以用探测器测量转换得到的电压代替：

$$\rho = \frac{l}{u}\left(\frac{\mathrm{d}u}{\mathrm{d}t} + \sum_{i=1}^{6}\frac{\mathrm{d}C_i}{\mathrm{d}t} - S\right) \tag{9-2-23}$$

式中：u 为中子注量率水平相对应的电压。

由于初始状态和源项是已知的，则可以根据方程(9-2-23)对电压信号进行采样，前后通过运算得到反应性的数值解。

由于反应性仪的工作原理是建立在经过简化的点堆模型的基础上，因此它不适合进行空间效应变化大的反应性测量。在实际应用中，为了保证反应性测量精度及反应堆周期的控制，反应性的测量范围一般推荐为±50 pcm 内。

9.2.6.2　反应性仪的校验原理

根据点堆动力学方程可以推导得到倒时方程，它是表达反应堆周期 T 和反应性之间的关系式，是反应堆运行中通过测量周期来确定反应性的理论依据。

$$\rho = \frac{l}{T} + \sum_{i=1}^{6}\frac{\beta_{i,\mathrm{eff}}}{1+\lambda_i T} \tag{9-2-24}$$

反应堆周期 T 为堆内中子注量率水平变化 e 倍所需的时间。在反应堆实际运行中，常用“倍周期”，它是反应堆内中子注量率水平变化 1 倍所需的时间，记为 T_d。则有：

$$T = T_\mathrm{d}/\ln 2 \tag{9-2-25}$$

这样只要测量出中子的倍增时间 T_d 就可以根据公式(9-2-24)算出 ρ。这就是周期法测量反应性的原理，根据它来校验反应性仪。为了由 T_d 很方便地找出所对应的 ρ，一般将 ρ—T_d 关系制成表格或曲线。

在校验反应性仪时，为了消除氙毒的影响，试验应在热态零功率、零氙状态下进行。根据倒时方程的推导，应使用反应性变化经过一段时间后的数据，来进行处理倍增周期 T_d 与反应性 ρ。

9.2.6.3　试验方法

根据物理启动试验理论数据报告，完成反应性仪的参数(六组缓发中子份额 $\beta_{i,\mathrm{eff}}$ 和缓发中子先驱核的衰变常数 λ_i)的设置。检查反应性仪的自稳性：反应性仪的漂移≤5 pcm/h。然后按表 9-2-1 给出的待测反应性的大小要求，适当选择反应性测量挡位。

表 9-2-1 根据待测反应性大小要求选择测量挡位

待测反应性 pcm	量程挡 pcm	备 注
±20	50	
±40	50	
60	100	

试验前，根据待引入正(或负)反应性的要求，通过调整控制棒组 D 棒位，将中子注量率水平调整至推荐的反应性仪中子注量率水平输入量程范围(15%～90%满量程)的下(或上)限，即 15%(或 90%)满量程附近。

反应性的引入：根据待测反应性的大小，查得该状态下理论计算给出的对应的控制棒步数。然后连续提升(或插入)已确定的控制棒步数，观察反应性仪和记录仪上得到近似于待测反应性引起的中子注量率水平的变化曲线。

中子注量率水平的控制：当中子注量率水平上升(或下降)至接近推荐量程范围的 90%(或 15%)满量程时，将控制棒插入(或提升)至一个适当的位置，以控制中子注量率水平下降(或上升)至接近推荐量程范围的 15%(或 90%)满量程附近，然后将棒组的棒位恢复至试验初始的临界棒位。

测量数据的读取方法：

- 秒表测量法：在中子注量率水平上升(或下降)至接近推荐量程范围的 90%(或 15%)满量程过程中，通过使用秒表测量的方式，记录试验测量过程中中子注量率水平倍增时间 T_d(倍增时间)；
- 记录纸测量法：试验结束后，通过测量记录在记录纸上的中子注量率水平倍增时间 T_d(由测量得到的记录长度和记录仪的走纸速度来计算出倍增时间)；
- 反应性仪处理法(或计算机处理法)：通过计算机得出 T_d(倍增时间)和对应的反应性数据 ρ_d 及 ρ_r。

9.2.6.4 数据处理方法

根据秒表和记录纸测量出来的时间 T_d，在《物理启动试验理论数据报告》提供的 $\rho - T_d$ 数据表或 $\rho - T_d$ 曲线上，找出对应于测量倍增时间 T_d 的 ρ_d；

目前的反应性仪已集成了数据处理的方法，可直接在反应性仪上进行数据处理得到对应于测量倍增时间 T_d 的 ρ_d。

9.2.6.5 验收准则

倍增周期查得的反应性 ρ_d 和通过反应性仪测得的反应性 ρ_r 应满足：

$$\left|\frac{\rho_r - \rho_d}{\rho_d}\right| \leqslant 4\% \tag{9-2-26}$$

试验数据处理结果分析：如果试验数据处理结果≤4%，则本校验试验结束；如果数据处理的结果>4%，则需要查找数据处理偏大的原因，或改进试验，或反应性仪的参数进行调整，重做对应数据处理结果大于 4%的反应性值下的校验试验，直到试验数据处理的结果 ≤4%为止。

9.3　零功率物理试验

零功率阶段的物理试验，是整个堆芯物理试验的核心内容，在该状态下，堆芯中子注量率水平保持在本底水平以上、多普勒发热点以下，因此，对于堆芯参数的测量比较直接，并且消除了本底噪声和核发热的影响，能够使试验的状态和理论计算的状态完全一致。并且反应堆处于零功率，可以人为制造一定的堆芯分布畸变，以验证安全分析中的事故分析，而不会对堆芯造成危险。

零功率阶段的物理试验测量主要包括的内容如表 9-3-1 所示。

表 9-3-1　零功率阶段的物理试验测量主要内容

	试验内容	首循环	换料循环
零功率堆芯性能物理试验	临界硼浓度测量试验	ARO	ARO
	慢化剂温度系数测量试验	ARO、D_{in}、$(DC)_{in}$、$(DCB)_{in}$、$(DCBA)_{in}$	ARO
	零功率功率分布测量试验	ARO、D_{in}、$(DC)_{in}$	ARO
	调硼法测量控制棒价值和硼微分价值试验	D、C、B、A	D、C
	部分控制棒束插入状态下的临界硼浓度测量试验	D_{in}、$(DC)_{in}$、$(DCB)_{in}$、$(DCBA)_{in}$	D_{in}、$(DC)_{in}$
	重叠棒组价值及硼微分价值测量试验	√	部分
	最大效率的一束控制棒“弹棒”试验	√	×
	最小停堆硼浓度测量	√	×

9.3.1　临界硼浓度测量试验

在压水堆核电厂反应堆运行过程中，可溶硼浓度作为反应性控制的主要手段之一，其主要用起如下的调节和控制功能：

- 调节反应堆的功率水平；
- 补偿由于燃耗、氙浓度变化等引起的较慢的反应性变化。

临界硼浓度测量可以是反应堆在任何功率水平稳定运行时，对堆芯(包括一回路冷却剂系统)硼浓度的测量。但在反应堆物理启动试验期间进行的临界硼浓度测量试验，是专指反应堆处于零功率物理试验范围下稳定临界，且在几种特定的控制棒组棒位(所有控制棒组提出堆芯、D 棒组插入堆芯处于 5 步且其他棒组处于全提状态、D 棒组和 C 棒组插入堆芯处于 5 步且其他棒组处于全提状态，以及重叠棒组处于零功率标准临界棒位等)上实施的堆芯临界硼浓度测量。其主要目的是：

- 验证堆芯核设计的正确性，为反应堆的安全可靠运行提供依据；
- 估算当前燃料循环的寿期。

9.3.1.1　试验原理

当反应堆在零功率物理试验范围内达到稳定临界状态时，对要求的控制棒组在堆内的不同位置(即某一给定棒位 P_0)上，进行临界硼浓度的测量。即：

$$C_{B_C}(P_0, T_{avg,0}) = C_{B_C}(P_i, T_{avg,i}) + \Delta C_B(\Delta h) + \Delta C_B(\Delta T_{avg}) \tag{9-3-1}$$

式中：$C_{B_C}(P_0, T_{avg,0})$——满足试验条件要求的临界硼浓度；

$C_{B_C}(P_i, T_{avg,i})$——控制棒组处于 P_i 位置时化学取样测量得到的“临界硼浓度”；

$\Delta C_B(\Delta h)$——实际棒位 P_i 偏离要求棒位 P_0 引起的硼浓度变化修正量；

$\Delta C_B(\Delta T_{avg})$——平均温度偏离标准平均温度引起的硼浓度变化修正量。

9.3.1.2 硼浓度测量

核电厂硼浓度的测量主要采取化学滴定法和在线硼浓度计（硼表）两种方法，对堆芯可溶硼浓度进行监测。其中硼表是实时在线监测的，但由于其仪表精度较低，一般在反应性控制上只作为参考。试验测量的硼浓度通常要求以实验室取样分析（化学滴定法）测量的结果为准。此外，在已知初始硼浓度和稀释量或硼化量的情况下，也可以推算系统硼浓度，这在试验操作中也常常具有一定的实际参考价值。

9.3.1.3 末端反应性价值测量（即棒价值修正）

虽然在理论上可通过采用调硼法方式，使控制棒组在堆内的状态正好处于试验要求的状态，但在实际反应堆运行过程中，由于运行安全和控制的要求，控制棒在堆内的运行状态是不能满足试验所要求的状态，例如对所有控制棒处于全提 ARO 状态下的临界硼浓度测量，控制棒状态就无法满足试验条件的要求。这是因为在实际反应堆运行和控制上，为了保证控制棒组具有一定的控制和调节能力，在反应堆任何运行状态下，堆内必须保留一部分控制和调节手段。因此在试验过程中，实际的控制棒棒位总是与要求的棒位有差异的，这就需要对偏离试验要求状态下测量的临界硼浓度进行修正。

这部分控制棒组的价值可以根据理论计算值给出，也可以由控制棒组微积分价值测量试验的实测结果给出，但更为常用的方法则是采取“末端反应性价值测量”的方法。由于试验时待测棒组处于堆内的棒位与试验要求的棒位之差所对应的反应性价值比较小，一般小于 50 pcm，因此称这种反应性价值测量为“末端反应性价值测量”。若这种末端反应性价值大于 50 pcm，则需要通过调硼来使之满足。

在进行测量时，先将反应性仪调到合适的量程挡位，通过调整棒位来维持堆芯的稳定临界，同时调整记录仪的电平指示，以满足反应性稳定和试验数据采集时间的要求。试验方法是一次性连续提升（或下插）控制棒组至堆顶（或堆底）或者要求的某一棒位，由反应性仪和记录纸得到棒组末端的积分反应性价值。为了使测量结果更为准确可信，重复这样的操作三次，并将三次的测量结果取其平均值作为“末端反应性价值”测量的结果。

末端反应性价值对临界硼浓度的修正项为：

$$\Delta C_B(\Delta h) = \Delta\rho(\Delta h) / \frac{\partial\rho}{\partial C_B} \tag{9-3-2}$$

式中：$\Delta\rho(\Delta h)$——三次末端反应性价值测量的平均值，pcm；

$\frac{\partial\rho}{\partial C_B}$——硼微分价值，pcm/ppm。

9.3.1.4 温度修正

反应堆一回路冷却剂的温度变化也会向堆芯引入反应性。试验过程中由于种种原因，可能堆芯温度 T_{avg} 偏离测量所要求的温度 T_{ref}，这时就需要考虑温度效应的影响，修正测量临界硼浓度：

$$\Delta C_B(\Delta T_{avg}) = -\alpha_{iso} \cdot \Delta T_{avg} / \frac{\partial \rho}{\partial C_B} \tag{9-3-3}$$

式中：α_{iso}——反应堆对应于控制棒组在P_0位置的等温温度系数，在没有试验测定值的情况下可用理论值，pcm/℃。

$\Delta T = T_{avg} - T_{ref}$——一回路平均温度与参考状态温度的偏差；

T_{avg}——一回路冷却剂平均温度；

T_{ref}——零功率物理试验要求的标准温度；

$\frac{\partial \rho}{\partial C_B}$——硼微分价值，pcm/ppm，在没有试验测定值时可用理论值。

9.3.1.5 压力修正

运行期间反应堆一回路系统压力变化很小，压力效应的影响很小，一般不作修正。

9.3.1.6 结果处理

试验结果的处理需要进行以上棒位和温度两项修正，修正方法如下：

设需测量棒位为P_0，温度为T_{ref}时的临界硼浓度$C_{Bc}(P_0, T_{ref})$，实际测得的是棒位为P_i、温度为T_{avg}的临界硼浓度$C_{Bc}(P_i, T_{avg})$，则$C_{Bc}(P_0, T_{ref})$与$C_{Bc}(P_i, T_{avg})$的关系为：

$$C_{Bc}(P_0, T_{ref}) = C_{Bc}(P_i, T_{avg}) + [\Delta\rho + \alpha_{iso}(T_{avg} - T_{ref})] / \left| \frac{\partial \rho}{\partial C_B} \right| \tag{9-3-4}$$

式中：$\Delta\rho$——棒组从P_i提到P_0时的反应性，要求$\Delta\rho < 50$ pcm；

α_{iso}——反应堆对应于控制棒组在P_0位置的等温温度系数，pcm/℃；

$\frac{\partial \rho}{\partial C_B}$——相应于$C_{Bc}(P_i, T_{avg})$和$T_{ref}$的硼微分价值，pcm/ppm。

9.3.1.7 误差分析

本试验数据处理的误差主要来源于：

(1) 硼浓度化学分析的误差：允许的分析误差为0.5%，这是试验误差的主要来源；

(2) 末端反应性测量的误差：反应性仪的系统误差小于4%；

(3) 温度误差：包括一回路平均温度和参考温度的测量误差，正常测量中两者本身变化量较小，其引入的误差也很小，一般可以忽略；

(4) 理论计算误差，包括等温温度系数和硼微分价值的计算误差，作为临界硼浓度的修正项其引入的误差一般可以忽略。

9.3.1.8 验收准则

(1) 试验测得的ARO临界硼浓度和理论计算所得到的ARO临界硼浓度的偏差小于50 ppm；

(2) 在有控制棒组插入堆芯的情况下，可以用下式验收：

$$C_{Bin}^{mes} = C_{Bin}^{cal} + (C_{Bout}^{mes} - C_{Bout}^{cal}) \pm \{0.005 \times (C_{Bout}^{mes} + C_{Bin}^{mes}) + 0.1 \times (C_{Bout}^{cal} - C_{Bin}^{cal})\} \tag{9-3-5}$$

式中：C_{Bin}^{cal}——所要插入的棒插入时预期的临界硼浓度；

C_{Bout}^{cal}——待刻棒组全提时预期的临界硼浓度；

C_{Bin}^{mes}——所要插入的棒插入时测量的临界硼浓度；

C_{Bout}^{mes}——待刻棒组全提时测量校正得到的临界硼浓度。

该公式的含义是：在有棒状态下临界硼浓度的测量值需与设计预期值比较，并要考虑待刻棒组插入堆芯前的设计值与实测值的偏差($C_{\mathrm{Bout}}^{\mathrm{mes}}-C_{\mathrm{Bout}}^{\mathrm{cal}}$)，许可的化学分析不确定性 0.5%以及两次预计值的偏差 10%。

9.3.2 零功率下慢化剂温度系数测量试验

核电厂反应堆本身固有的自稳性好坏，在相当程度上取决于慢化剂温度系数的数值。在堆芯核设计和电厂运行技术规格书中，都对慢化剂温度系数有明确的要求，特别是在运行工况下，慢化剂温度系数是不能为正的。压水堆核电厂的堆芯启动物理试验中，都无一例外地要求对慢化剂温度系数这一重要参数进行测量，以核查该值是否满足设计和运行技术规格书的规定要求，为反应堆机组的安全稳定运行提供可靠的依据之一。由于测量上的困难，慢化剂温度系数都不是直接能够测量得到的，通常是在堆芯处于热态零功率物理试验状态下，通过对等温温度系数的测量而间接得到的。

9.3.2.1 试验原理

当反应堆处于热态零功率物理试验范围内时，由于此时堆内没有产生核发热现象，因此可假设在慢化剂温度缓慢变化时，燃料的温度变化与慢化剂的温度变化是相一致的。由此往往把在此种状态下，由于温度缓慢变化引起的反应性系数，称为等温温度系数 α_{iso}，并表示如下：

$$\alpha_{\mathrm{iso}}=\Delta\rho/\Delta T(\mathrm{pcm}/℃) \tag{9-3-6}$$

式中：$\Delta\rho$——由于温度变化引起的反应性变化量，pcm；

ΔT——温度变化量，℃。

上式中的反应性变化 $\Delta\rho$ 又可分成两部分，一部分是由于反应堆慢化剂温度变化引起反应性变化量 $\Delta\rho_{\mathrm{mod}}$；另一部分是由燃料温度变化引起燃料中 ^{238}U 的共振吸收变化所造成的反应性变化，此效应称多普勒效应，用 $\Delta\rho_{\mathrm{dop}}$ 表示(它是一种负效应)，即 $\Delta\rho=\Delta\rho_{\mathrm{mod}}+\Delta\rho_{\mathrm{dop}}$。由此可把等温温度系数表示为：

$$\alpha_{\mathrm{iso}}=\frac{\Delta\rho}{\Delta T}=\frac{\Delta\rho_{\mathrm{mod}}+\Delta\rho_{\mathrm{dop}}}{\Delta T}=\frac{\Delta\rho_{\mathrm{mod}}}{\Delta T}+\frac{\Delta\rho_{\mathrm{dop}}}{\Delta T}=\alpha_{\mathrm{mod}}+\alpha_{\mathrm{dop}} \tag{9-3-7}$$

即：

$$\alpha_{\mathrm{mod}}=\alpha_{\mathrm{iso}}-\alpha_{\mathrm{dop}} \tag{9-3-8}$$

式中：α_{mod}——慢化剂温度系数；

α_{dop}——燃料多普勒温度系数，它通常是由理论计算给出。

9.3.2.2 试验方法

在热态零功率物理试验范围状态下，一回路的热量主要是由主泵提供的。热量通过蒸发器传热管传递到二回路工质(加热蒸发器的给水)，产生大量的蒸汽。并通过调节蒸汽向大气的排放量，使得蒸汽带走的热量等于一回路产生的热量，从而使一、二回路达到热力平衡状态，反应堆冷却剂温度保持恒定。为了测量等温温度系数，需要通过调整蒸汽的排放量，来打破一、二回路之间的热力平衡状态，改变反应堆冷却剂温度即慢化剂温度。慢化剂温度的变化必然导致反应性的变化，这正是试验所希望得到的结果。

试验时，通过调节大气释放阀的开度，使得慢化剂温度呈线性变化。温度的变化幅度必须限制在能保证慢化剂温度与燃料温度变化一致的范围内。反应性的变化通过反应性仪测得。

同时又将反应性信号和慢化剂平均温度信号接到 X-Y 记录仪上，反应性随慢化剂温度变化的曲线 $\rho=f(T_{avg})$ 记录在 X-Y 记录仪的记录纸上。曲线线性段的斜率 $(\Delta\rho/\Delta T)$ 就是等温温度系数（如图 9-3-1 所示）。在试验过程中，中子注量率水平控制在反应性仪中子注量率测量量程的 15%～90%范围内。当注量率水平要超出量程范围时，可通过调节控制棒组的棒位（如图 9-3-2 所示），控制中子注量率在测量量程范围内，但绝对不允许调节堆内冷却剂中的硼浓度。

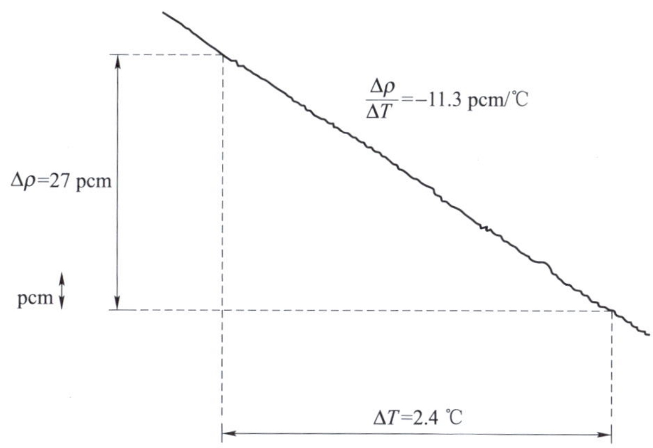

图 9-3-1　等温温度系数测量曲线

由于试验需要改变慢化剂的温度，因此整个试验慢化剂温度需要经过两次升温和两次降温的过程（参见图 9-3-3 所示），使试验结束时，慢化剂温度又回到试验前状态。

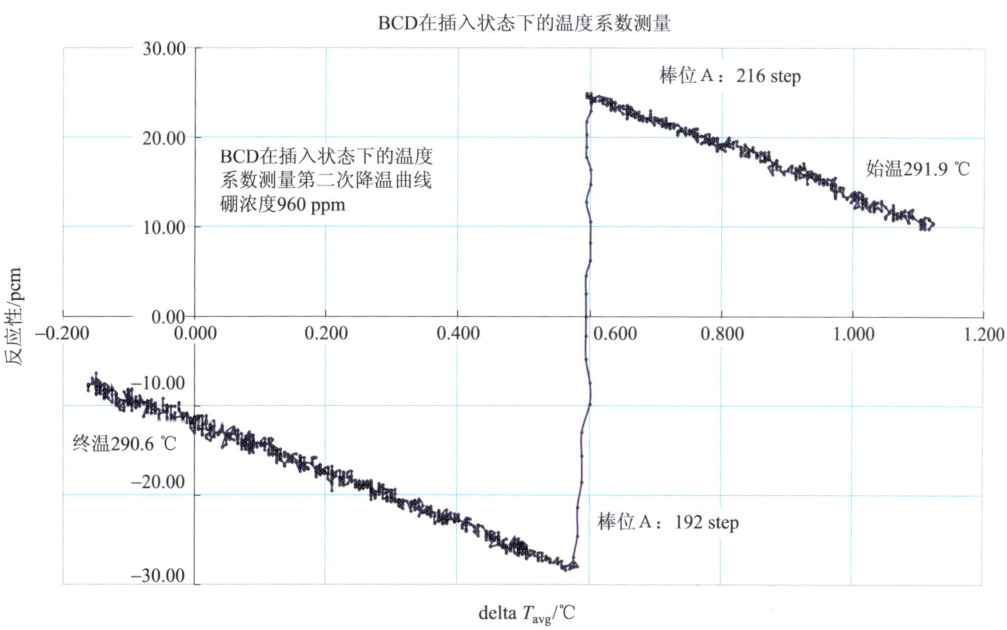

图 9-3-2　X－Y 记录仪实例记录（控制棒移动）

试验过程中，通过手动调节蒸汽发生器的大气释放阀的开度，使一回路冷却剂平均温度的升、降速率按规定的速率（约 6 ℃/h）平稳变化，冷却剂平均温度 T_{avg} 的升、降幅度约 2 ℃。

9.3.2.3　数据处理

等温温度系数具体计算方法如下：

测量结束后在 X－Y 记录仪的记录纸上记录有一组或多组 $\rho=f(T_{avg})$ 曲线，在这些曲线中选出有效的线性段，求出每个线性段的斜率 $(\Delta\rho/\Delta T_{avg})$，即每一过程的实测等温温度系数：

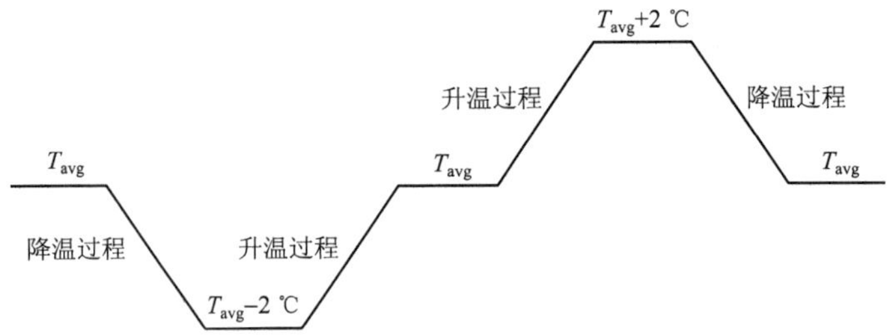

图 9-3-3 慢化剂温度变化示意图

$$\alpha_{iso}^{act}=\frac{\Delta\rho}{\Delta T_{avg}} \tag{9-3-9}$$

对于曲线中选出的有效线性段，应满足以下要求：

• 选取温度平稳变化的线性段；

• 线性段应至少达到 1 ℃；若发生控制棒棒位变化，两段的温度平稳变化的线性段应分别达到 0.7 ℃。

最后，对两次升温和两次降温的测量结果的修正值加以平均，求得试验的最终等温温度系数的平均值：

$$(\alpha_{iso})_{ARO}^{mes}=\frac{(\alpha_{iso})_{ARO}^{mes1}\times\Delta T_{avg}^{1}+(\alpha_{iso})_{ARO}^{mes2}\times\Delta T_{avg}^{2}+(\alpha_{iso})_{ARO}^{mes3}\times\Delta T_{avg}^{3}+(\alpha_{iso})_{ARO}^{mes4}\times\Delta T_{avg}^{4}}{\Delta T_{avg}^{1}+\Delta T_{avg}^{2}+\Delta T_{avg}^{3}+\Delta T_{avg}^{4}} \tag{9-3-10}$$

将式(9-3-10)计算得到的等温温度系数结果和理论计算给出的多普勒温度系数，代入到式(9-3-8)最终计算出试验要求状态下的慢化剂温度系数，如燃料循环寿期初(BOL)、热态零功率(HZP)、全提棒(ARO)状态下的慢化剂温度系数 α_{mod}^{ARO}。

9.3.2.4 试验测量值的修正

测量时，试验的堆芯初始状态与设计给出的标准状态总是有一些偏离的，为了与设计状态下的理论计算结果进行比较，需要对升、降过程中的每个测量值进行修正。修正公式如下：

$$\alpha_{iso}^{mes}=\alpha_{iso}^{act}+\Delta\alpha_{T}(\Delta T)+\Delta\alpha_{P}(\Delta P)+\Delta\alpha_{CB}\frac{(C_{B}^{ref}-C_{B}^{act})}{100\ \text{ppm}}+\Delta\alpha_{rod} \tag{9-3-11}$$

式中：α_{iso}^{mes}——修正到理论计算状态下的实测等温温度系数；

α_{iso}^{act}——实际测量得到的等温温度系数；

C_{B}^{ref} 和 C_{B}^{act}——分别表示理论计算状态和实际测量状态的堆芯硼浓度；

$\Delta\alpha_{T}$——慢化剂温度偏离 ΔT 的修正量；

$\Delta\alpha_{P}$——堆芯冷却剂压力偏离 ΔP 的修正量；

$\Delta\alpha_{CB}$——堆芯硼浓度偏离引入的修正量；

$\Delta\alpha_{rod}$——由于控制棒部分插入引入的修正量。

多普勒温度系数因变化很小，一般不需要修正。压力反应性系数很小，且在实际运行过程中，堆芯冷却剂压力偏离也很小，$\Delta\alpha_{P}$ 一般不需要修正。

只有修正后的等温温度系数才能与理论值比较。

9.3.2.5 试验验收准则

(1) 对于在某一棒位下，试验测量值与理论计算值之间的偏差应满足如下关系式：

$$|\alpha_{mod}^{mes}-\alpha_{mod}^{cal}|\leqslant 5.4\ \text{pcm/℃} \tag{9-3-12}$$

(2) 如果相邻两次 α_{iso} 测量值(分段的取两段平均值)之间的偏差小于 2 pcm/℃,试验结果可以接受,否则重复试验直到偏差小于 2 pcm/℃。

9.3.2.6　慢化剂温度系数为正值时的处理

由于反应堆的设计和电厂运行技术规格书都对慢化剂温度系数有非常明确的要求,因此慢化剂温度系数试验的结果直接影响到反应堆的运行。

如果在慢化剂温度系数试验出现 $\alpha_{mod}^{ARO}>0$ 的测量结果,则必须限制控制棒组的提升上限,使得在这个限制条件下的 $\alpha_{mod}^{ARO}\leqslant 0$。

对于 CP600 核电厂核电机组,按照技术规范的规定,设置寿期初控制棒组的最大提升上限和适用范围。控制棒组的最大提升限为:

$$EL=595-K_1(\alpha_{iso}^{ARO}-\alpha_{dop})\times(1-P_r) \tag{9-3-13}$$

其中:α_{iso}^{ARO} 表示 ARO 状态的等温温度系数,pcm/℃;α_{dop} 表示 Doppler 温度系数,pcm/℃,P_r 表示反应堆功率水平,%FP。

控制棒最大提升限表达式仅适用于下列功率水平和燃耗范围:

$$0\leqslant P_r\leqslant K_2(\alpha_{iso}^{ARO}-\alpha_{dop}),\ \%FP$$

$$0\leqslant BU\leqslant K_3(\alpha_{iso}^{ARO}-\alpha_{dop}),\ MWd/tU$$

上式未考虑氙毒效应,因此即使未达到氙平衡,该适用范围也依然成立。系数 K_1、K_2、K_3 在不同的燃料循环稍有不同,这些由设计院在《物理启动试验理论计算数据报告》中给出。

9.3.3　零功率功率分布测量

对于 CP600 核电厂反应堆堆芯,装料正确性通过几方面的工作来验证。一是装料过程的严格控制,按照预定的堆芯装载图和装载顺序实施装料过程控制,另一方面,装料完成后进行堆芯的核查,保证与预定装载图一致。最后,在零功率状态,还需要通过堆内的功率分布测量,通过堆内中子注量率分布的检验,间接对装载正确性进行检查,同时对堆芯理论设计进行进一步的验证。

9.3.3.1　试验原理

(1) 堆芯核测仪表系统 RIC

核电厂为了获取反应堆堆芯中子注量率分布,都专门设置了堆芯核测仪表系统。对于 CP600 核电厂,堆芯核测仪表系统 RIC 系统采用的是可移动式微型裂变电离室。该系统包括堆芯出口热电偶温度测量系统和堆芯通量测量系统两部分,主要功能是完成燃料组件出口处冷却剂的温度和堆内中子注量率分布的测量。在堆芯中,有 38 组燃料组件内设计为可移动式中子探测器移动位置。另外在堆芯顶部位置放置了 30 个热电偶,用于监测堆芯出口处的温度,并由此推算出堆芯功率的倾斜,如图 9-3-4 所示。

(2) 堆芯通量图测量(即功率分布测量)

堆芯中子注量率图的测量主要是由核测仪表系统进行。中子注量率图的测量是通过负责在 38 个燃料组件的测量导向管内的可移动式中子探测器(微型裂变电离室),进行轴向中子注量率分布的测量。测量点布置具有代表性和足够的数量,并适当考虑对称性监测的要

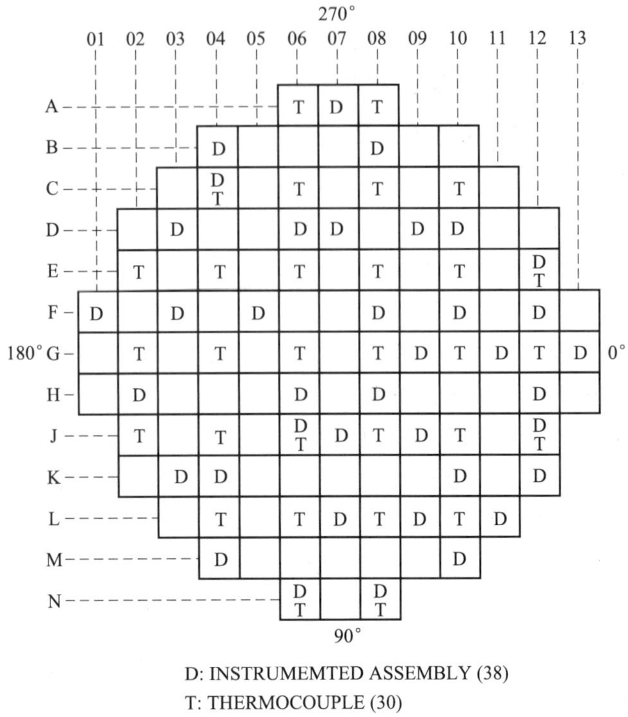

图 9-3-4 CP600 核电厂堆芯核测系统

求。测量数据将被送入控制计算机中,结合电站中央数据处理计算机 KIT 输送来的数据(包括热电偶测量的温度、控制棒棒位等信息),并使用存储在该计算机硬盘中专用的拓展程序进行测量数据的处理,进而得到三维堆芯通量分布图。

从堆芯核测仪表系统中得到的数据可用来与理论预计的轴向和径向中子注量率分布进行比较。

堆芯注量率图测量包括全堆芯注量率图测量和部分注量率图测量。全堆芯注量率图测量:在正常情况下,由 4 个探头(微型裂变室)完成 38 个测量通所道组成的测量系统,它们按预先分配好的 4 组(10、10、10、8)扫描各自所负责的测量通道,进行对这 38 个测量通道中子注量率分布的测量。

(3) 探头的坪特性

随着微型裂变室探头测量次数的增加,导致探头中^{235}U 的损耗也在不断地增加,这必然引起探头坪特性的变化。因此,在探头使用一段时间后,或在使用条件发生变化的情况下,必须重新测量探头的坪特性,以重新确定探头的工作电压。

(4) RIC 与 KIT 的信息传递

前面已经提到 RIC 系统除了将测量结果输送到控制机柜的计算机中,还将向电厂计算机 KIT 系统要求能够反映注量率图测量时的各种工作状态,和用于中子注量率图处理所需要的其他信息,如温度、棒位等。

9.3.3.2 试验测量

零功率状态的堆芯功率分布测量,顾名思义,由于出于“零功率”状态,堆芯中子注量率水平很低，因此，为了保证堆芯中子测量探测器的灵敏度，试验前可以提升堆芯功率水平至 1.5%FP 左右，以降低本地噪声对试验结果的影响。并按照以下试验操作步骤进行：

(1) 探测器的坪特性测量，以重新选取探测器的工作电压；

(2) 探测器间的校刻测量，也称归一化测量。一个完整的堆芯中子注量率测量结果是由 4 个可移动式探测器共同完成的，虽然 4 个探测器都是微型裂变室，具有相同的性能和技术规格，同时也是同一批产品，但是由于制造的偏差和使用过程中在堆内受辐照的历史的差异，都会对探测器的性能造成影响，最终影响测量数据的有效性。因此在堆芯中子注量率测量开始前，必选对试验测量所使用的探测器进行性能归一，以保证试验测量所使用探测器的测量数据的可靠性和有效性；

(3) 堆芯中子注量率图的测量。在探测器校刻完毕后，4 个探测器根据预先制定好的扫描程序，同时进入各自所负责的对应仪表通道进行测量。每一个探测器根据控制计算机给出的指令有序地将测量信号送入控制计算机中，控制计算机将采集来的测量结果，结合由电站中央数据处理计算机(KIT)输送来的数据(包括热电偶测量的温度、控制棒棒位等信息)形成一条测量信息。如此往复，当 4 个探测器完成预定程序规定的扫描次数后，堆芯中子注量率测量完毕；

(4) 存储试验测量数据。当 4 个探测器完成预定程序规定的所有指令后，控制计算机将 4 个探测器本次试验测量的所有信息最终形成一个测量文件，以供试验测量数据计算机处理程序进行测量数据的处理。

9.3.3.3　试验数据处理

将可移动式中子探测器在选定的不同位置处的燃料组件仪表测量通道中记录下的试验测量数据，利用堆芯核测仪表 RIC 系统自带的数据处理软件，通过使用堆芯设计软件计算给出的相同功率水平和堆芯燃耗状态下的堆芯三维功率分布理论数据库，对试验得到的三维中子注量率分布测量数据进行在线数据处理，得出拓展了的堆芯实测中子注量率测量的结果，即得出实际的堆芯三维功率分布，同时可依据算得的功率分布形状进一步计算得出对反应堆安全有重要意义的堆芯关键安全参数，如通道焓升因子 $F_{\Delta H}^{N}$、热管因子 F_{Q}^{N}、功率峰因子 F_{xy} 和象限倾斜率比 QPTR 等堆芯核特性参数。

9.3.3.4　试验验收

对于零功率状态的功率分布测量，其主要目的是验证堆芯装载的正确性，同时获得堆芯核设计参数。主要比较几项参数：

• 燃料组件的理论功率与测量功率之差：

—当组件的相对功率水平大于 90%时，小于 10%；

—当组件的相对功率水平小于 90%时，小于 15%。

• 通道焓升因子 $F_{\Delta H}^{N}$、热管因子 F_{Q}^{N}、功率峰因子 F_{xy} 均与理论值比较，偏差控制在 8% 以内；

• 象限功率倾斜度：小于 1.09。

9.3.4　控制棒组微积分价值测量试验

控制棒组作为反应性另一个主要的控制手段之一，它的移动速度快、操作可靠、使用灵活、控制反应性准确度高的特性，为反应堆在正常的功率运行和事故工况下提供了所不可缺少的控制和调节部件。它在反应性的控制和调节上起着如下的作用：

- 与堆内可溶硼浓度一起协调控制和调节反应堆功率的变化；
- 主调节棒组用来调整较小的反应性变化和轴向功率分布形状；
- 在事故工况下，向反应堆提供快速的反应性控制和停堆深度。

控制棒的价值是指反应堆内有控制棒存在和无控制棒存在时的反应性之差，即控制棒组的积分价值。控制棒组的微分价值一般是指棒组移动一步向堆芯引入的反应性。

正因为控制棒组在反应堆的功率控制和调节上具有重要的作用，因此在反应堆的设计和运行时，不仅需要知道控制棒组的积分价值，而且还需要知道控制棒组在插入堆芯不同高度上的微分价值。

目前在压水堆核电厂中常用的控制棒组价值测量方法有：调硼法和置换棒法。

9.3.4.1 基本原理

（1）调硼法测量棒组价值

在反应堆处于热态零功率试验范围内稳定临界时，通过采用调硼的方式，向反应堆堆芯引入一个恒定的反应性变化量，堆内的硼浓度就发生变化（ΔC_B），相应产生一个反应性改变量（$\Delta\rho$），使反应堆堆芯的临界状态发生偏离。为了在这个反应性连续变化过程中，反应堆堆芯始终维持在临界状态，就必须通过间断地调节被测控制棒组的棒位 Δh_i，引入一个与调硼方式相反的反应性变化量 $\Delta\rho_i$，来进行反应性变化的补偿，以维持试验测量前后反应堆堆芯的临界状态，并通过对试验期间硼浓度的变化量 ΔC_B、反应性的变化量 $\Delta\rho$ 和被测棒组的调整步数 Δh，达到测量出被测控制棒组微积分价值和硼微分价值的目的。

该试验测量方法的优点是可给出控制棒组的微积分价值和硼微分价值，缺点是试验测量过程中存在控制棒组间的干涉效应，对测量结果有一定的的影响。同时试验测量时间较长，并伴随有大量的废液产生，增加了电厂三废系统处理的负担。

（2）置换棒法测量棒组价值

首先调整控制棒组在堆内的状态，将已知棒组价值（一般棒组价值最大）的控制棒组完全插入堆内，其余控制棒组全部提出堆外，此时采用待测控制棒组来维持反应堆处于热态零功率试验范围内的稳定临界状态，并进行该临界状态下的硼浓度取样分析。然后进行已知棒组价值的控制棒组与待测棒组的控制棒组的置换操作。在控制棒组的置换测量过程中，采用控制棒的交替抽出和插入操作，来维持试验测量前后反应堆堆芯的临界状态。在待测棒组完全插入堆芯后，已知棒组价值的控制棒组还处于堆内的某一位置处，然后通过调硼的方式将已知棒组价值的控制棒组调整到该棒组留在堆芯内的棒组价值小于 50 pcm 以内的棒位上，再完成已知棒组价值控制棒组上“末端反应性价值”的测量，以及该临界状态下的临界硼浓度测量。最后通过比较试验前后两个临界状态下的硼浓度差异和末端反应性价值，达到测量出待测棒组的控制棒组积分价值和微分价值的目的。

该试验测量方法相对于调硼法的优点是试验测量前后堆内只存在一束控制棒组，这样就不存在控制棒组间的干涉效应对处理结果的影响，同时时间较短，而且废液产生量也减少，但缺点是试验测量只能给出控制棒组的积分价值，而无法给出控制棒的微分价值。

9.3.4.2 测量方法

(1) 调硼法测量棒组价值

反应堆处于热态零功率试验范围内稳定临界，堆芯的临界状态有被测棒组维持，被测棒组插入堆内的棒价值小于 50 pcm。首先完成被测棒组上“末端反应性价值”的测量和试验初始临界硼浓度的测量，然后根据理论计算给出的被测棒组积分价值预估调硼水量和调硼速率，再以恒定的调硼（稀释或硼化）速率向堆芯引入反应性。在调硼过程中，反应堆堆芯的临界状态开始偏离初始的临界状态，在反应性偏离初始临界状态不超过±(30～40)pcm 时，通过一次性调节被测控制棒 Δh_i 步数，向堆芯引入与调硼相反的反应性变化量 $\Delta\rho_i$，来达到补偿调硼引起的反应性变化，使调硼法测量控制棒组价值的反应性变化控制在记录仪量程的±40 pcm 范围内。整个试验就是在这种周而复始的操作过程中，通过间断地调节待测棒组向堆内引入的反应性，来补偿由于调硼所引起的反应性变化，以维持试验前后堆芯始终处于临界状态。图 9-3-5 给出了调硼法测量控制棒组价值试验过程的示意图。

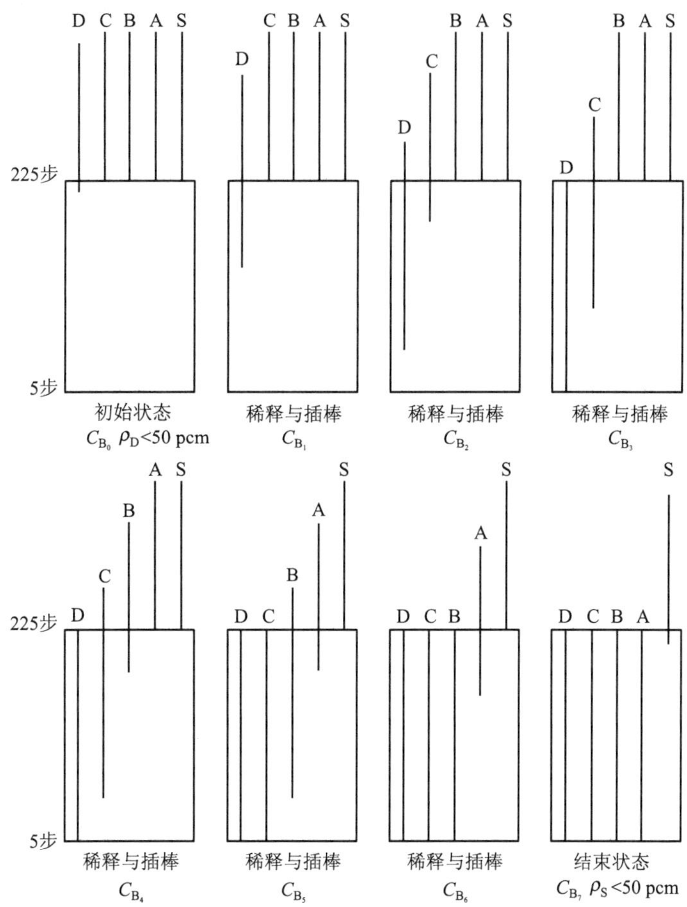

图 9-3-5 调硼法测量控制棒组价值试验示意图

在整个试验测量过程中，反应性的变化是通过反应性仪采集堆外核测仪表 RPN 系统功率量程测量通道的通量信号计算得到的，并由反应性仪和记录仪连续进行跟踪、测量和记录，以及控制棒棒位的移动。

当被测控制棒组调整至某一预计的棒位后，停止调硼操作。预计棒位需要考虑在回路达到均匀后，被测棒组留在堆内的棒组价值小于 50 pcm。停止调硼操作后，需要等待至少 30 min 的回路均匀（判断回路均匀的依据是反应堆一回路冷却剂内的硼浓度与稳压器内的硼浓度之差的绝对值小于等于 20 ppm，即：$|C_{B_{LOOP}} - C_{B_{PRZ}}| \leqslant 20$ ppm），在冷却剂回路均匀的过程中，反应堆的临界是通过调节被测棒组进行维持的。图 9-3-6 给出了调硼法测量控制棒组价值试验过程记录的曲线。

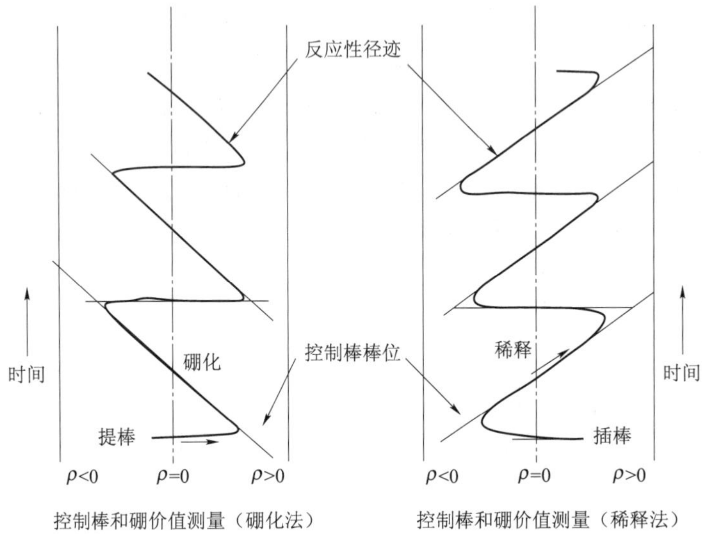

图 9-3-6　调硼法测量控制棒组价值试验记录的曲线

由于稀释或硼化过程的反应性引入有一定的滞后效应，一回路冷却剂内的硼浓度与稳压器内的硼浓度也有一个均匀过程，因此调硼法最终用来维持反应堆临界状态的某一预计棒位，一般很难控制到理论计算要求的棒位（通常是堆底或堆顶）。这时就需要进行控制棒组“末端反应性价值”的测量。在完成“末端反应性价值”的测量和试验结束前的硼浓度测量后，试验测量结束，最后进行试验测量数据处理。

调硼速率一般需要根据反应性仪的量程和记录仪走纸速度，以及稀释或硼化曲线与时间轴的夹角约呈 45°等方便数据处理原则确定的。

（2）置换法测量棒组价值

在反应堆处于热态零功率试验范围内稳定临界状态上，首先将反应堆堆芯调节成堆内只有已知棒组价值的控制棒组全插，并且此时反应堆的临界是由待测棒组维持下的临界状态，待测棒组插入堆内的棒价值要求小于 50 pcm。根据要求完成待测棒组上“末端反应性价值”的测量和试验初始临界硼浓度的测量，然后通过先插入待测棒组向堆芯引入一个负反应性，堆芯的临界状态开始偏离初始的临界状态，再由提升已知棒组价值的控制棒向堆芯引入一个正反应性，以补偿插棒引入的反应性变化，来维持试验前后反应堆堆芯的临界状态。图 9-3-7 给出了置换法测量控制棒组价值试验过程的示意图。这种交替向堆芯引入的反应性变化量应控制在不超过反应性仪和记录仪量程的±40 pcm 范围内。当待测棒组被完全插入堆芯后，已知棒组价值的控制棒组还处于堆芯的某一位置上。这时采用与调硼法测量控制棒组价值相同的方法，将堆芯调整至只有待测棒组全插入堆芯，已知棒组价值的控制棒组留在堆内的棒组价值不超过 50 pcm，此时的堆芯稳定临界状态是由已知棒组价值的控制棒组来维持。然后再按照要求完成已知棒价值的控制棒组上"末端反应性价值"的测量和试验结束前临界硼浓度的测量，最后进行试验测量数据处理。

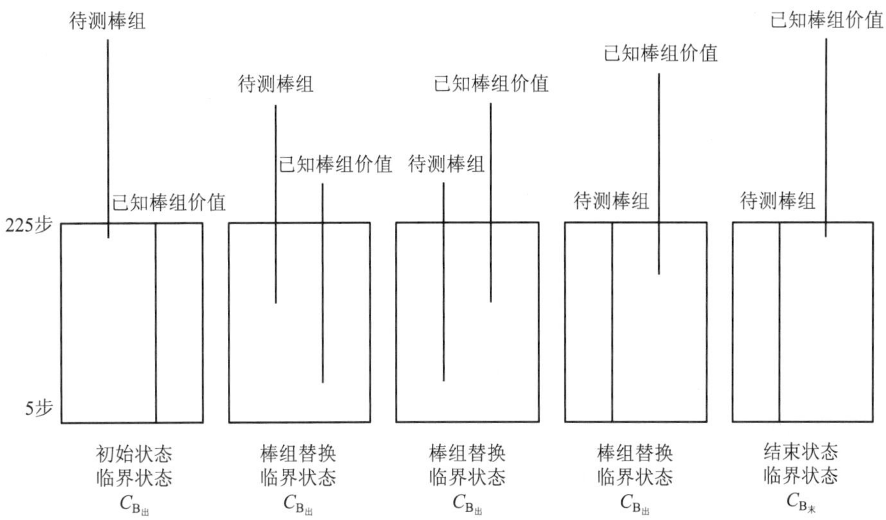

图 9-3-7　置换法测量控制棒组价值试验示意图

9.3.4.3　数据处理

(1) 调硼法测量棒组价值

在调硼过程中，每一次移动的控制棒组引入的反应性值可以由数字反应性仪读出，也可以在记录纸上处理得到。考虑到动棒过程必要的修正，一般以记录纸处理得到结果更为准确：根据图 9-3-8 的记录曲线，沿着稀释（或硼化）反应性变化曲线作 P_i 直线，沿着调棒时反应性变化的曲线，作与反应性零点的垂直线，并分别与 P_i 线的两端相交，就得到待刻棒棒位变化 Δh_i（沿着走纸轴线运动方向）引起的反应性变化量 $\Delta\rho_i$（垂直于走纸轴线运动方向）。

每次移动控制棒的价值 $\Delta\rho_i$ 与控制棒移动步数之商 Δh_i 即为这部分的微分价值。每次移动控制棒的价值之和 $\sum\Delta\rho_i$，再加上末端反应性 $\Delta\rho_{up}$ 的修正，就得到被测棒组的积分价值。而硼微分价值就是硼化或稀释过程的反应性变化量（不包括末端反应性）与硼浓度改变量 ΔC_B 的商。

根据末端反应性价值测量的棒位不同，数据处理具体可分为两种情况，以稀释刻棒为例（硼化刻棒也是类似的）：

① 对于稀释过量，即在回路均匀后待刻棒组全部插入堆芯仍然超临界的情况，可插入邻近棒组以维持堆芯的临界状态。此时反应性仪测量的是该邻近棒组的末端价值 $\Delta\rho_e$。这样待测棒位的积分价值为：

$$\rho_{棒} = \Delta\rho_{up} + \sum_i \Delta\rho_i \tag{9-3-14}$$

硼微分价值表示为：

$$\alpha_b = -\frac{\rho}{\Delta C_B} = -\frac{\sum_i \Delta\rho_i + \Delta\rho_e}{|C_{B_{初}} - C_{B_{末}}|} \tag{9-3-15}$$

式中：$\Delta\rho_i$——每次控制棒组移动的反应性；

$\Delta\rho_e$——邻近棒组的末端反应性价值；

$C_{B_{初}}$、$C_{B_{末}}$——分别为调硼前、后的堆芯硼浓度。

$\Delta\rho_{up}$——待测棒组的上末端价值，考虑到试验前待测棒组一般有小部分插入堆芯。这部分价值一般是已知的，若没有经过测量则也需要进行末端价值测量。

② 对于稀释不足，即回路均匀后被刻棒全提堆芯仍处于次临界状态时，待测棒组仍有小部分没有达到堆底(<50 pcm)，则需要测量本棒组的下末端价值。这样待测棒组的积分价值为：

$$\rho_{棒} = \Delta\rho_{up} + \sum_i \Delta\rho_i + \Delta\rho_{down} \tag{9-3-16}$$

硼微分价值可以表示为：

$$\alpha_b = -\frac{\rho}{\Delta C_B} = -\frac{\sum_i \Delta\rho_i}{|C_{B_{初}} - C_{B_{末}}|} \tag{9-3-17}$$

式中：$\Delta\rho_{down}$——待测棒组的下末端反应性价值。

(2) 置换法测量棒组价值

由于置换法测量控制棒组价值的试验只关注试验前后两个临界状态的硼浓度，和用于维持试验前后反应堆稳定临界状态的末端反应性价值，因此只需要进行这两个临界状态下硼浓度和末端反应性价值的比较即可求出待测控制棒组的积分价值。

① 试验前的临界状态

临界硼浓度测量结果为 $C_{B_{出}}$，待测控制棒组的末端反应性价值测量结果为 ρ_0。此时的反应性为：

$$\rho_{出} = \rho_0 + C_{B_{出}} \times \alpha_{CB} \tag{9-3-18}$$

式中：α_{CB}为硼微分价值，该值可由理论计算给出，也可以由试验测量给出。

② 试验后的临界状态

临界硼浓度测量结果为 $C_{B_{末}}$，已知棒组价值的控制棒组的末端反应性价值测量结果为 ρ_1。此时的反应性为：

$$\rho_{末} = \rho_1 + C_{B_{末}} \times \alpha_{CB} \tag{9-3-19}$$

式中：α_{CB}为硼微分价值，该值可由理论计算给出，也可以由试验测量给出。

③ 待测棒组的积分价值

由式(9-3-18)和式(9-3-19)可得出待测棒组的积分价值：

$$\rho = \rho_{末} - \rho_{出} = (\rho_1 - \rho_0) + (C_{B_{末}} - C_{B_{出}}) \times \alpha_{CB} \tag{9-3-20}$$

9.3.4.4 反应性测量值的修正

在试验过程中，要求冷却剂平均温度和一回路压力恒定。若实际温度波动较大，则还需要对每一次反应性测量结果进行温度效应的修正：

$$\Delta\rho_T = \alpha_m^T \times \Delta T + \alpha_m^P \times \Delta P = \alpha_m^T \times (T_o - T_i) + \alpha_m^P \times (P_o - P_i) \tag{9-3-21}$$

式中：α_m^T和α_m^P——慢化剂温度系数和压力系数，可采用理论的或实测的值；

T_i和T_o——一回路的平均温度，若对棒组积分价值修正，则它们分别为棒组价值测量前、后一回路的平均温度；若只是对其中部分棒的价值进行修正，则它们分别为该时间段前后的一回路平均温度；

P_i和P_o——一回路的压力，若对棒组积分价值修正，则它们分别为棒组价值测量前、后一回路的压力；若只是对其中部分棒的价值进行修正，则它们分别为该时间段前后的一回路平均压力。由于压力变化对反应性的影响较小，且其变化范围也比较小，故一般不予考虑压力修正。

9.3.4.5 验收准则

在控制棒组价值和硼价值测量试验中，无论是采用调硼法还是采用置换法进行控制棒组价值测量，其试验的验收准则都是相同的，都必须满足：

- 控制棒的积分价值测量值＝(1±10％)理论计算值(pcm)；
- 硼微分价值测量值＝理论值±1(pcm/ppm)。

9.3.5 最小停堆硼浓度测量

对于CP600核电厂反应堆，在安全设计上要求：反应堆在任一功率水平运行时，当反应性价值最大的一束控制棒束卡在堆芯外时，仅用控制棒就能实现从功率运行到达热停堆状态，并且热停堆拥有足够的次临界度(寿期初和寿期末分别为1 000 pcm和2 000 pcm)。因此，对于首循环堆芯，一般需要在零功率试验状态下，通过试验测量一束具有最大反应性效应的控制棒束“卡”在堆外时，确保反应堆在热停堆状态下具有1 000 pcm的停堆深度所需要的硼浓度，验证堆芯安全要求。

9.3.5.1 试验原理

最小停堆硼浓度是指当一束具有最大反应性效应的控制棒束“卡”在堆外时，确保反应堆在热停堆时堆芯具有1 000 pcm的停堆深度所需要的硼浓度。其试验方法，是在调节棒组刻度试验结束时(S棒组在堆外，调节棒组在堆底)，通过调硼将最大反应性价值的一束控制棒调到堆顶，然后稀释将S棒组下插到堆底(为了提高试验期间的停堆安全特性，也可以将S棒组下插到离堆底剩余反应性价值约1 000 pcm)，测量获取堆芯临界硼浓度(后者需在硼浓度的测量值中扣除S棒组距堆底剩余1 000 pcm反应性价值的影响)，即最小停堆临界硼浓度测量。

9.3.5.2 试验方法

初始状态为全部调节棒组(A、B、C、D)棒组位于5步插入状态，停堆棒组S部分插入堆内(＜50 pcm)，由S棒组维持堆芯临界。首先使用置换棒(S棒组和最大价值棒束置换)的方法将最大价值棒束提升至堆顶，仍由S棒组维持堆芯临界。其后，使用调硼(稀释)方式将S棒组调整到全插入堆芯状态，整个调硼过程，为了安全，稀释速率应控制在5 t/h左右，并且预留S棒组100 pcm左右即停止稀释。最后，在此稳定状态下测量临界硼浓度。具体的置换棒、稀释调棒和临界硼浓度测量参见前几节介绍。

9.3.6 零功率模拟“弹棒”试验

9.3.6.1 试验原理

在反应堆的设计上除了考虑Ⅰ类正常运行工况外，还必须对可能出现的异常事件和工况做谨慎分析。在与核设计或安全分析假设相类似的条件和状态下，通过物理试验对这些分析或者假设条件进行必要的测量，判断各参数是否满足安全限值的要求。

零功率模拟弹棒试验(也称最大效率一束控制棒“弹棒”试验)就是为了检查零功率当最

大一束效率的控制棒束“弹出”堆芯时，引起堆芯热点因子 F_Q、$F_{\Delta H}$ 的变化，是否满足最终安全分析报告中给出的限值。

零功率模拟“弹棒”的关键在于模拟，在事故情况下，控制棒迅速弹出堆芯，引起堆芯功率的畸变，在试验中，需要验证这种功率的畸变，同时还要防止控制棒弹出堆芯速率过快，造成反应性失控。主要通过硼化慢速提升控制棒的方法将棒束“弹出”堆芯。

9.3.6.2 试验方法

试验主要由三个部分组成：

（1）“弹棒”前功率分布测量，试验的初始状态为零功率，控制棒组在零功率插入限位置，在此状态下，按照 9.3.4 节的方法实施弹棒前的功率分布测量，用于理论数据比较。

（2）“弹棒”操作，按照 9.3.3 节调硼测量控制棒价值的方法，将 D 棒组的其中一束最大价值棒束，即选定棒束“弹出”堆芯。

（3）如果该控制棒棒束全提出时，调节棒 C 不在零功率插入极限位置上，则进行调硼方法使调节棒组 C 回到插入极限位置，并维持堆芯临界状态。堆芯稳定后，再用堆芯测量系统进行一次全堆芯功率分布测量，即“弹棒”后功率分布测量。

9.4 提升功率物理试验

在堆芯临界和零功率物理试验后，反应堆将逐级提升功率。在每一功率台阶上都必须进行严格的检查和必要的试验，同时合理地调整仪表的运行参数，确认安全可靠后，方可继续提升功率，直至满功率稳定运行。提升功率阶段的物理试验主要就是通过对反应堆功率分布的测量和对核测仪表系统标定的验证，来确定堆内中子注量率的分布，局部表面热通量，线性发热率，偏离泡核沸腾比，径向、轴向功率峰因子，氙振荡和象限功率倾斜等物理参数是否满足运行技术规格书所规定的安全限值要求，以保证反应堆的安全运行。并通过一定量的物理试验来验证电厂设计的安全性和设计裕量。

在电厂的启动升功率阶段，需要实施的物理试验共有 10 项，其中部分试验只在电厂的首个燃料循环的启动中实施。这些物理试验的具体实施要求如表 9-4-1 所示。

表 9-4-1 在电厂启动升功率阶段需要实施的物理试验

<table>
<tr><th></th><th>试验内容</th><th>首循环</th><th>换料循环</th></tr>
<tr><td rowspan="10">提升功率阶段物理试验</td><td>功率分布测量试验</td><td rowspan="2">10%FP、30%FP、50%FP、75%FP、100%FP</td><td rowspan="2">50%FP、75%FP、100%FP</td></tr>
<tr><td>热平衡测量试验</td></tr>
<tr><td>根据热平衡计算反应堆冷却剂流量</td><td rowspan="2">30%FP、50%FP、75%FP、100%FP</td><td>100%FP</td></tr>
<tr><td>功率系数测量</td><td>75%FP</td></tr>
<tr><td>堆内外核测仪表互校试验</td><td>50%FP、75%FP</td><td>75%FP</td></tr>
<tr><td>落棒试验</td><td rowspan="3">50%FP</td><td>×</td></tr>
<tr><td>模拟落棒试验</td><td>×</td></tr>
<tr><td>模拟弹棒试验</td><td>×</td></tr>
<tr><td>反应性系数测定</td><td>50%FP、100%FP</td><td>100%FP</td></tr>
<tr><td>氙振荡试验</td><td>75%FP</td><td>×</td></tr>
</table>

9.4.1 反应堆热功率测量

反应堆热功率是堆内 ^{235}U 裂变释放出来的核能转换得到的热量，这些热量是由一回路的冷却剂带出堆外。准确地测量出堆芯热功率不仅可以保证反应堆的安全运行，实现控制棒组的最佳化自动调节，而且还能够较好地计算出堆芯和燃料组件的燃耗，达到降低核电厂的发电成本的目的。

核电厂反应堆的热功率测量方法通常有：一回路冷却剂系统热平衡方法、二回路热平衡方法和堆芯功率分布测量三种方法。堆芯功率分布测量方法将在 9.4.3 节中给出介绍。

9.4.1.1 一回路热平衡测量

一回路冷却剂系统是由反应堆、反应堆冷却剂泵和蒸汽发生器及相应的管道组成的闭环系统。在正常功率运行期间，反应堆冷却剂泵使冷却剂强迫通过堆芯，带走燃料元件产生的热量。一回路热平衡测量方法就是通过安装在一回路系统冷却剂系统管道上的冷却剂流量、温度及压力仪表采集得到的一回路热工参数，然后通过小温差法计算式(9-4-1)求出反应堆的热功率。

$$Q_{\text{th}}=c_p\times G\times(T_{\text{out}}-T_{\text{in}}) \tag{9-4-1}$$

式中：c_p——一回路冷却剂的比定压热容，J/kg·K；

G——一回路冷却剂的质量流量，kg/h；

T_{out}——反应堆冷却剂的出口温度，℃；

T_{in}——反应堆冷却剂的进口温度，℃。

在反应堆稳定运行过程中，如果不计一回路管道的热量损失，则式(9-4-1)计算出的一回路冷却剂带走的堆芯热量等于反应堆产生的总热量。所以通过测量出反应堆压力容器的进出口温差即可确定出反应堆的功率。

由于目前电厂反应堆冷却剂的流量热工水力参数使用体积流量单位，因此将式(9-4-1)改写为，对于每一冷却剂环路的热功率：

$$W_i=\frac{Q_i}{3\ 600}\times\frac{\Omega_i}{\Omega_0}\times\rho\times(H_{\text{h}}-H_{\text{c}})\times10^{-3} \tag{9-4-2}$$

式中：W_i——反应堆冷却剂热功率，MWh；

Q_i——每一条反应堆冷却剂环路流量，m^3/h；

Ω_i——反应堆冷却剂泵转速，s^{-1}；

Ω_0——反应堆冷却剂泵理论转速，s^{-1}；

ρ——源自反应堆冷却剂环路冷段温度的冷却剂密度，kg/m^3；

H_{h}——源自反应堆冷却剂环路热段温度的热段焓，kJ/kg；

H_{c}——源自反应堆冷却剂环路冷段温度的冷段焓，kJ/kg。

注：冷却剂泵转速项用以消除电网频率的波动。

因此，总的堆芯功率等于：

$$W=\sum_{i=1}^{n}W_i \tag{9-4-3}$$

由于一回路系统的测量环境条件较差(温度高、压力高、放射性强)，因此所使用的热工测量仪表精度不可能太高，所以一回路系统热平衡测量方法所计算出的反应堆热功率的精度略差一些。但由于反应堆热功率是核安全监督的重要安全参数之一，使用频率较高，其计算所涉及的测量参数及使用相当方便，因此一回路系统热平衡的测量是电厂在线监测系统的功能之一，并常作日校验使用。为了确保和提高一回路系统热平衡测量方法的精度，还定期通过使用二回路热平衡测量方法对其进行检验。检验方法是在式(9-4-3)中乘一个修正系数 k。

$$Q_{\text{th}}=k\times\frac{Q_i}{3\,600}\times\frac{\Omega_i}{\Omega_0}\times\rho\times(H_{\text{h}}-H_{\text{c}})\times10^{-3} \tag{9-4-4}$$

9.4.1.2 二回路热平衡测量

反应堆冷却剂系统将堆芯核裂变产生释放出的热量带出反应堆，并在蒸汽发生器内将热量传递给二回路工质，以产生蒸汽推动汽轮机做功。

二回路系统热平衡测量方法(如图 9-4-1 所示)是通过安装在二回路系统上的专用高精度热工仪表，对主给水、主蒸汽和排污水的流量、温度和压力等热工参数进行测量，首先是计算得到蒸汽发生器输出的热功率，然后再将燃料元件释热以外的热源(如：稳压器电加热器带入的热量，一回路上充、下泄引起的热量变化，冷却剂泵轴封、热屏引起热量的变化，以及冷却剂系统管道的散热等等)对堆芯热功率计算产生的影响，从蒸汽发生器的热功率中扣除后，即得到反应堆堆芯的热功率。二回路热平衡计算原理如下：

$$\text{WR}=\sum_{i=1}^{2}\text{WSG}_i-W\Delta P_r \tag{9-4-5}$$

式中：WR——反应堆热功率，MWh；

WSG_i——每台蒸汽发生器提供的热功率，MWh；

$W\Delta P_r$——除堆芯外的热源向反应堆冷却剂系统输入的热功率，MWh。

(1) 蒸汽发生器提供的热功率

在正常功率运行情况下，进入蒸汽发生器的热功率应该等于蒸汽发生器输出的热功率。因此在计算蒸汽发生器的热功率时，蒸汽发生器的热功率是通过逼近焓平衡的方法计算得到的。即每台蒸汽发生器提供的热功率：

$$Q_{\text{v}}=Q_{\text{e}}-Q_{\text{p}} \tag{9-4-6}$$

$$\text{WSG}_{\text{in}}=\text{WSG}_{\text{out}}$$

$$\text{WSG}_{\text{in}}=W_{\text{R}}+W\Delta P_{\text{r}}+\sum_{i=1}^{2}H_{\text{e}_i}Q_{\text{e}_i}$$

$$\text{WSG}_{\text{out}}=\sum_{i=1}^{2}[H_{\text{v}i}Q_{\text{v}i}+H_{\text{p}_i}Q_{\text{p}_i}]$$

式中：Q_{e}——给水流量，kg/s；

Q_{p}——排污流量，kg/s；

Q_{v}——蒸汽流量，kg/s；

H_{e}——给水焓，kJ/kg；

H_{p}——排污水焓，kJ/kg；

H_{v}——蒸汽发生器出口湿蒸汽焓，kJ/kg。

湿蒸汽焓可表示为：

$$H_{\text{v}}=x\times H_{\text{vs}}+(1-x)\times H_{\text{es}} \tag{9-4-7}$$

式中：H_{es}——饱和水焓，kJ/kg；

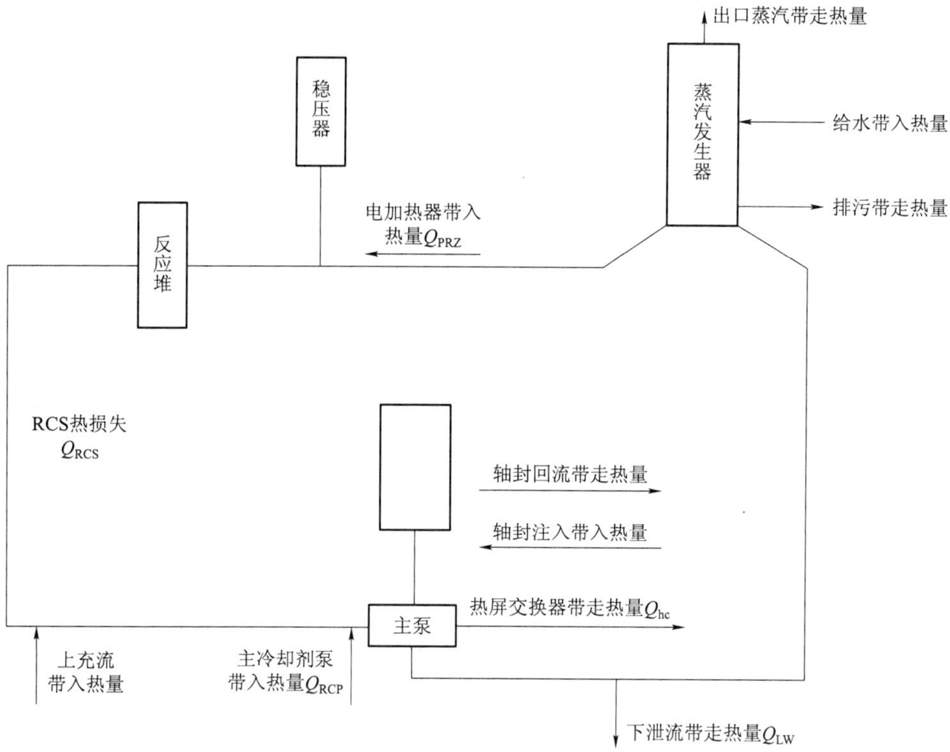

图 9-4-1　二回路热平衡方法示意图

H_{vs}——饱和蒸汽焓，kJ/kg；

x——含汽量，无量纲；

$1-x$——蒸汽中夹带的水量，无量纲。

化简，得：

$$WR=\sum_{i=1}^{2}[(H_{vi}-H_{ei})\times Q_{ei}-(H_{vi}-H_{pi})\times Q_{pi}]-W\Delta P_r \tag{9-4-8}$$

如果排污管线在试验期间隔离，则式(9-4-8)变为：

$$WR=\sum_{i=1}^{2}[(H_{vi}-H_{ei})\times Q_{ei}]-W\Delta P_r \tag{9-4-9}$$

式中：蒸汽发生器给水流量 Q_e 为：

$$Q_e=\alpha\times\Sigma\times\frac{\pi d^2}{4}\times\sqrt{2\Delta P\rho}\ (\mathrm{kg/s})$$

α 为流量系数，$\alpha=A+B\sqrt{\frac{10^6}{Re\cdot d}}$

式中：Σ——膨胀系数；

ρ——水的密度；

d——流量节流孔板直径；

ΔP——孔板前后压差。

(2) 堆芯以外其他热源向冷却剂系统输入的热功率

堆芯以外其他热源向冷却剂系统输入的热功率 $W\Delta P_r$ 是热输入和热输出之间的差值：

$$W\Delta P_r = W_{RCP} + W_{PRZ} + W_{CW} + W_{SW} - W_{LW} - W_{HC} - W_{RCS} \tag{9-4-10}$$

其中热输入来自：

W_{RCP}——反应堆冷却剂泵输入功率，kW；

W_{PRZ}——稳压器加热器输入功率，kW；

W_{CW}——上充水输入功率，kW；

W_{SW}——轴封水输入功率，kW。

热输出通过以下途径：

W_{LW}——下泄水排出功率，kW；

W_{HC}——主泵热屏交换器功率，kW；

W_{RCS}——一回路冷却剂系统热损失，kW。

上述参数计算方法如下：

① 反应堆冷却剂泵输出的功率

$$W_{RCP}(\text{kW}) = 1.732 \times U \times I \times K \times \eta_{机械} \times \eta_{主泵电机} \tag{9-4-11}$$

式中：U——冷却剂泵工作电压，V；

I——冷却剂泵工作电流，A；

K——功率因子，设计值为 0.95；

$\eta_{机械}$——主泵机械效率，设计值为 0.931 0；

$\eta_{主泵电机}$——主泵电机效率，设计值为 0.845。

注意：对于两环路堆芯的 CP600 核电厂来说，由冷却剂泵向堆芯输入的功率为：

$$W_{RCP} = W_{RCP1} + W_{RCP2} \tag{9-4-12}$$

② 稳压器电加热器输入的功率 W_{PRZ}

对 CP600 核电厂，稳压器电加热器分 6 组，其设计额定功率如下：

1 组(恒输出)：216 kW；2 组(恒输出)：216 kW；3 组(比例输出)：216 kW；

4 组(比例输出)：216 kW；5 组(恒输出)：288 kW；6 组(恒输出)：288 kW。

③ 上充流量带入的热量

$$W_{CW}(\text{kW}) = \frac{1}{3\,600} \times \frac{F_{CW} \times h_{CW}}{V_{CW}} \tag{9-4-13}$$

式中：F_{CW}——上充水流量，m^3/h；

h_{CW}——上充水焓，kJ/kg；

V_{CW}——上充水比容，m^3/kg。

在测量和计算过程中需要注意如下两点：

- 计算 V_{CW} 的温度和压力测点 T_{CW} 和 P_{CW} 应尽可能靠近 F_{CW} 的测点；
- 计算主回路 h_{CW} 的温度测点应尽可能靠近主回路。

④ 反应堆冷却剂泵轴封带入的热量

$$W_{SW}(\text{kW}) = \frac{1}{3\,600} \times \sum_{i=1}^{2} \left(\frac{F_{Si} \times h_{Si}}{V_{Si}} - \frac{F_{Sri} \times h_{Sri}}{V_{Sri}} \right) \tag{9-4-14}$$

式中：F_{Si}——轴封水注入流量，m^3/h；

h_{Si}——轴封水焓，kJ/kg；

V_{Si}——轴封水比容，m^3/kg；

F_{Sri}——轴封水回流流量，m^3/h；

h_{Sri}——轴封回流水的焓，kJ/kg；

V_{Sri}——轴封回流水的比容，m^3/kg。

在测量和计算过程中需要注意如下几点：

- 计算比容 V_{Si} 的温度 T_{Si} 和压力 P_{Si} 测点应尽可能靠近 F_{Si} 流量测点；
- 计算比容 V_{Sri} 的温度 T_{Sri} 和压力 P_{Sri} 测点应尽可能靠近 F_{Sri} 流量测点；
- 计算 h_{Si} 和 h_{Sri} 焓的温度测点应尽可能靠近主泵。

⑤ 冷却剂下泄带出的热量

$$W_{LW}(kW)=\frac{1}{3\ 600}\times\frac{F_{LW}\times h_{LW}}{V_{LW}} \tag{9-4-15}$$

式中：F_{LW}——下泄流流量，m^3/h；

h_{LW}——下泄流的焓，kJ/kg；

V_{LW}——下泄流的比容，m^3/kg。

在测量和计算过程中需要注意如下几点：

- 计算 V_{LW} 的温度和压力测点 T_{LW} 和 P_{LW} 应尽可能靠近 F_{LW} 的测点；
- 计算主回路 h_{LW} 的温度测点应尽可能靠近主回路。

⑥ 反应堆冷却剂泵热屏带出的热量

$$W_{HC}(kW)=\frac{1}{3\ 600}\times\left[\left(\frac{F_{hc}\times h_{hc}}{V_{hc}}\right)_{出口}-\left(\frac{F_{hc}\times h_{hc}}{V_{hc}}\right)_{入口}\right] \tag{9-4-16}$$

式中：F_{hc}——热屏热交换器设备冷却水流量，m^3/h；

h_{hc}——热屏热交换器设备冷却水焓，kJ/kg；

V_{hc}——热屏热交换器设备冷却水比容，m^3/kg。

⑦ 冷却剂系统热损失带出的热量 W_{RCS}

该项使用“一回路冷却剂系统热损失测定试验”的测量结果。

$W\Delta P_r$ 项可在热态调试试验期间或近临界高温试验期间确定。可认为它在所有功率水平保持常数。对于 CP600 核电厂两环路堆芯来说，其设计值取为 11×(2/3)=7.33 MW。通过调试试验的测量，该值为 8.3 MW。因此，在热平衡计算中，$W\Delta P_r$ 取 8.3 MW。

二回路热平衡测量与计算所需的数据采样、计算与误差分析等都是由为此而设计的专用系统 KME 完成的。由于 KME 系统的工作环境较好，尤其是其使用的一次仪表精度较高，因此测量结果精度较高，被认为反应堆热功率测量是否正确的“判据”。

9.4.1.3　试验实施

CP600 核电厂三种功率监测手段，除去核功率测量，就是一回路热平衡测量和二回路热平衡测量。其中，核功率测量、一回路热平衡测量是在线的测量系统，可以实时进行功率的测量，并给出相应的信号，用于反应堆的控制或保护。而二回路热平衡测量，由于其仪表的精度较高，因此，通常作为功率标定的手段。

在反应堆升功率阶段，需要在不同的功率台阶实施二回路热平衡测量试验，获得准确的反应堆功率，同时对其他两种功率监测进行校核，CP600 核电厂电厂一般的测量平台主要有：30%FP、50%FP、75%FP、100%FP。

9.4.2 根据热平衡测量结果计算反应堆冷却剂流量

反应堆冷却剂流量是指一回路压力容器或各环路的流量，一般用体积流量表示。冷却剂流量是动力堆运行的一个重要参数，直接关系到堆芯热量的导出，与堆芯安全密切相关的热工水力运行参数。因此，该参数直接参与反应堆的保护。在反应堆运行中，通常有在线流量计来测量冷却剂流量，由于反应堆冷却剂环路的特殊要求，这种测量计一般使用弯管流量计或其他尽量不影响冷却剂流动的流量计，加上受高放射性工作环境影响等因素，其测量仪表的准确性一般都不会高。但对带有二回路的动力堆型（如压水堆等）来说，由于其二回路不受放射性工作环境的影响，因此所使用的热工仪表精度往往都比较高，主要就可以得到较高精度的反应堆热功率数据。

因此，为得到一回路冷却剂更真实的流量并对在线流量计进行校核，通常会根据二回路的热平衡测量结果，计算得到较为准确的反应堆冷却剂流量。

9.4.2.1 试验原理

在使用热平衡方法测量反应堆热功率时，反应堆一、二回路都处于热力平衡状态。试验时通过进行二回路系统的热平衡测量试验，得到每台蒸汽发生器的功率 W_{SGi}（假设反应堆有 n 个环路，则 $i=1,2,\cdots,n$，下同），其基本原理可参见 9.4.1.2 节的介绍。则每条反应堆冷却剂环路的功率近似为：

$$W_i \approx W_{SGi} - \frac{1}{n} W_{RCP} \tag{9-4-17}$$

其中：W_{RCP} 为除堆芯外的热源向反应堆冷却剂系统输入的热功率。

同时，根据一回路热平衡测量（可参见 9.4.1.1 节的介绍），也可以计算并得到每条反应堆冷却剂环路的热功率 W_i（kW）：

$$W_i = \frac{Q_i}{3\ 600} \times \rho \times (H_h - H_c) \tag{9-4-18}$$

其中：Q_i 为各环路流量；ρ 为环路冷段温度的冷却剂密度，因为不同环路段的温度不同，因此当需要计算其他点的冷却剂流量时，就需要使用与其对应的密度；H_h 为环路热段的冷却剂焓；H_c 为环路冷段的冷却剂焓。

将式(9-4-17)代入式(9-4-18)，则有：

$$Q_i = 3\ 600 \times \frac{W_{SGi} - \frac{1}{n} W_{RCP}}{\rho \times (H_h - H_c)} \tag{9-4-19}$$

令：反应堆冷却剂环路冷端的比容为 $\nu = 1/\rho$，并 $\Delta H = H_h - H_c$，则式(9-4-19)可写成：

$$Q_i = 3\ 600 \times \nu \times \frac{W_{SGi} - \frac{1}{n} W_{RCP}}{\Delta H} \tag{9-4-20}$$

因此，根据二回路热平衡测量试验计算得到蒸汽发生器功率 W_{SGi}，并通过测量反应堆冷却剂环路的压力及冷热端温度得到其比容和焓值以后，根据式(9-4-20)，即可求得反应堆冷却剂环路的流量。

反应堆压力容器流量为：

$$Q_V = \sum_{i=1}^{n} Q_i \tag{9-4-21}$$

即反应堆压力容器流量为各个环路流量的和。

9.4.2.2 试验方法

试验的实施首先必须具备相应的测量仪表或系统。其中最重要的是二回路的热平衡试验系统，该系统应具有高精度的热工测量仪表，特别是给水流量的测量仪表应使用市场上可以买到的精度最高的设备；其次反应堆冷却剂环路应具有相应的温度、压力和流量等热工测量仪表，并使用其中精度最高的仪表的测量数据。

当试验仪表具备以后，利用二回路热平衡系统测量得到各蒸汽发生器的功率，具体内容可参考 9.4.1.2 节的内容。在实施二回路热平衡测量试验的同时，应使用反应堆冷却剂系统的测量仪表对下列热工水力参数进行测量和采集（如表 9-4-2 所示）。

表 9-4-2 测量参数

序号	测量参数
1	反应堆冷却剂压力
2	一回路各环路冷却剂流量
3	一回路各环路冷段温度
4	一回路各环路热段温度

9.4.2.3 数据处理

(1) 流量计算

根据式(9-4-20)和式(9-4-21)，将 9.4.2.2 节计算和采集的数据代入，即可计算得到一回路各环路的流量和压力容器的流量。计算过程中使用的焓值和比容等数据，应根据最新出版的水和水蒸气性质表来查找。

(2) 误差分析

利用均方根的办法可得到部分不确定性（或误差）。对于式(9-4-19)可得：

$$\frac{\Delta Q_l}{Q_l}=\left[\left(\frac{\Delta v}{v}\right)^2+\left(\frac{W_{\mathrm{SG}i}}{W_{\mathrm{SG}i}-W_{\mathrm{RCP}}}\times\frac{\Delta W_{\mathrm{SG}i}}{W_{\mathrm{SG}i}}\right)^2+\left(\frac{W_{\mathrm{RCP}}}{W_{\mathrm{SG}i}-W_{\mathrm{RCP}}}\times\frac{\Delta W_{\mathrm{RCP}}}{W_{\mathrm{RCP}}}\right)^2+\left(\frac{\Delta(\Delta H)}{\Delta H}\right)^2\right]^{\frac{1}{2}} \tag{9-4-22}$$

相对于其他项而言，可忽略$\frac{W_{\mathrm{RCP}}}{W_{\mathrm{SG}i}-W_{\mathrm{RCP}}}\times\frac{\Delta W_{\mathrm{RCP}}}{W_{\mathrm{RCP}}}$项，而$\frac{W_{\mathrm{SG}i}}{W_{\mathrm{SG}i}-W_{\mathrm{RCP}}}$项可认为等于 1。

因此，式(9-4-22)变为：

$$\frac{\Delta Q_l}{Q_l}=\left[\left(\frac{\Delta v}{v}\right)^2+\left(\frac{\Delta W_{\mathrm{SG}i}}{W_{\mathrm{SG}i}}\right)^2+\left(\frac{\Delta(\Delta H)}{\Delta H}\right)^2\right]^{\frac{1}{2}} \tag{9-4-23}$$

对于式(9-4-21)，以两环路反应堆为例，即 $n=2$，则反应堆压力容器流量的不确定性为：

$$\frac{\Delta Q_V}{Q_V}=\left[\left(\frac{Q_{l1}}{Q_V}\frac{\Delta Q_{l1}}{Q_{l1}}\right)^2+\left(\frac{\Delta Q_{l2}}{Q_V}\frac{\Delta Q_{l2}}{Q_{l2}}\right)^2\right]^{\frac{1}{2}} \tag{9-4-24}$$

9.4.2.4 试验结果的验收

在反应堆的热工水力设计中，对反应堆冷却剂的流量分别给出了热工水力设计流量和机械设计流量，因此我们计算得出的反应堆冷却剂环路流量，在考虑了不确定因素后，必须是介于热工水力设计流量和机械设计流量之间；而压力容器流量则必须介于两倍的热工水力设计流量和机械设计流量之间。

当计算得到的一回路流量需要校核在线流量计时，则应根据具体使用的在线流量计精度等情况，以决定是否对其进行校准。

9.4.3 堆芯功率分布测量试验

在压水堆堆芯里，任何一点处所产生的热量都是该点中子注量率的函数，反应堆的平均功率受到堆芯内热量产生最大点(热点)是否能够得到适当冷却的限制，如果热点得不到适当的冷却就有可能导致燃料发生破损。因此，对确保反应堆的安全稳定运行来说，不仅需要监测堆芯功率的大小，还必须在反应堆处于不同的功率水平和燃耗运行阶段，对热点因子 F_Q、焓升因子 F_H、径向功率峰因子 F_{xy}、最大平均面的线功率密度、象限功率倾斜比 QPTR 和轴向功率偏移 AO 等关键安全参数是否在运行限值范围内进行确认，来掌握堆内功率分布的运行状态，同时也可对堆芯的设计和堆芯装载的正确性进行验证。对于堆芯装载的正确性验证在 9.3.3 节零功率堆芯功率分布试验中已经进行了介绍，这里，对有功率状态下的功率分布进行介绍。

9.4.3.1 试验原理

参见 9.3.3 节。

9.4.3.2 试验方法

CP600 核电厂有功率状态的堆芯功率分布测量试验通常是定期在线进行的，当反应堆在试验要求的相应功率台阶上稳定运行，且达到氙平衡后，按照 9.3.3 节介绍的方法进行通量分布的测量。

9.4.3.3 试验实施

升功率阶段的功率分布测量试验一方面是为了验证各个功率台阶的堆芯安全特征，为功率向下一个功率台阶提升提供保证，同时对设计的参数进行验证。CP600 核电厂一般的功率分布测量平台主要有：10%FP、30%FP、50%FP、75%FP、100%FP。对于 10%FP 和 30%FP 的功率平台，一般只在反应堆首循环启动时执行。

9.4.3.4 试验数据处理

参见 9.3.3 节。

9.4.3.5 试验注意事项

和零功率状态的功率测量不同，有功率的功率分布测量需要对安全限值等进行验证，因此，试验过程的要求要严格，需要注意以下几点：

(1) 本试验开始前要求堆芯保持稳定，中子毒物已经达到平衡状态；

(2) 本试验在测量数据时避免控制棒有动作，以防止给测量结果带来扰动；

(3) 整个试验过程中避免会引起冷却剂温度变化的操作。

9.4.4 堆外通量测量电离室刻度试验

压水堆核电厂在启动过程和功率运行期间，反应堆的核功率和堆芯轴向功率分布都是通过堆外通量测量电离室(通常也称为堆外核测仪表系统，RPN 系统)进行有效的、连续不间断的测量和监视。该系统有运行监督和核安全监督两种功能。运行功能是为反应堆的临界安全监督以及为反应堆功率监测系统提供有效的信息;核安全监督功能主要是提供高中子注量率、超温及超功率 ΔT 保护、地震情况下的安全保护。因此,堆外核测仪表系统是一个集在线测量、控制及保护三个为一体的系统,它必须能够实时、准确地反映出反应堆的实际功率水平和堆内轴向功率变化的情况。

然而由于测量通道有限,电离室轴向分节数不多,堆内中子经慢化、扩散等过程达到堆外探测器时其轴向分布很难与堆内完全一致,再加上探测器本身灵敏度的离散性,所使用中子探测器物质(^{10}B)的燃耗以及系统本身的漂移等因素,该系统的精度相对堆芯核测仪表系统而言要差一些。同时,在堆外核测仪表系统中,核功率是由一定的中子注量率分布状态下的"电流-功率转换系数"来标定的,但是随着燃耗的增加,中子注量率分布状态在不断地变化,从而导致"电流-功率转换系数"也不断地变化。所以,需要周期性地利用反应堆热功率测量和堆内中子注量率测量的结果,对其进行刻度,以保证系统能够始终正确反映出反应堆的功率水平。

9.4.4.1　试验原理

(1) CP600 核电厂的功率校验

正如 9.4.1 节中所介绍的,CP600 核电厂的功率监督采用一回路热平衡测量 KIT 系统、二回路热平衡测量 KME 系统、堆外核测仪表 RPN 系统和堆内核测仪表 RIC 系统四个系统相互配合、相互校核的方式进行,它们之间的校验关系见图 9-4-2。在这些系统中,以二回路热平衡的测量精度最高,一般以其测量结果为最终基准。

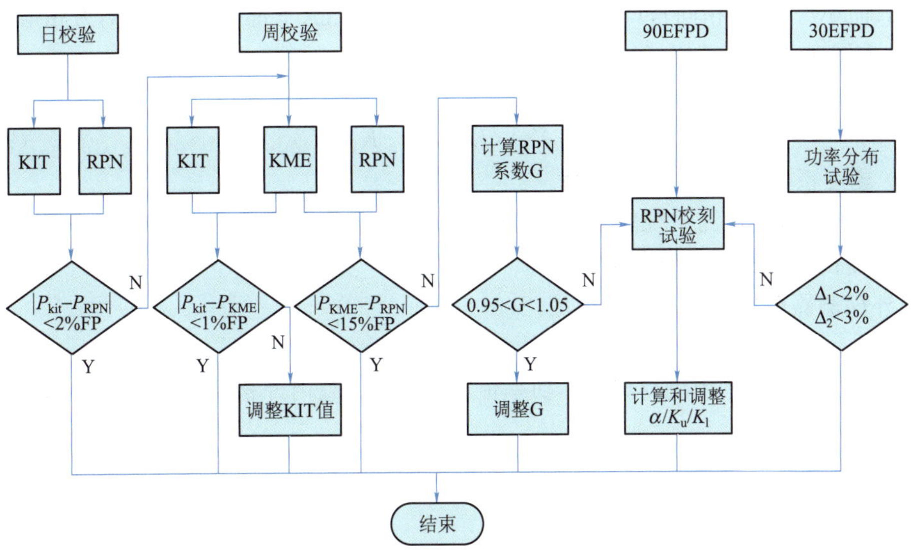

图 9-4-2　压水堆核电厂功率校验与调整示意图

由于堆外核测仪表 RPN 系统和一回路热平衡测量 KIT 系统是在线系统,而二回路热平衡测量 KME 系统和堆内核测仪表 RIC 系统是试验系统,故一般日常堆芯监督和校验首先用 KIT 系统和 RPN 系统。如果两者之间的误差过大时,需实施 KME 热平衡测量试验,验证 KIT 热平衡结果的可靠性。若 KIT 系统与 KME 系统测量结果偏差大,则需要对 KIT 系统热平衡测量结果加以修正,否则说明 RPN 系统的测量结果存在较大偏差,需要对其功

率调整系数 G 进行调整。但是，如果 G 值超过了它的调节范围（0.95～1.95），则应该实施堆外通量测量电离室的校核试验，重新设置 K_u、K_l及 α 整套刻度系数值。

（2）堆外核测系统的“电流-功率刻度系数”

堆外核测仪表 RPN 系统的探测器由多节长电离室组成，它们平行堆芯轴向而分布于压力容器外侧。在功率标定时，这些长电离室只分为堆芯上段和下段两部分，如图 9-4-3 所示。

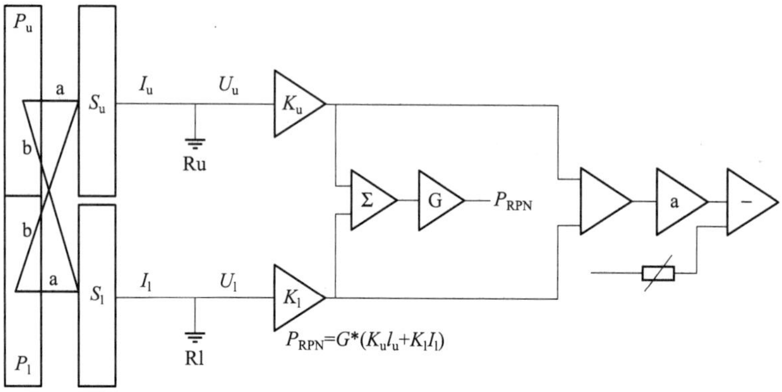

图 9-4-3　堆外通量测量电离室工作原理示意图

图 9-4-3 中，P_u、P_l为堆芯上、下部功率（注：角标 u 表示堆芯上部，即 up，角标 l 表示堆芯下部，即 low。后面相同），I_u、I_l分别为堆外探测器的上、下部电流，K_u、K_l为相应的转换系数，α 为轴向功率偏移因子。它们满足：

$$P_r = K_u \times I_u + K_l \times I_l$$

$$\Delta I_{ex} = \alpha \times [(K_u \times I_u - K_l \times I_l)] \tag{9-4-25}$$

（3）刻度系数（K_u、K_l、α）的计算

如前所述，堆外核测系统的核功率值由二回路热平衡系统确定；而轴向功率分布，即轴向功率偏差由堆芯核测系统确定。

堆外探测器电流与功率关系满足：

$$I_u + I_l = K \times W \tag{9-4-26}$$

其中，W 为二回路热平衡测得相对热功率值（%FP）。堆、内外核测系统得到的轴向功率偏移满足：

$$AO_{ex} \times 100 = A + B \times AO_{in} \tag{9-4-27}$$

即：

$$\frac{I_u - I_l}{I_u + I_l} \times 100 = A + B \times AO_{in} \tag{9-4-28}$$

AO_{ex}为堆外核测仪表系统测得的堆芯轴向功率偏移值，AO_{in}为堆内核测仪表系统测得的堆芯轴向功率偏移值。

从以上两式可以看到，这两个方程中含有三个未知参数（A、B、K），是不能够直接解方程求解的。在核电厂，通常采用多次测量，再利用线性回归可以求出这些参数的值并确定它们的误差。为此需要人为地向堆芯引入一个轴向功率振荡，并在振荡过程中进行多次（一般为 6 次）测量，最终确定 A、B、K。

9.4.4.2 试验实施

CP600 核电厂机组首循环的升功率过程中，堆外通量测量电离室刻度系数测量试验在 50%FP、75%FP、100%FP 实施。在后续换料循环中，一般要求在 75%FP、100%FP 实施。

9.4.4.3 试验方法

试验主要由几个步骤组成：

- 首先做一次全堆芯通量图测量；
- 维持反应堆功率稳定，通过调整控制棒和调硼使 ΔI 改变约 1%FP；
- ΔI 改变约 1%FP 后进行堆芯部分通量图测量；
- 继续多次改变 ΔI 约 1%FP，完成 4～6 个部分堆芯通量图测量，即通过轴向功率分布振荡，获得堆内外的 AO 关系；
- 试验数据处理。

9.4.4.4 结果验收

对于堆外核测仪表系统的各个测量通道，通过试验测量，分别对每个通道进行计算：

$$\Delta_1(k)=W-P_r(k)=W-[K_u(k)\times I_u(k)+K_l(k)\times I_l(k)]$$

$$\Delta_2(k)=\Delta I_{in}-\Delta I_{ex}(k)=\Delta I_{in}-\alpha(k)\times[K_u(k)\times I_u(k)-K_l(k)\times I_l(k)] \tag{9-4-29}$$

验收准则是：

$$\Delta_1(k)<2\%$$

$$\Delta_2(k)<3\%$$

实际上，这两者也是核电厂保护系统中考虑的误差：$|\Delta_1(k)|$ 原设计小于 5%，这主要考虑了反应堆高通量停堆定值中包含的误差，但由于目前试验及测量手段方便而且精确，因此在实际控制上，$|\Delta_1(k)|$ 的验收准则采用小于 2%。$|\Delta_2(k)|<3\%$，为超温和超功率 ΔT 保护整定值中的 $f(\Delta\varphi)$ 函数所包含的误差。

9.4.5 功率系数与功率亏损测量

功率系数测量试验是测量随着功率变化而产生的反应性变化量，从而求出功率系数和功率亏损，以验证堆芯核设计报告中的功率系数的准确性。

9.4.5.1 试验原理

根据压水堆设计要求，在反应堆功率增加时，堆芯要有负反应性的添加。这样可以通过对功率添加速率的限制，为系统增加一定的安全性。反应堆固有的反应性效应有：

- 随着反应堆功率的增加，燃料有效温度系数增加，多普勒温度系数添加了负反应性；
- 当慢化剂温度上升时，负的慢化剂温度系数向堆芯添加负的反应性；
- 堆芯内的泡核沸腾造成的空泡也向堆芯添加负反应性。

所有这些反应堆固有的反应性效应，都倾向于减小反应堆的功率，以防止不可控制的运行工况偏离。反应堆功率从热态零功率提升到 100%FP 满功率的过程中，这些效应都会产生。

功率系数表示功率每变化百分之一时反应性的变化，它在整个堆芯寿期内都是负的，但在寿期末要比寿期初更负一些，这主要是由慢化剂温度系数增加引起的。燃料多普勒效应、慢化剂温度效应和空泡效应对功率系数的相对贡献见图 9-4-4。总的功率系数综合了单一多普勒功率系数、单一慢化剂功率系数和单一空泡功率系数之和。而添加的反应性叫功率亏损。总的功率亏损是总的功率系数与功率变化的乘积,即:

$$\alpha_P=\frac{d\rho}{dP}=\alpha_T^f\frac{dT_f}{dP}+\alpha_T^m\frac{dT_m}{dP}+\alpha_v^m\frac{dx}{dP} \tag{9-4-30}$$

$$\Delta\rho=\alpha_P\times\Delta P \tag{9-4-31}$$

式中:$\Delta\rho$——总的功率亏损,pcm;

α_P——功率系数,pcm/ %FP;

ΔP——功率变化,%FP。

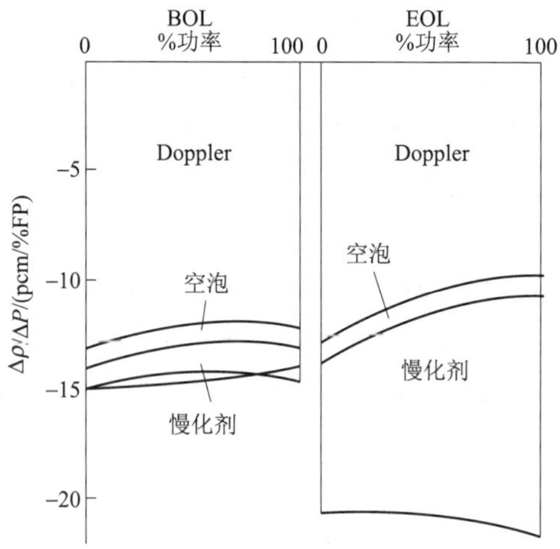

图 9-4-4 功率系数构成

需要说明的是“亏损”两字并非指功率的亏损,而是指当反应堆功率变化时向堆芯引入的反应性,指反应性的“亏损”。所以如果反应堆从某一功率水平升高至另一功率水平时,一定得需要向堆芯引入一定量的正反应性来补偿由功率亏损引入的等量的负反应性,才能维持反应堆在新功率水平下的稳定功率运行。至于引入正反应性的方式,可以是提升控制棒,也可以是稀释硼。反之如果降功率则需向堆芯引入负反应性来平衡功率亏损引入的正反应性。将功率系数在 0～100%的范围内进行任一区间的积分,便可得出该区间的功率变化所引起的反应性变化的总量,这就是人们所说到的功率亏损。

9.4.5.2 试验方法

测量功率系数和功率亏损是通过改变反应堆的堆芯功率来实现的。在反应堆功率变化的同时记录下反应性、棒位和温度等参数的变化。由于在有功率阶段,反应堆的功率是在温度控制模式下进行控制的,所以反应堆功率的变化通常是采用汽轮发电机组的负荷控制器,即按电负荷平均 1%P_e/min 的速率变化来改变反应堆的堆芯功率。在连续的负荷变化过程中,为了使反应堆功率能够及时地与电功率保持一致,试验过程中需要手动调整控制棒组的棒位,并通过控制一回路 $T_{avg}=T_{ref}\pm0.5$ ℃(不考虑仪表控制死区)之内实现的。机组负荷变化有两种方式:

(1) 单向连续负荷变化方式(负荷变化如图 9-4-5 所示)

试验是按电负荷 1%P_e/min 的变化速率降低功率水平,当电功率每降低约 5%P_e时,暂停负荷变化并保持堆芯稳定约 5 min,同时在此稳定期间,进行热平衡测量和堆芯状态参数的采集。在数据采集过程中,根据试验对 T_{avg}、T_{ref}及毒物的变化要求,可适当地进行控制棒组棒位的调节操作。当堆功率下降到目标功率水平时,停止负荷变化操作,保持堆芯稳定约 15 min,同时在此稳定期间,进行热平衡和堆芯状态参数的采集,并尽可能地使堆芯轴向功率偏差维持在目标范围内。这之后,结束试验,主控制室的运行操作人员按电厂运行技术规格书中对升功率限制条件的规定,将反应堆的功率水平和堆芯状态恢复到试验前的初始状态。本负荷变化的初始功率水平和负荷变化的目标功率水平如下:

- 功率水平 30%FP 的降低功率的目标水平为 15%FP;
- 功率水平 50%FP 的降低功率的目标水平为 25%FP;
- 功率水平 75%FP 的降低功率的目标水平为 50%FP;

• 功率水平 100%FP 的降低功率的目标水平为 75%FP。

(2) 双向小负荷变化方式(负荷变化如图 9-4-6 所示)

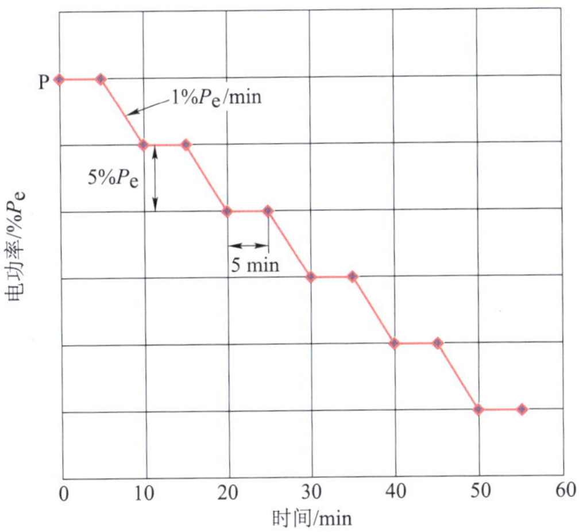

图 9-4-5　功率系数试验示意图一

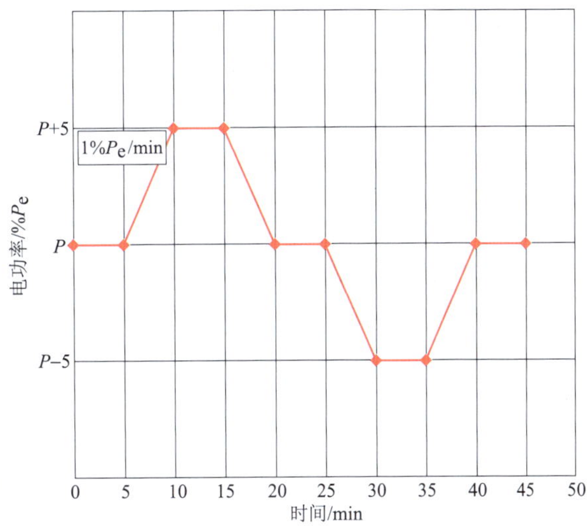

图 9-4-6　功率系数试验示意图二

初始反应堆功率水平为 P(%FP),试验采用升降负荷方式,首先按电负荷 1%P_e/min 的变化速率提升功率水平,当电功率上升约 5%P_e(即(P+5)(%FP))时,暂停负荷变化并保持堆芯稳定约 5 min,同时在此稳定期间,进行热平衡测量和堆芯状态参数的采集。在数据采集过程中,根据试验对 T_{avg}、T_{ref}及毒物的变化要求,可适当地进行控制棒组棒位的调节操作。然后按同样的速率降负荷,当电功率降低约 5%P_e(即初始功率水平 P(%FP))时,暂停负荷变化并保持堆芯稳定约 5 min,同时在此稳定期间,进行热平衡测量和堆芯状态参数的采集。在数据采集过程中,根据试验对 T_{avg}、T_{ref}及毒物的变化要求,可适当地进行控制棒组棒位的调节操作。再按同样的速率降负荷,当电功率降低约 5%P_e(即(P−5)(%FP))时,暂停负荷变化并保持堆芯稳定约 5 min,同时在此稳定期间,进行热平衡测量和堆芯状态参数的采集。在数据采集过程中,根据试验对 T_{avg}、T_{ref}及毒物的变化要求,可适当地进行控制棒组棒位的调节操作。最后按同样的速率升负荷,当电功率上升约 5%P_e(即初始功率水平 P(%FP))时,停止负荷变化并保持堆芯稳定约 5 min,同时在此稳定期间,进行热平衡测量和堆芯状态参数的采集。在数据采集过程中,根据试验对 T_{avg}、T_{ref}及毒物的变化要求,可适当地进行控制棒组棒位的调节操作。此时反应堆的功率水平和堆芯状态,基本上回到试验前的初始功率水平 P(%FP)和堆芯状态。最后,在整个试验要求的测量和参数记录完成后,宣布试验结束。

在上述两种试验方法中,当停止负荷变化操作期间,控制棒组的棒位会根据 $T_{avg}=T_{ref}\pm0.5$ ℃的要求进行手动调整,这种操作主要是用来补偿由于氙毒所引起的反应性变化。

采用如图 9-4-5 所示的试验方法一,可以得到各功率水平下的功率系数和功率亏损的测量值。该试验方法一般在反应堆首次启动的调试物理试验期间使用。而采用如图 9-4-6 所示的试验方法二,仅能得到当前功率点 P 及其附近的功率系数测量值,而不能求得功率亏损值,但试验时间节省,一般使用在换料堆芯物理启动试验中的某一功率水平下的功率系数测量(如75%FP)。

试验测量结束后,最后进行试验数据的处理,给出功率台阶上的功率系数和功率亏损。

9.4.5.3 数据处理

试验采集的数据通过记录介质的传输,进行离线处理,方法如下:

$$\int_{Q_0}^{Q_i}\frac{\partial\rho}{\partial T_f}\times\frac{dT_f}{dP}dP+\int_{Q_0}^{Q_i}\frac{\partial\rho}{\partial T_m}\times\frac{dT_m}{dP}dP+\int_{Q_0}^{Q_i}\frac{\partial\rho}{\partial x}\times\frac{dx}{dP}dP+$$

$$\int_{(T_{avg}-T_{ref})_0}^{(T_{avg}-T_{ref})i}\frac{\partial\rho}{\partial(T_{avg}-T_{ref})}d(T_{avg}-T_{ref})+\int_{h_0}^{h_i}\frac{\partial\rho}{\partial h}dh+\int_{X_0}^{X_i}\frac{\partial\rho}{\partial Xe}dXe=0 \quad (9\text{-}4\text{-}32)$$

其中:ρ为反应性,pcm;P为功率水平,%FP;$\Delta T=T_{avg}-T_{ref}$,℃;Xe为氙浓度;T_f为燃料温度,℃;T_m为慢化剂温度,℃;h为棒位,step;C_B为硼浓度,ppm。

式(9-4-32)中的前3项之和就是试验所要求的功率亏损量。其中空泡系数在整个堆芯寿期内几乎是个常数,所以空泡效应对总的功率亏损有较小的影响,在此可以忽略不计。则功率亏损为:

$$\Delta\rho=\int_{Q_0}^{Q_i}\frac{\partial\rho}{\partial T_f}\times\frac{dT_f}{dP}dP+\int_{Q_0}^{Q_i}\frac{\partial\rho}{\partial T_m}\times\frac{dT_m}{dP}dP$$

$$=-\left(\int_{h_0}^{h_i}\frac{\partial\rho}{\partial h}dh+\int_{X_0}^{X_i}\frac{\partial\rho}{\partial Xe}dXe+\int_{(T_{avg}-T_{ref})_0}^{(T_{avg}-T_{ref})_i}\frac{\partial\rho}{\partial(T_{avg}-T_{ref})}d(T_{avg}-T_{ref})\right) \quad (9\text{-}4\text{-}33)$$

由式(9-4-33)可知,功率亏损是通过求棒位移动所引起的反应性变化、Xe毒变化所引起的反应性变化以及一回路冷却剂平均温度T_{avg}与参考温度T_{ref}的偏差所引起的温度反应性变化来得到的。试验时,如果T_{avg}与T_{ref}的偏差大于0.5 ℃时,就需要考虑T_{avg}偏移T_{ref}所引起的反应性的变化,否则不做该项修正。控制棒移动带来的反应性变化,可由控制棒组的反应性价值测量得到,其处理方法如图9-4-7所示。氙毒引起的反应性变化$\Delta\rho_{Xe}$,可根据试验时实际的功率变化情况进行计算或修正。

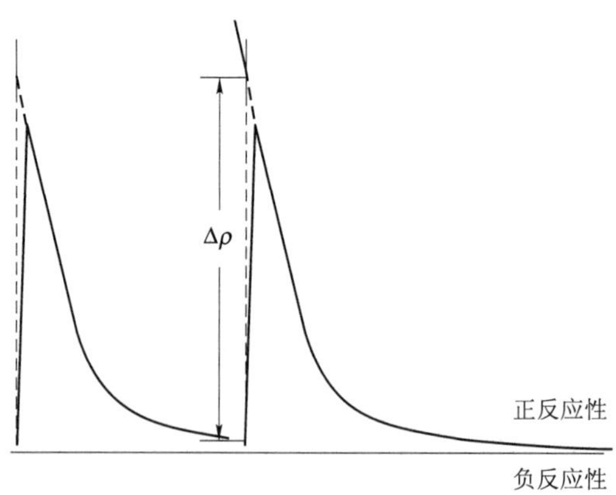

图9-4-7 反应性仪记录曲线及其数据处理方法

最后,将该试验功率台阶上的各段功率系数和功率亏损测量值加起来,就是该试验功率台阶上的功率系数和功率亏损。即:

$$\alpha_p=\Delta\rho/\Delta p=\sum_i(\Delta\rho/\Delta p)_i/n \quad (9\text{-}4\text{-}34)$$

$$\Delta\rho = \sum_i \Delta\rho_i \tag{9-4-35}$$

9.4.5.4 试验验收

- 功率系数为负值；
- 功率亏损测量值与设计值在±15%以内。

9.4.6 反应性系数测定

反应性系数反映了由于反应堆运行条件如功率水平、慢化剂平均温度、燃料温度、压力等变化所引起有效增殖系数的变化能力。

反应堆的各种反应性系数基本上确定了堆芯的动力学特性。堆芯动力学特性则决定了电厂因运行条件变化时堆芯响应能力、正常运行条件下因操纵员作调整时的堆芯响应能力及非正常或事故过渡工况下的堆芯响应能力。本试验的目的是在反应堆功率运行的状态下，通过对反应堆热功率、一回路冷却剂平均温度和参考温度等的测量，来测定反应性系数，即总温度系数 α_{TTC} 与多普勒(Doppler)功率系数 α_{Dp} 的比值，从而实现对 α_{Dp} 的间接测量。

9.4.6.1 试验原理

(1) 反应性系数定义

反应性系数的定义为反应堆的反应性随着某给定参数的变化率。它反映了由于反应堆运行条件如功率水平、慢化剂平均温度、燃料温度、压力等变化所引起有效增殖系数的变化特性。

反应堆的各种反应性系数能很好地反映出堆芯的中子物理动力学特性。堆芯中子物理动力学特性则决定了电厂在正常功率运行状态下以及非正常或事故过渡工况下的堆芯响应能力。对反应堆具有重要意义的反应性系数有：多普勒(Doppler)功率系数、燃料多普勒(Doppler)温度系数和慢化剂温度系数等。

多普勒功率系数 α_{Dp} 为功率每变化额定功率的1%FP时，由于Doppler效应和自屏效应(分为燃料自屏和能量自屏两种效应)引起的反应性变化，该现象是由于燃料温度变化而导致 ^{238}U 和 ^{240}Pu 等核素有效共振吸收截面变化所引起的反应性变化。多普勒功率系数 α_{Dp} 是主要的堆物理动态参数之一，对于掌握反应堆瞬变过程，制定和修改安全运行规程、校核理论计算、检查反应堆的自稳性等有着重要的意义。但是，由于无法对该系数进行直接测量，因此只能通过对功率的测量、一回路冷却剂平均温度的测量、参考温度的测量，计算得到 α_{TTC} 与 α_{Dp} 的比值，从而实现对 α_{Dp} 的间接测量。

(2) 试验原理

根据反应性系数的定义可知，该试验是在反应堆带功率状态下，通过改变反应堆的功率来实现的。因此，同功率系数测量试验相同，反应堆功率的变化通常是采用汽轮发电机组的负荷变化来改变反应堆的堆芯功率。但与功率系数测量试验不同的是，功率变化速率是一次性快速阶跃变化。

当汽轮机负荷发生阶跃变化时，在负荷变化后任一时刻，堆芯反应性平衡方程可用下式表达：

$$\rho(t) = \alpha_{Dp} \times [P(t) - P_0] + \alpha_{TTC} \times [T_{avg}(t) - T_0] + \Delta\rho_{Xe}(t) \tag{9-4-36}$$

式中：t——在负荷变化后的 t 时刻，min；

$P(t)$——t 时刻的反应堆热功率，%FP；

P_0——0 时刻的反应堆热功率，%FP；

$T_{avg}(t)$——t 时刻的反应堆冷却剂平均温度，℃；

T_0——0 时刻的反应堆冷却剂平均温度，℃；

$\Delta\rho_{Xe}(t)$——由于氙浓度的改变引起的反应性变化，pcm；

α_{Dp}——多普勒功率系数，pcm/%FP；

α_{TTC}——总温度系数，pcm/℃。

总温度系数定义为慢化剂温度变化 1 ℃引起的所有反应性变化（包含由于冷却剂和燃料之间传热效应带来的反应性变化）。

在汽轮机负荷变化后的几十分钟时间内，氙的变化可以认为很好地近似为线形变化，可用下式表示：

$$\frac{d}{dt}[\Delta\rho_{Xe}(t)] = k \times [P(t) - P_0] \text{ 或者写成}$$

$$\Delta\rho_{Xe}(t) = k \times \int_0^t [P(t) - P_0]\, dt \tag{9-4-37}$$

于是式(9-4-36)又可写成：

$$\rho(t) = \alpha_{Dp} \times [P(t) - P_0] + \alpha_{TTC} \times [T_{avg}(t) - T_0] + k \times \int_0^t [P(t) - P_0]\, dt \tag{9-4-38}$$

在汽轮机负荷变化后的几分钟内，反应堆热功率即在一个新的水平上（记作 $P(\infty)$）趋于稳定。而氙浓度变化引起的反应性则由慢化剂温度的线性变化（记作 D_∞）来补偿。对式(9-4-38)求时间 t 的微商，得到下式：

$$\alpha_{TTC} \times D_\infty + k \times [P(\infty) - P_0] = 0 \tag{9-4-39}$$

式中：

$$D_\infty = \left.\frac{d\Delta T_{avg}(t)}{dt}\right|_{t=\infty} \tag{9-4-40}$$

于是求得：

$$k = -\alpha_{TTC} \times \frac{D_\infty}{P(\infty) - P_0} \tag{9-4-41}$$

经过一番整理后，得到：

$$\frac{\alpha_{TTC}}{\alpha_P} = -\frac{P(t) - P_0}{[T_{avg}(t) - T_0] - \frac{D_\infty}{[P(t) - P_0]} \times \int_0^t [P(t) - P_0]dt} \times \left\{1 - \frac{\rho(t)}{\alpha_P \times [P(t) - P_0]}\right\} \tag{9-4-42}$$

当功率趋于稳定时，$\rho(t) \approx 0$，上式变为：

$$\left(\frac{\alpha_{TTC}}{\alpha_P}\right)_t = -\frac{P(t) - P_0}{[T_{avg}(t) - T_0] - \frac{D_\infty}{[P(t) - P_0]} \times \int_0^t [P(t) - P_0]dt} \tag{9-4-43}$$

其中：

$$\int_0^t [P(t)-P_0]\mathrm{d}t=\int_0^{t_1}[P(t)-P_0]\mathrm{d}t+\int_{t_1}^t [P(t)-P_0]\mathrm{d}t \tag{9-4-44}$$

在汽轮机负荷变化后几分钟，可作以下近似：

$$\begin{aligned}\int_0^t [P(t)-P_0]\mathrm{d}t &= \int_0^{t_1} P(t)\mathrm{d}t - P_0\times t_1+[P(\infty)-P_0]\times(t-t_1)\\ &\approx \frac{P(\infty)+P_0}{2}\times t_1 - P_0\times t_1+[P(\infty)-P_0]\times(t-t_1)\\ &=[P(\infty)-P_0]\times\left(t-\frac{t_1}{2}\right)\end{aligned} \tag{9-4-45}$$

这里，t_1是汽轮机负荷变化后，冷却剂平均温度达到峰值的时间，min。

将上式代入式(9-4-40)，得到最后的数据处理公式：

$$\left(\frac{\alpha_{\mathrm{TTC}}}{\alpha_P}\right)_t=-\frac{\Delta P(t)-P_0}{[T_{\mathrm{avg}}(t)-T_0]-D_\infty\times(t-\frac{t_1}{2})} \tag{9-4-46}$$

其中：D_∞单位为 ℃/min。ΔT、D_∞、一回路冷却剂平均温度变化和时间 t 的测量由多笔记录仪记录得到的。

(3) 堆芯热功率 $P(t)$测量

为了确定 t 时刻反应堆的平均热功率 $P(t)$，必须在试验前通过热平衡试验测定反应堆初始状态下的平均热功率 P_0，并将此值作为计算过程各 t 时刻的平均热功率 $P(t)$的基准值。

如果用从反应堆数据实时记录系统记录下的热功率为 $P_{\mathrm{th,avg}}(t=0)$，则其比例系数为：

$$\mathrm{CAL}(t=0)=\frac{P_0}{P_{\mathrm{th,avg}}(t=0)} \tag{9-4-47}$$

假定瞬变期间各时刻的比例系数均等于初态时的比例系数，即：

$$\mathrm{CAL}(t=0)=\mathrm{CAL}(t)$$

于是，t 时刻的堆芯真正平均热功率 $P(t)$便可以表示为：

$$P(t)=\mathrm{CAL}(t)\times P_{\mathrm{th,avg}}(t) \tag{9-4-48}$$

这样，可以根据所获得的数据情况，采用上述方法来计算比例系数，然后进一步计算堆芯平均热功率 $P(t)$。

9.4.6.2　试验方法

当反应堆处于稳定的平衡氙状态时，通过汽轮机或者二回路冷却系统引入电功率约 30 MW 的快速负荷变化。负荷快速变化后，要求控制棒组不动作，冷却剂系统中的硼浓度不改变。同时记录反应堆冷却剂平均温度以及堆芯核功率的变化，以用来表征堆芯反应性系数的特性。下面描述负荷快速下降之后的瞬态：

(1) 瞬态开始时，反应堆冷却剂系统的温度升高(由二回路系统排出的热减少所致)引入负反应性并使得堆芯功率趋于下降；

(2) 由于热惯性和环路冷却剂传递时间的延迟，因此当堆芯功率与排到二回路系统的热量相匹配时，才达到温度平衡(不是氙平衡)；

(3) 此后反应堆冷却剂系统与二回路系统之间保持功率平衡(由温度平衡建立起来的功率平衡)，接着由于氙浓度的增加，从而使得慢化剂温度缓慢下降。从慢化剂温度下降的速率来确定由氙瞬态引起的负反应性引入特性，以便估算慢化剂温度系数以及多普勒功率系数。

9.4.6.3 试验验收

反应性系数的实测值与理论值在 20%之内。

9.4.7 有功率模拟“弹棒”试验

9.4.7.1 试验原理

有功率模拟弹棒试验是为了检查有功率状态下当最大一束效率的控制棒束“弹出”堆芯时，引起堆芯热点因子 F_Q、$F_{\Delta H}$ 的变化，是否满足最终安全分析报告中给出的限值。

9.4.7.2 试验方法

试验方法和 9.3.5 节类似，主要由四个部分组成：

(1)“弹棒”前功率分布测量，试验的初始状态为 50%满功率，控制棒组在 50%满功率调节位置，在此状态下，按照 9.4.3 节的方法实施弹棒前的功率分布测量，用于理论数据比较；

(2)“弹棒”操作，按照 9.3.4 节调硼测量控制棒价值的方法，将 D 棒组的一束选定棒束“弹出”堆芯；

(3) 该控制棒棒束全提出，用 D 棒组维持堆芯稳定，再用堆芯测量系统进行一次全堆芯功率分布测量，即“弹棒”后功率分布测量；

(4) 按照 9.3.4 节调硼测量控制棒价值的方法，将选定棒束重新插入堆芯，并和其余棒束联锁。

9.4.8 有功率模拟“落棒”试验

9.4.8.1 试验原理

同模拟“弹棒”相对的，有功率模拟落棒试验是为了检查有功率状态下当一束控制棒束意外“落入”堆芯时，引起堆芯热点因子 F_Q、$F_{\Delta H}$ 的变化，通过这种检查对堆芯设计和安全分析进行验证。

9.4.8.2 试验方法

试验方法和模拟弹棒类似，主要由几个部分组成：

(1)“落棒”前功率分布测量，试验的初始状态为 50%满功率，控制棒组在零功率插入限位置，在此状态下，按照 9.4.3 节的方法实施弹棒前的功率分布测量，用于理论数据比较；

(2)“落棒”操作，按照 9.3.4 节调硼测量控制棒价值的方法，将 B 棒组其中最大价值一束棒束“落入”堆芯；

(3) 堆芯稳定后，再用堆芯测量系统进行一次全堆芯功率分布测量，即“落棒”后功率分布测量；

(4) 恢复操作，按照 9.3.4 节调硼测量控制棒价值的方法，将选定棒束恢复初始状态。

9.4.9 落棒试验

反应堆保护系统设有“功率量程中子注量率负变化率高”停堆信号，该信号由四个功率量程通道提供，逻辑上采取“四取二”原则，即四个通道必须同时有两个通道发出此信号，保护系统才执行“停堆”功能。落棒试验就是通过落棒，导致“功率量程中子注量率负变化率高”信号引起反应堆自动停堆，来验证此保护功能的完备性、可靠性。

9.4.9.1 试验原理

核电厂反应堆在高功率运行时，如果有两束或两束以上的控制棒由于某种原因(机械故障或电气失控等)突然掉入堆底。这一事件造成两类效应：

一方面堆芯功率分布形成很大的畸变，使堆芯的热管因子 F_Q 急剧增加，将较大地超过安全限制；

另一方面掉棒后引入的负反应性将使堆芯功率水平快速下降，假如此时不及时停堆，即其余控制棒不急速下插停堆，由于功率水平的下降及平均温度的降低所引入的正反应性，不仅可能抵消掉棒引入的负反应性，而且可能使反应堆重超临界，功率可能会达到或趋于新的功率水平。

反应堆在热管因子 F_Q 很大时继续在高功率上运行是十分危险的，极易造成燃料元件的烧毁。因此，在核电厂反应堆保护系统设有“中子注量率快速降低保护”的停堆信号，该信号由每个功率量程测量通道提供。为了防止单个测量通道有可能产生误信号，逻辑上采取“四取二”原则，即四个测量通道中必须有两个测量通道发出此信号，则保护系统才执行停堆功能(见图 9-4-8)，落棒试验就是试验保护功能的完备性。

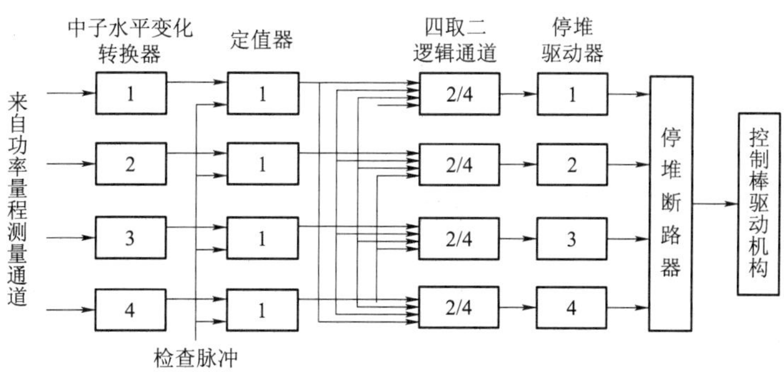

图 9-4-8　功率量程停堆逻辑

9.4.9.2 试验方法

本试验将在 50%FP 功率水平下进行制棒，D 棒组处于咬量位置下插 12 步±6 步范围内，其余控制棒提升到 225 步。为了完整地分析功率量程测量通道的响应，本试验不能受到保护通道触发反应堆紧急停堆的影响。因此，在试验前禁止紧急停堆，而为了保证堆芯的安全，防止堆芯功率畸变的时间过长，在落棒 5 s 后无论反应堆是否自动停堆，也必须实施手动紧急停堆。达到试验条件以后，通过手动选定待落入堆芯的棒束，将试验选定棒束保持线圈断电，则选定棒束迅速落入堆芯，通过数据采集系统和高速记录仪记录试验过程中的相关信号和数据，在落棒棒束下落后 5 s，执行“手动紧急停堆”。

9.4.9.3 验收准则

根据高速条形图记录仪记录的落棒过程曲线确认与停堆保护设定值有关的四个功率量程通道继电器中至少有两个被打开。

9.4.10 氙振荡试验

氙振荡只在大型的和高中子注量率的热中子反应堆中才可能发生。一般当堆芯的尺寸超过 30 倍徙动长度和热中子注量率大于 10^{13} n/cm^2 · s 时，氙振荡成为一个需要考虑的问题。而在 CP600 核电厂反应堆中，堆芯尺寸和热中子注量率均大于这个值，因此，氙振荡成为一个必须要考虑的问题。在堆芯设计上，必须要保证由于局部功率变化引起的氙振荡可以自行收敛。氙振荡试验就是为了验证这种自稳性的设计。

9.4.10.1 试验原理

在大型热中子反应堆中，局部区域内中子注量率的变化会引起局部区域氙-135 浓度和局部区域的增殖因子的变化。反过来，后者的变化也会引起前者的变化。这两者之间的相互作用就有可能使堆芯中氙-135 浓度和中子注量率分布产生空间振荡现象。

反应堆堆芯在某一功率水平上稳定运行，堆内已建立了平衡氙浓度。在堆芯某一区域中由于某种扰动使功率密度降低，那么为了要保持反应堆的总功率不变，堆芯的另一区域的功率密度就必然要提高。这就使堆内中子注量率分布或功率密度分布发生变化，如图 9-4-9 所示。

在功率密度降低的区域中，中子注量率也相应地降低，因而氙-135 的消耗也随之减小，但是原来在高中子注量率情况下生成的碘-135 仍在继续地衰变成氙-135，所以氙-135 的浓度便逐渐地增加，这就使该区域的增殖因子减小，从而使中子注量率和功率密度进一步地降低。与此同时，在功率密度升高的区域中，中子注量率相应升高，氙-135 的消耗变大，因此氙-135 的浓度逐渐减小，这就导致该区域的增殖因子增加，从而使功率密度和中子注量率进一步地升高。

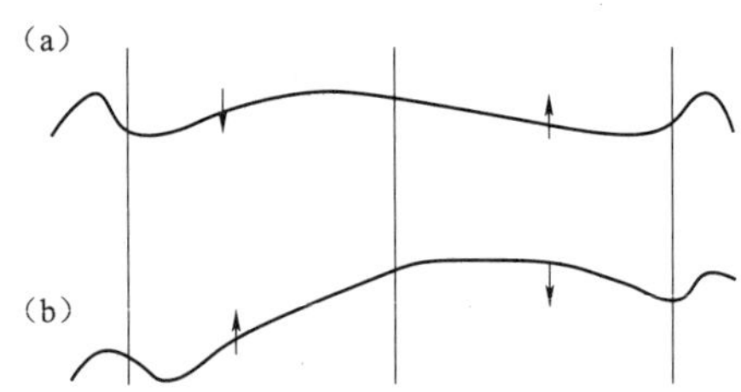

图 9-4-9 氙振荡示意图

但是这些过程并不会单向无限制地发展下去。有两个因素限制着它的变化：首先，在中子注量率进一步倾斜后，形成了中子注量率的梯度，中子注量率高的区域向中子注量率低的区域有一个净的中子流，这就使中子注量率趋向平坦一些；其次，在中子注量率下降的区域内，碘-135 的产生量也相应地减少，因而由它衰变成氙-135 的量也减少。这就使氙-135 的浓度由原来增加逐渐转变为减少，相应地，该区域的增殖因子由原来减小逐渐转为增大，从而使该区域的中子注量率和功率密度由原来的下降转为上升。而在中子注量率上升区域内的情况与上述情况刚好相反，见图 9-4-10。这样，中子注量率或功率密度的变化沿着原来相反的方向变化，并重复地循环下去。这就形成了功率密度、中子注量率和氙-135 浓度的空间振荡，简称氙振荡。这种振荡可能是稳定的，也可能是不稳定的，这取决于反应堆的中子注量率水平和它的物理特性。氙振荡的周期一般大约为 15～30 h。

氙振荡时，有的区域中氙浓度减小，有的区域氙浓度增加，但是在整个堆芯中，氙的总量变化是不大的，因此它对反应堆有效增殖因子的影响是不显著的。所以要想从总的反应性测量中发现氙振荡是很困难的，只有通过测量局部的功率密度或局部的中子注量率的变化中才能发现氙振荡，这也是氙振荡试验的测量思想。

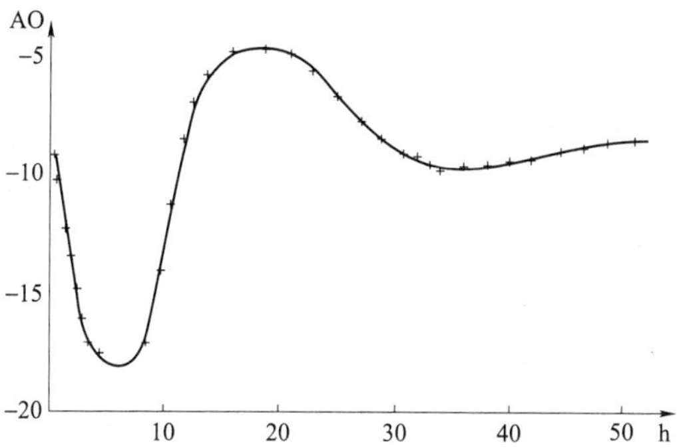

图 9-4-10　氙振荡试验的 AO 变化图

9.4.10.2　试验方法

通过以上试验原理的分析，本试验的基本思想是采用部分控制棒的插入向堆芯引入一个扰动，从而在堆芯产生一个氙振荡，并在控制棒的下插过程中通过数个部分通量图的测量，进行氙振荡的测量。

9.4.10.3　验收准则

氙致功率振荡(即 AO 随时间的振荡)是收敛的，或者通过采用 D 棒组是可以抑制的。

9.5　堆芯日常监督与定期试验

9.5.1　日常堆芯监督

在反应堆正常运行期间，物理人员需对及时跟踪堆芯的运行，了解反应堆的运行状态，以便在第一时间处理运行中出现的异常和/并帮助运行人员控制反应堆运行。物理人员每天至少监测堆芯参数一次，并了解最近一天内与堆芯相关的运行操作、检修操作及异常情况。最基本的堆芯监督参数见表 9-5-1。

表 9-5-1　堆芯监督参数　　　年　　月　　日

<table>
<tr><td colspan="2">值长</td><td></td><td colspan="2">记录人</td><td></td><td>审核人</td><td></td></tr>
<tr><td colspan="2">机组号</td><td></td><td colspan="2">燃料循环号</td><td></td><td>核功率</td><td></td></tr>
<tr><td colspan="2">一回路热功率</td><td></td><td>MW</td><td>电功率</td><td colspan="2"></td><td>MW</td></tr>
<tr><td colspan="2">一回路平均温度</td><td></td><td>℃</td><td>一回路压力</td><td colspan="2"></td><td>MPa</td></tr>
<tr><td rowspan="5">硼浓度</td><td>一回路 CBloop</td><td></td><td rowspan="5">ppm</td><td rowspan="2">燃耗</td><td colspan="2"></td><td>MWd/tU</td></tr>
<tr><td>稳压器 CBPRZ</td><td></td><td colspan="2"></td><td>EFPD</td></tr>
<tr><td>硼表 CBloop</td><td></td><td>乏燃料水池</td><td colspan="2"></td><td>ppm</td></tr>
<tr><td>__ REA00 __ BA</td><td></td><td>__ REA00 __ BA</td><td colspan="2"></td><td>ppm</td></tr>
<tr><td>__ PTR00 __ BA</td><td></td><td>__ RIS00 __ BA</td><td colspan="2"></td><td>ppm</td></tr>
<tr><td colspan="2">D 棒位(Step)</td><td>C 棒位(Step)</td><td colspan="2">B 棒位(Step)</td><td>A 棒位(Step)</td><td colspan="2">S 棒位(Step)</td></tr>
<tr><td colspan="2"></td><td></td><td colspan="2"></td><td></td><td colspan="2"></td></tr>
<tr><td colspan="2">RPNt 通道</td><td>P. R. C1</td><td colspan="2">P. R. C2</td><td>P. R. C3</td><td colspan="2">P. R. C4</td></tr>
<tr><td colspan="2">PN(%FP)</td><td></td><td colspan="2"></td><td></td><td colspan="2"></td></tr>
<tr><td colspan="2">ΔI(%FP)</td><td></td><td colspan="2"></td><td></td><td colspan="2"></td></tr>
<tr><td colspan="2">发电量/亿度</td><td colspan="2"></td><td colspan="4">上网电量/亿度</td></tr>
<tr><td colspan="2">一回路泄漏率/(L/h)</td><td colspan="2"></td><td colspan="4">发电机漏氢量/(m^3/d)</td></tr>
</table>

9.5.2 定期试验

堆芯定期试验是周期性的物理试验，是维持和保证核电机组安全运行的重要手段。在反应堆正常运行过程中，为了保证系统、设备的可用性和正确的功能特性，以及能够有效地掌握堆芯运行状态，必须进行定期物理试验。

定期试验主要是进行热平衡试验、堆内功率分布的测量、堆内外核测仪表系统的校验以及修改某些系统运行参数的设定值，以保证反应堆安全、有效地运行。在电厂《运行技术规格书》中明确规定了周期性物理试验的内容、周期和安全限值。《物理定期试验大纲》依据《运行技术规格书》规定了CP600核电厂定期试验实施的内容、频率、验收准则等。它们的试验内容和频率见表9-5-2。

表9-5-2 CP600核电厂定期试验的内容和频率

序号	监督项目	监督频率	监督内容	验收准则	措施
1	KME热平衡	7 d	用KME热平衡结果校正RPN、KIT功率表指示值	KME与KIT<1% KME与RPN<1.5%	调整RPN或KIT的系数
2	堆芯功率分布测量	30EFPD	1)全堆芯功率分布测量； 2)给出全堆燃料组件的相对功率分布； 3)$Q^T(Z)$、$F_{\Delta H}$、F_Q、AO、ΔI、QPTR的计算	见注1)	参照技术规格书的要求进行调整
3	轴向功率偏差目标值ΔI_{ref}的更新	30EFPD	由堆芯功率分布测量结果计算得到轴向功率偏差ΔI的目标值	$\lvert\Delta I_{内}-\Delta I_{外}\rvert\leqslant 1.5\%$	更新目标值
4	堆内外核测仪表系统的校核	90EFPD	1)全堆芯功率分布测量； 2)在功率轴向振荡过程中进行几个部分功率分布测量； 3)测量数据的离线处理； 4)确定正确的电流-功率转换系数α、K_H、K_B以及其他的调节系数K	$\lvert\Delta_1(k)\rvert<1\%$ $\lvert\Delta_2(k)\rvert<3\%$	调整RPN的刻度系数

注：1)
- $F_{\Delta H}^N\times 1.04<1.55\times[1+0.3\times(1-P_r)]$
- $Q^T(Z)\times P<Q_{lim}(Z)$
- $F_Q^T\leqslant\max(Q^T(Z))$
- $F_q\times 1.08<\dfrac{F_q^{LOCA}}{P_r}$
- $F_{xy}(z)<1.04\times F_{xy}^2\times[1+0.1\times(1-P_r)]$
- QPTR$\leqslant$1.02
- 燃料组件的测量相对功率与设计预计值之差：

	堆芯功率小于50%FP	堆芯功率大于等于50%FP
该燃料组件的相对功率水平$\geqslant$0.9	$\lvert p_{ass}^{cal}-p_{ass}^{mes}\rvert\leqslant 10\%$	$\lvert p_{ass}^{cal}-p_{ass}^{mes}\rvert\leqslant 5\%$
该燃料组件的相对功率水平<0.9	$\lvert p_{ass}^{cal}-p_{ass}^{mes}\rvert\leqslant 15\%$	$\lvert p_{ass}^{cal}-p_{ass}^{mes}\rvert\leqslant 8\%$

其中，p_{ass}^{mes}、p_{ass}^{cal}分别为一组燃料组件测量相对功率与其设计预计值。

9.5.2.1　热平衡测量试验

根据 TR/OPT/004《定期物理试验大纲》要求，每周（7 d）进行 KME 热平衡测量，以验证 RPN 系统指示的核功率、KIT 系统热功率表指示的堆芯热功率。当 KIT 热功率与 KME 相差 1%FP、RPN 核功率与 KME 相差 1.5%FP 时，应调整相应的指示值。

9.5.2.2　堆芯功率分布测量试验

功率分布试验实施周期为 30EFPD，但最长不超过 60 日历日。其实施方法与升功率阶段的功率分布测量试验基本上是一致的。

9.5.2.3　堆内外核测仪器互校试验

堆内外核测仪器互校试验实施周期为 90EFPD，试验方法和要求与启动阶段 75%FP 堆内外核测仪表互校试验基本一致。试验测量结果用 IN-CORE 程序进行数据处理，计算 RPN 系统的刻度系数 K_H、K_B、α。

复习思考题

一、填空题

1. 秦山第二核电厂 2 台机组首次堆芯装料都采用了一次中子源________和二次中子源________；在后续循环的堆芯装料中________（采用/不采用）一次中子源。

2. 反应堆内装入中子源的目的是________________________________。

3. 使两个相同的反应堆都达到“刚好临界”水平。反应堆“A”的棒速为每分钟 10 步，而反应堆“B”的棒速为每分钟 5 步，（假定连续提棒）。则达临界时反应堆________（A/B/A、B 一样高）的中子注量率水平较高；反应堆________（A/B/A、B 一样高）的临界棒位较高。

4. 用计数率倒数曲线来监督临界的基本公式是________。

5. 请给出秦山第二核电厂一回路硼化量和稀释水量的计算公式。

稀释：____。

硼化：____。

6. 根据《运行技术规格书》要求，秦山第二核电厂定期物理试验的实施频率为：KME 热平衡测量试验__________，堆芯功率分布测量试验__________，堆外通量测量电离室刻度试验__________。

7. 为了保证反应堆安全，在堆芯首次临界等物理试验中，堆芯中子注量率增加的周期不得短于__________秒，即倍增周期不得短于__________秒。

8. 秦山第二核电厂堆芯装卸料操作都在换料冷停堆状态下实施，其次临界度应始终大于__________ pcm。

9. 在堆芯装卸料过程中，为了保证反应堆临界安全，应在 RPN 系统中设置源量程保护定值：高通量紧急停堆报警为__________；停堆整定值为__________。

10. 秦山二期的堆芯核测仪表系统装置有__________个测量燃料组件出口

温度的热电偶和__________个堆内可移动式中子探测器、__________个测量通道组成。四个探测器在测量中采用__________备用方式。

11. 最小停堆硼浓度是指______________________________。

12. 在堆芯燃耗统计中有两个常用的燃耗单位，它们的换算关系是：1EFPD=__________。

13. 氙振荡只有在大型的和高中子注量率的热中子反应堆中才可能发生，即堆芯的尺寸超过__________和热中子注量率大于__________。

14. 在零功率试验阶段，反应性仪输入的是功率量程的__________信号；在有功功率试验阶段，反应性仪输入的是__________信号。

二、选择题

1. 从核安全考虑，为了不使反应堆发生瞬发临界，在改变 PWR 反应性的控制操作中一次引入的反应性不得大于：(　　)。

A. 缓发中子总份额 β　　B. 调节棒的总价值

C. 安全(停堆)棒的总价值　　D. 控制棒的总价值

2. 在反应堆恢复临界时，临界估算一般是在反应性平衡计算基础上进行的，此时需要考虑的反应性有：(　　)。

A. 控制棒棒位变化引起的反应性变化

B. 功率变化引起的反应性变化

C. 硼浓度变化引起的反应性变化

D. 氙(^{135}Xe)浓度变化引起的反应性变化

3. 校验核仪表系统(RPN)的方法有(　　)。

A. 一回路热平衡方法　　B. 二回路热平衡方法

C. 堆内核测量方法

4. 在利用 MEDOR 程序对堆芯硼浓度跟踪过程中，以下哪些参数是硼浓度修正时需要的(　　)。

A. 堆芯燃耗　　B. 堆功率　　C. 平均温度　　D. 控制棒棒位

5. 首次装料时，以下因素对中子探测器的计数有影响的是(　　)。

A. 中子源在堆芯内的位置　　B. 中子源强度

C. 中子探测器的位置　　D. 冷却剂硼浓度

E. 燃料组件在堆芯位置顺序

6. 核电站堆芯装卸料过程中，一般采用倒计数率曲线进行装料监督，问以下几种因素对“倒数”曲线有否影响(　　)。

A. 中子源在堆芯内位置　　B. 中子源强度

C. 中子探测器(包括堆内、外)的位置　　D. 燃料组件在堆芯内的位置顺序

E. 冷却剂的硼浓度

第 10 章　反应堆热工水力基础

10.1　热工基础

反应堆所能产生的功率大小，主要取决于反应堆的热传递能力。热传递是一种转移一定数量热量的物理现象。反应堆的热源来自于核裂变过程所释放出来的巨大能量，而这些能量从堆芯依次经过导热、对流放热和输热三个过程输出。

10.2　堆内的导热过程

前面我们已经知道，每次核裂变释放出来的总能量平均约为 200 MeV，而这些裂变能的绝大部分是在燃料元件内转换为热能的。裂变能的分布与堆的具体设计有关，CP600 核电厂施工设计中取燃料元件的释热量占总释热量的 97.4%。另外，控制棒在吸收堆芯的 γ 射线以及其本身吸收中子的(n，α)、(n，γ)反应将释放出一定的热量；慢化剂所产生的热量主要是裂变中子的慢化、吸收裂变产物所放出的 α 粒子的能量(一部分)、吸收各种 γ 射线的能量；堆内结构材料中的热源的来源几乎完全是由于吸收来自堆芯的各种 γ 辐射，而由结构材料与中子的相互作用而生成的热量，一般认为不大于由吸收 γ 而产生的总热量的 10%。

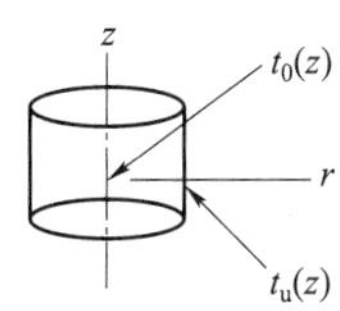

图 10-2-1　圆柱形燃料芯块示意图

燃料元件的导热是指燃料芯块内产生的热量，通过热传导传到燃料元件包壳的外表面这样一个过程。在稳态工况、且热导率 q_v 不随温度而变化时，对于具有内热源的圆柱形燃料芯块(如图 10-2-1 所示)，如果忽略轴向导热，则导热方程为：

$$\frac{d^2 t}{dr^2}+\frac{1}{r}\frac{dt}{dr}+\frac{q_v}{k_u}=0 \tag{10-2-1}$$

当内热源均匀分布时，解上述方程就可得到圆柱形燃料芯块的中心和表面之间的温差为：

$$t_0-t_u=q_l\frac{1}{4\pi k_u} \tag{10-2-2}$$

式中：t_0——燃料芯块的中心温度，℃；

t_u——燃料芯块的表面温度，℃；

r——燃料芯块的半径，m；

q_l——燃料芯块的线功率密度，W/m；

q_v——燃料芯块的体积释热率，W/m^3；

k_u——燃料芯块的热导率，W/m·℃。

q 表示燃料芯块的表面热流量，W/m^2；q_l、q 和 q_v之间的关系是：$q_l=2\pi rq=2\pi r^2 q_v$

同时，堆内的导热过程的基本规律也可以用傅里叶定律来简单地表达：

$$q''=-k\cdot \mathrm{grad}(T) \tag{10-2-3}$$

式中：q''——热流密度，W/m^2；

$\mathrm{grad}(T)$——温度梯度，℃/m；

k——热导率，W/m·℃。

热导率是反映物质热传导能力的物理量。在这方面金属和气体的热导率大约相差两个数量级。二氧化铀是陶瓷材料，其热导率也较小，而且随温度的变化很明显。

10.3 堆内的放热过程

放热过程是燃料元件包壳表面与冷却剂之间直接接触时的热交换，即热量由包壳的外表面传递给冷却剂的过程。一般来说，在这种热交换过程中起主要作用的是由流体（冷却剂）位移所产生的对流。对流放热过程中所传递的热量可用牛顿冷却定律求得，即：

$$Q = hF\Delta\theta_f \tag{10-3-1}$$

式中：Q——包壳外表面传递给冷却剂的热功率，W；

h——对流放热系数，$W/(m^2\cdot ℃)$；

F——传热表面积，m^2；

$\Delta\theta_f$——膜温压，℃。

在位置 z 处，通常 $\Delta\theta_f(z)=\Delta\theta_{cs}(z)-\Delta\theta_f(z)$，这里 $\Delta\theta_{cs}(z)$ 是在位置 z 处的包壳外表面的温度，℃；$\Delta\theta_f(z)$ 是在位置 z 处的冷却剂的温度，℃。对于单位长度的燃料元件而言，式(10-3-1)可以改写为：

$$q_l(z) = h(z)F_l[t_{cs}(z) - t_f(z)] \tag{10-3-2}$$

所以，有 $q_l(z)/h(z)F_l = t_{cs}(z) - t_f(z)$

式中：$q_l(z)$ 是位置 z 处单位长度燃料元件的线功率密度，W/m；F_l 是单位长度燃料元件的外表面积，m^2；$h(z)$ 是位置 z 处包壳与冷却剂间的放热系数，$W/(m^2\cdot ℃)$。

在用式(10-3-2)求包壳的外表面温度 $t_{cs}(z)$ 时，关键在于求出放热系数 $h(z)$，当 $h(z)$ 被确定后，$t_{cs}(z)$ 就可求得。影响放热系数大小的主要因素有：

(1) 流体（冷却剂）的物性（密度、比热容、热导率和黏度等）；

(2) 流速和流动方式（强迫流动或自然流动）；

(3) 流动形式（层流或湍流）；

(4) 传热壁的形状、几何尺寸及其相对于流动方向的方位（垂直或平行）；

(5) 流体（冷却剂）在流动和换热过程中状态的变化（沸腾、冷凝和流型等）。

对不同性质的流体（冷却剂）以及不同的运行工况，放热系数的大小差别很大。表 10-3-1 归纳了对流放热的各种类型。

在单相流体对流放热过程中，强迫对流放热是流体在外动力的驱动下时的换热；自然对流放热是由于靠近放热表面和远离放热表面的流体内部密度梯度引起的流体运动过程，而温度梯度通常是由流体本身的温度场所引起的。它取决于流体内部是否存在温度梯度，因而其运动的强度也取决于温度梯度的大小。如能形成循环流动时，称做自然循环。

表 10-3-1　对流放热的类型

<table>
<tr><td rowspan="2">单相流体放热系数</td><td colspan="3">两相流体放热系数</td></tr>
<tr><td colspan="2">沸腾</td><td>冷凝</td></tr>
<tr><td rowspan="2">强迫对流放热
自然对流放热</td><td>池式沸腾</td><td>泡核沸腾
过渡沸腾
膜态沸腾</td><td rowspan="2">滴状凝结
膜态凝结</td></tr>
<tr><td>流动沸腾</td><td>泡核沸腾
过渡沸腾
膜态沸腾
通过液膜的强迫对流
缺液区的传热</td></tr>
</table>

自然对流换热同强迫对流换热一样，也可用牛顿冷却定律式(10-3-1)来计算换热量。但是，由于自然对流是由温度梯度所引起的，在运动微分方程中必须考虑由温度梯度而引起的浮升力和流体本身的重力。自然对流的放热是极其复杂的，通道的几何形状影响比较大，迄今尚无一个像强迫对流那样能够适用于各种几何形状通道的普遍公式，一般只能从实验中得到在某些特定条件下的经验关系式。

10.4　堆内的辐射传热

两个物体之间发生辐射传热时，物体(辐射体)发射由光子这种能量粒子组成的热射线，冷体(吸收体)因光子的撞击作用转变为热量而变热。所有物体都可能向温度低的物体辐射热量。

辐射传热可以用下式表示：

$$q'' = \frac{\sigma_{SB}(T_2^4 - T_1^4)}{\dfrac{1}{E_1} + \dfrac{1}{E_2} - 1} \tag{10-4-1}$$

式中：T_1、T_2——低温物体和高温物体的表面温度，K；

σ_{SB}——辐射常数，$W/m^2 \cdot K^4$；

E_1、E_2——低温物体和高温物体的发射率，无因次。

对氧化物，一般取 $E=0.8\sim1.0$，如对二氧化铀芯块取 $E=0.9$；锆合金包壳取 $E=0.6$。汽水混合物的发射率可用下式计算：

$$E = \alpha E_s + (1-\alpha)E_f \approx 1 - 0.8\alpha \tag{10-4-2}$$

式中，E_s 和 E_f 分别为蒸汽和水的发射率，α 为空泡份额。在失水事故中，包壳的温度可能升得很高。

10.5　堆内的输热过程

堆内的输热过程指的是，当冷却剂流过堆芯时，将堆内裂变过程所释放的热量带出堆芯

的过程。要想提高堆芯的输热过程的效率,应满足以下条件:

(1) 每种介质的入口和出口温差大;

(2) 载热剂流体的流量大;

(3) 载热剂储存热量的能力大。

这样,冷却剂从堆芯进口到位置 z 处的输热量为:

$$Q(z) = W \cdot c_p \cdot \Delta t_f(z) = A_f \cdot V \cdot \rho \cdot c_p \cdot \Delta t_f(z) = W \cdot \Delta H_f(z) \tag{10-5-1}$$

式中:$Q(z)$——从冷却剂通道进口至堆芯位置 z 处所传出的热功率,W;

W——冷却剂的质量流量,kg/s;

c_p——冷却剂的比热,J/(kg·℃);

ρ——冷却剂的密度,kg/m^3;

V——冷却剂的流速,m/s;

A_f——冷却剂的流通截面积,m^2;

$\Delta H_f(z)$——从冷却剂通道进口至堆芯位置 z 处的冷却剂焓升,J/kg;

$\Delta t_f(z)$——从冷却剂通道进口至堆芯位置 z 处的冷却剂温升,℃,即:

$$\Delta t_f(z) = t_f(z) - t_{f,in} = \frac{Q(z)}{Wc_p}$$

这里,$t_f(z)$——在堆芯位置 z 处的冷却剂温度,℃;

$t_{f,in}$——堆芯进口的冷却剂温度,℃。

式(10-5-1)给出了堆内几个热工参数的相互关系;它可以用来求出 $t_f(z)$,同时也可以作为分析堆内某些工况的依据。

10.6 燃料元件的传热计算

(1) 沿燃料元件轴向的冷却剂温度分布

设冷却剂的进口温度为 $t_{f,in}$,当它流经燃料元件表面时被加热,所以它的温度不断升高:

$$t_f(z) = \frac{Q(z)}{W \times c_p} + t_{f,in} \tag{10-6-1}$$

式中:W 是冷却剂的质量流量,c_p是比热容。从图 10-6-1 可知:$\int_{\frac{L_R}{2}}^{z} q_l(z)\mathrm{d}z$

其中:$q_l(z)$是燃料元件在位置 z 处的线功率。假设燃料元件沿轴向的释热率按余弦分布,则:

$$t_f(z) = t_{f,in} + \frac{q_l(0)}{\pi} \cdot \frac{L_{Re}}{Wc_p}\left(\sin\frac{\pi z}{L_{Re}} + \sin\frac{\pi L_R}{2L_{Re}}\right)$$

这样,$Q(z) = \int_{\frac{L_0}{2}}^{z} q_l(0)\cos\frac{\pi z}{L_{Re}}\frac{q_l(0)L_{Re}}{\pi}\left(\sin\frac{\pi z}{L_{Re}} + \sin\frac{\pi L_R}{2L_{Re}}\right)$

以 $z=L_R/2$(L_R为燃料元件的有效高度,L_{Re}为燃料元件的高度)代入上式得到:

$$t_f(z) = t_{f,in} + \frac{2q_l(0)}{\pi} \cdot \frac{L_{Re}}{Wc_p}\left(\sin\frac{\pi z}{L_{Re}}\right) \tag{10-6-2}$$

用不同的 z 值代入式(10-6-2),就可得到不同位置 z 处的冷却剂温度,由此得到的温度分布示于图 10-6-1。在推导中曾假设释热率按余弦分布，对于这种情况，由图 10-6-1 可以看出：在冷却剂通道的进出口段，冷却剂的温度上升得较慢，中间段上升得较快，而在出口处冷却剂温度达到最大值。

(2) 包壳外表面温度 $t_{cs}(z)$ 的计算

$$t_{cs}(z) - t_f(z) = \frac{q_l(z)}{\pi d_{cs} h(z)} \tag{10-6-3}$$

在求得 $t_f(z)$ 以后，可以根据对流放热方程求 $t_{cs}(z)$。根据式(10-6-3)有：

由此可得：

$$t_{cs}(z) = t_f(z) + \frac{q_l(0)}{\pi d_{cs} h(z)} \cos \frac{\pi z}{L_{Re}} \tag{10-6-4}$$

式中，假设释热率按余弦分布。d_{cs} 为包壳的外径。所以只要确定未知量 $h(z)$，就可求得 $t_{cs}(z)$。

由式(10-6-4)可知，$t_{cs}(z)$ 沿高度方向是变化的。显然，在某一高度 z 处，$t_{cs}(z)$ 将出现最大值。包壳外表面的最高温度 $t_{cs,max}$ 不容许超过包壳材料的熔点。此外，包壳外表面的最高温度还受到材料的强度和腐蚀等因素的限制。从 $t_{cs}(z)$ 的分布图 10-6-1 可以看出，其最大值出现在冷却剂通道的中点和出口之间。这是因为它受到两个因素的影响：一是冷却剂的温度，它沿轴向的变化与释热率量分布有关，越接近通道出口，温度升高越慢；二是膜温压，它与线功率 $q_l(z)$ 成正比，也是沿冷却剂通道中间大，上下两端小。这两个因素的综合作用，就使包壳外表面最高温度发生在冷却剂通道的中点和出口之间。

通过上面的分析可以看出，燃料元件中心温度沿径向的分布可由下式导出：

$$t_0 = t_f + \Delta t_c + \Delta t_u + \Delta t_g + \Delta t_f \tag{10-6-5}$$

式中：Δt_c、Δt_u、Δt_g 和 Δt_f 分别为包壳温差、燃料芯块中心与外表面的温差、气隙温差和膜温差。

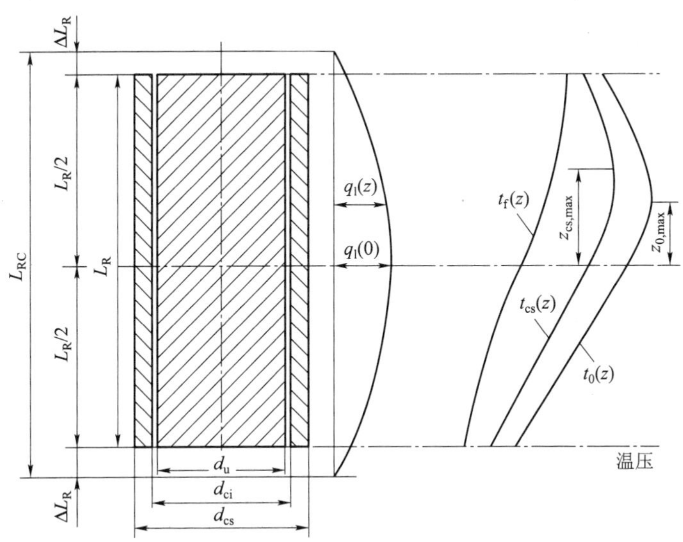

图 10-6-1　燃料元件温度与释热量分布

10.6.1 热屏蔽的传热计算

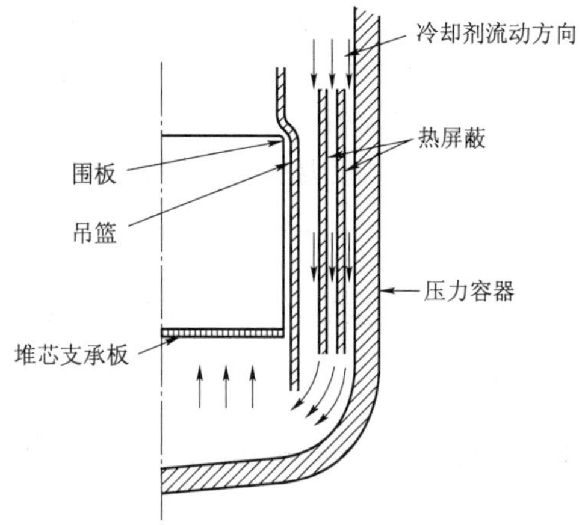

图 10-6-2 压水堆热屏蔽结构示意图

堆芯是一个强大的辐射源，它所放出的 γ 射线、中子流等，其绝大部分为反射层、热屏蔽、压力容器和生物屏蔽所吸收或减弱，最终转变成热量；只有极少量的辐射线逸出堆外。因而，这些反应堆部件也需要冷却。这里介绍一下热屏蔽的传热计算。

热屏蔽位于堆芯和压力容器之间，其功用在于吸收来自堆芯的强辐射（γ 射线和中子流），使压力容器和生物屏蔽所遭受的辐射不超过允许的数值。它往往采用高熔点和高导热率的重金属制成（如硼钢等）。由图 10-6-2 可以看出，如果没有热屏蔽，压力容器由于直接遭受辐射而产生的热应力将比较大，甚至会超过其允许的数值。此外，压力容器经受强 γ 射线和中子流的辐照，使积分通量很快接近其允许水平，这将大大缩短设备的寿命。

热屏蔽中的热源是按指数衰减规律分布的，所以 γ 射线能量的 90% 是在热屏蔽（靠近堆芯一侧）的厚度的 10% 内被吸收的，因而热屏蔽中的最高温度的位置将出现在靠近堆芯的一侧。热源的大小随堆型及热屏蔽结构而异。一般可用下式表示：

$$q_{v,s}(x) = q_{v,s}(0)Be^{\mu x} \tag{10-6-6}$$

式中，$q_{v,s}(x)$是位置 x 处热屏蔽的体积释热率。$q_{v,s}(0)$是 $x=0$ 处（靠近堆芯的一侧）的体积释热率。B 是累积因子（可由屏蔽设计手册查得，因为热屏蔽的厚度比较薄，在估算时可取 $B=1$）。μ 称为吸收系数，cm^{-1}，是一个常数，它取决于材料的性质和辐射粒子的能量。在辐射粒子为中子的情况下，μ 等于中子与所用材料发生具体反应（吸收或散射）时的宏观截面 Σ；对于 γ 粒子，μ 是所用材料的性质和 γ 能谱的复合函数（可由屏蔽设计手册查得）。

对于圆筒形的热屏蔽，有：

$$\frac{d^2t}{dx^2} = -\frac{1}{k_s}q_{v,s}(x) \tag{10-6-7}$$

式中：k_s是热屏蔽的热导率。联立式（10-6-6）和式（10-6-7），并取 $B=1$ 得：$k_s\dfrac{d^2t}{dx^2} = q_{v,s}(0)e^{\mu x}$

如果 k_s是常数，则其解为：$t = -\dfrac{q_{v,s}(0)}{k_s\mu^2}e^{\mu x} + C_1x + C_2$

利用边界条件：当 $x=0$ 时，$t=t_1$；

当 $x=L$ 时，$t=t_2$。

从而得到最后的解：

$$x_{\max} = -\frac{1}{\mu}\ln\left[(t_2 - t_1)\frac{k_s\mu}{q_{v,s}(0)\cdot L} + \frac{1-e^{-\mu L}}{\mu L}\right] \tag{10-6-8}$$

将式(10-6-8)对 x 求导，并令 $dt/dx=0$，可求得最高温度所在的位置 $x_{\max}$：

$$t(x) = t_1 + (t_2 - t_1)\frac{x}{L} + \frac{q_{v,s}(0)}{k_s\mu^2}\left[(e^{-\mu L} - 1)\frac{x}{L} - e^{-\mu x} + 1\right] \tag{10-6-9}$$

将 $x_{\max}$代入式(10-6-8)，可得到最高温度 $t_{\max}$的值。

10.6.2　单相流体的对流换热计算

堆芯的棒束通道中、蒸汽发生器和凝汽器的传热管内，水与壁面之间的传热都是单相流体的强迫对流传热。对于沿壁面流动的情况，其传热功率都可以用式(10-6-10)表示：

$$Q(z) = W \cdot c_p \cdot | t_{out} - t_{in} | = W \cdot | H_{out} - H_{in} | \tag{10-6-10}$$

式中：t_{in}、t_{out}为进出口水温，H_{in}、H_{out}为进出口水焓。

对流传热系数为：

$$h = C_1 \frac{k}{D_0} Re^{0.8} Pr C_2$$

式中：h——对流传热系数，W/(m^2·℃)；

k——流体的热导率，W/(m·℃)；

D_0——流道的当量直径，m。$D_0=4A/U$，A 为流道截面积，U 为湿润周界；

Re——雷诺数，$Re=VD_0\rho/\mu$，无因次；

V——流速，m/s；

ρ——流体密度，kg/m^3；

μ——黏度，kg/m·s；

Pr——普朗特数，$Pr=\mu c_p/k$，无因次；

c_p——流体的比定压热容，J/(kg·℃)；

C_1、C_2——常数。

10.6.3　蒸汽发生器内的传热计算

CP600 核电厂的每台蒸汽发生器内有 4 640 根 U 形管，负责将一回路冷却剂中的热量传递给二次侧的给水。一回路冷却剂的流量为 23 320 t/h(即 6 477.8 kg/s)，在满功率下进口温度为 327.2 ℃，出口温度为 292.8 ℃，根据式(10-6-10)可计算出每台蒸汽发生器的传热功率为：

$$Q(z) = W \cdot c_p \cdot | t_{out} - t_{in} | = 6\ 477.8 \times 4.343 \times 34.4 = 967.8 \text{ MW}$$

二次侧加热给水产生蒸汽，在满负荷下，给水温度为 230 ℃，给水焓为 $H_f=973.3$ kJ/kg。蒸汽发生器出口压力为 6.7 MPa，产生含 0.25%湿度的饱和蒸汽，在该压力下饱和水焓为 1 256 kJ/kg，饱和蒸汽焓为 2 776 kJ/kg，因此出口蒸汽的焓为：$H_V = 2\ 776 \times 99.7\% + 1\ 256 \times 0.25\% = 2\ 770.8$ kJ/kg。由此可以计算出每台蒸汽发生器产生的蒸汽量：$W_V = \frac{Q}{H_v - H_f} = \frac{967.8 \times 10^3}{2\ 770.8 - 973.3} = 538.4$ kg/s。

进入蒸汽发生器二次侧的给水是欠热的，在一回路传给二次侧的热量中，大约有 16%用来把给水加热到饱和温度。在这部分传热面中，由于二次侧给水的流速比较低，相应地传热系数也比较低，它会成为传热的主要热阻。设法提高这部分传热面的传热系数对于缩小它所占的传热面是有好处的。在二次侧的沸腾传热段上，传热系数较大，形成的热阻与管内对流传热的热阻相当。CP600 核电厂蒸汽发生器设计计算中的总传热系数在满负荷下为 8 218 W/(m^2·℃)(为预热段和沸腾段的权重平均值)。

10.6.4　凝汽器内的传热计算

CP600 核电厂的每台发电机组有 3 台凝汽器，其额定工况下的循环冷却水的进口温度为 23 ℃，此时的凝结水温度为 40.32 ℃。3 台凝汽器循环冷却水的总量为 45 m^3/s。按照设计，它们排出的热量为 1 897.2 MW。由此我们可以计算出循环水出口温度为：

$$t_{out} = t_{in} + \frac{Q}{W \cdot c_p} = 23 + \frac{1\,897.2 \times 10^3}{45 \times 995 \times 4.20} = 33.1\ ℃$$

凝汽器可冷凝的蒸汽量为 829.4 kg/s。凝汽器总传热系数为 3.20 W/(m^2·℃)，传热管内的循环水流速为 2.44 m/s，传热系数大约为 2×10^5 W/(m^2·℃)，其管壁的热阻也不大，所以它的主要热阻在冷凝传热侧。这主要是由于管排沿高度有许多层，上层管排凝结的水滴落到下层上，会在外表面形成较厚的水膜而影响传热。为了减小下层管排液膜的厚度，除在管排中间设置积水导流板之外，还把传热管安装成轴线向上拱起的形状，以使冷凝水自动流向两端进行疏水。整个传热管拱起的高度为 66 mm。

10.6.5 沸腾传热工况

沸腾是一种重要的传热机理，它不仅存在于蒸汽发生器、稳压器的电加热器表面等传热设备之中，而且反应堆在正常运行过程，堆芯热通道中也存在局部欠热沸腾传热，在反应堆冷却剂系统的事故状态下，堆芯会出现更为复杂的沸腾问题。

沸腾存在两种基本的沸腾型式：大容积沸腾（或称为池式沸腾）和流动沸腾。池式沸腾是指由浸没在原来静止的大容积液体内的受热面（如稳压器的电加热器）产生的沸腾。当液体处于饱和温度以下所产生的沸腾叫过冷大容积沸腾；当液体处于饱和温度时，则叫做饱和大容积沸腾。流动沸腾是指液体在流过传热面时产生的沸腾。在堆芯和蒸汽发生器传热管二次侧出现的沸腾都是流动沸腾。

当加热面的温度超过液体的饱和温度一定值时，在加热面上就会产生汽泡。汽泡在紧贴加热面的过热液体中很快地长大，直到跃离壁面并进入大容积液体中去。在依靠浮升力向上运行的过程中，汽泡不是被冷凝就是继续长大，这就是通常所说的泡核沸腾。泡核沸腾又可分成两种情况：

• 欠热泡核沸腾。此时液体的主流温度还没有达到饱和温度，但壁面已经超过饱和温度，在壁面上也已经产生了汽泡。汽泡在脱离壁面进入主流区与欠热液体相遇后被冷凝。所以该状态的汽泡主要存在于壁面附近。

• 饱和泡核沸腾。发生在液体主流温度已经达到饱和温度的情况下，主流液体中存在部分汽泡。

在泡核沸腾工况下，壁面上的汽泡不断地产生又不断地跃离，这对边界层产生很大的扰动，对传热有明显的改善作用。

在热流密度较低时，流道内除上述的泡核沸腾传热工况外，还有以下几种传热工况：

• 单相液体强迫对流传热。这时液体的温度低于饱和温度。

• 通过液膜的强迫对流蒸发。这时两相流中的含汽率已经相当大，两相流呈环状流动结构，液体薄层沿壁面流动形成一个环状液膜。由于液膜的有效对流传热，液体不会过热到产生汽泡的温度。热量传到液膜与汽芯的交界面上，液体的蒸发将热量带走。

• 缺液区的传热。液体呈滴状混在蒸汽中一起流动。由于此时液膜已经烧干，加热表面与蒸汽相接触，与液膜烧干前相比，传热系数已经大幅度降低，壁温也已升高。但液滴对传热有增强作用，所以传热系数仍高于单相蒸汽时的传热。液膜烧干时的工况，即强迫对流蒸发到缺液区传热的转折点，称为“干涸”。

- 单相蒸汽的对流传热。传热系数降低，壁温将进一步升高。

图 10-6-3 给出了流动沸腾的传热区域。在加热壁面的热流密度提高时，欠热沸腾会提前出现，泡核沸腾在壁面上产生汽泡的数量增多。当热流密度增加到一定程度时，产生的汽泡在离开壁之前就连成一片形成一个汽膜。汽膜覆盖了传热表面形成很大的热阻，传热系数陡然降低，壁温由于不能被及时带走而急剧上升。此沸腾工况称为膜态沸腾，由泡核沸腾转变成膜态沸腾称为偏离泡核沸腾，记作 DNB。在膜态沸腾之后，接下去的是缺液区的传热和单相蒸汽的传热。

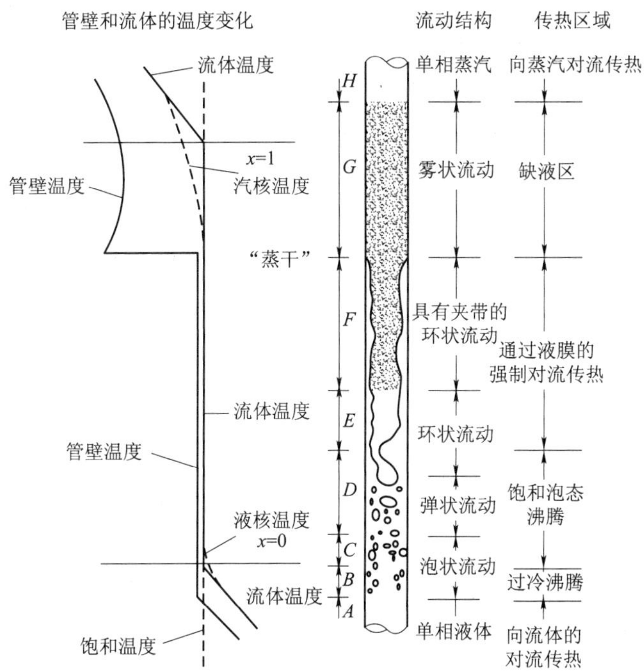

图 10-6-3　流动沸腾的传热区域

由于沸腾机理的变化引起传热系数陡降，而导致传热壁面温度骤然升高的现象称为沸腾危机。发生沸腾危机时的热流密度称为临界热流密度。

如上所述，在流动沸腾中有两种沸腾危机，一种是偏离泡核沸腾(DNB)，其机理是泡核沸腾在热流密度足够大时突然转变成膜态沸腾，它发生在含汽率很低或者欠热的液体中。另一种沸腾危机是干涸，其机理是环状流的液膜由于不断蒸发而破裂甚至蒸干，传热面由于失去液膜覆盖而传热性能变差。这种沸腾危机发生在含汽率很高的环状两相流中。

在堆芯中传热恶化的危险主要来自偏离泡核沸腾，但在一回路出现大破口失水事故中的堆芯裸露阶段，也有可能出现干涸。由于下列两种原因，使堆芯中发生偏离泡核沸腾的后果比发生干涸时严重得多：

- 发生偏离泡核沸腾的必要条件是热流密度特别大。因而一旦传热能力下降时，传热面上热量的积聚和温度的升高将是非常迅猛的。而干涸的出现主要取决于流量和含汽率，通常热流密度并不很高。

• 在从泡核沸腾转变成膜态沸腾时，传热系数降低的幅度很大，这就加剧了传热面（如包壳）温度的上升速度。而干涸发生后，蒸汽的流速突出很高，而且其中还夹带着液滴，所以发生干涸时传热系数降低的幅度较小。

燃料元件表面在发生偏离泡核沸腾时的临界热流密度（q''_{DNB}）大小主要影响因素有：

• 质量流速。流速大，流体的扰动强，加热面上难以形成稳定的汽膜，因而使 q''_{DNB} 增大。

• 通道进口处水的欠热度。欠热度越大 q''_{DNB} 越大。

• 工作压力。压力增加时，汽、液之间的密度差减小，汽泡不易跃离，使 q''_{DNB} 有下降的趋势。但是另一方面，压力增加会使饱和温度上升，两相流中的含汽率减小，进口处水的欠热度增大，这使 q''_{DNB} 有增加的趋势。这两种趋势的综合效果是压力增加使 q''_{DNB} 增加。

• 发生 DNB 处冷却剂的焓。冷却剂的焓（含汽率）越大，q''_{DNB} 越小。

• 加热表面的粗糙度。粗糙度大，可使 q''_{DNB} 增大。

q''_{DNB} 的数值可以用公式进行计算，所用公式是从大量试验结果中综合出来的，是半经验公式。秦山核电二期工程所有的 q''_{DNB} 计算公式是 WRB-1 关系式。它除了考虑上述因素外，还考虑了热流密度沿流道分布不均匀、冷壁效应、定位格架和棒弯曲等因素的影响。其计算结果满足在 95％的置信度下的 95％的可信度。其 DNBR 的限值为 1.17。而设计使用的最小 DNBR 值为 2.16。

10.6.6 凝结传热

凝结是沸腾汽化的逆过程，它也是在饱和状态下进行的。凝结时的压力和温度服从饱和线规定的关系，凝结温度越低，对应的蒸汽压力也越低。在蒸汽与低于饱和温度的壁面接触时有两种凝结型式：

• 膜状凝结。此时的壁面总是被一层液膜覆盖，凝结时放出的潜热必须穿过液膜才能到冷凝壁面上去，液膜对冷凝传热形成热阻。

• 珠状凝结。此时的壁面上冷凝的液体以水珠的形式存在，传热面大部分是裸露的与蒸汽直接接触，从而使冷凝传热能力大为增强，其传热系数可达膜状凝结的 5 倍到 10 倍。

凝结的形式主要取决于液体对壁面的浸润性。实际上，在绝大多数冷凝设备中，包括电厂的凝汽器在内，存在的都是膜状凝结。影响膜状凝结传热的主要因素有下列两个方面：

• 液膜厚度。液膜是冷凝传热的主要热阻。

• 不可凝气体。蒸汽中含有极少量的不可凝气体，这可对凝结传热产生十分有害的影响。在蒸汽中含有 1％的不可凝气体会使传热能力降低 60％。这主要是由于在冷凝液膜附近蒸汽的分压随其凝结而减小，不可凝气体的相对浓缩使分压增大。这层不可凝气体聚集在液膜附近妨碍了蒸汽的凝结。另一方面，蒸汽的分压下降，其饱和温度即凝结温度也相应降低。这意味着冷凝水与循环水的温差减小，而该温差正是冷凝传热的推动力。

10.7 水力学基础

堆内释出的热量，通常是由流动的反应堆一回路冷却剂带出堆芯的。因此，核电厂闭合的一回路不仅是一个热工回路，而且还是一个水力回路。

反应堆一回路冷却剂为了将堆芯释出的热量带出，就必须要有一定压力和流量的流体在一回路内流动。堆芯的输热能力以及作用在堆内构件上的作用力与冷却剂的流动特性有关。

10.7.1 单相冷却剂的流动压降

物相(简称为相)是物质存在状态的描述。固相、液相和汽相是物质存在的三种状态。物质处于哪一种相，这与它所处的温度、压力有关。当温度和压力改变时，物质可以从一种相变成另外一种相。系统内只有一种物相的流动称为单相流。一般把液体冷却剂看做是不可压缩流体。也就是说，在处理液体冷却剂流动的问题时，可以把流场中各点的流体密度看做是常数。

单相流在稳定流动时，系统内任意给定的两个流通截面之间的静压力的变化即压降，都可以用下述动量守恒方程进行计算，即：

$$p_1 - p_2 = \Delta p_{el} + \Delta p_a + \Delta p_f + \Delta p_c \tag{10-7-1}$$

式中：p_1 和 p_2——分别表示流体在所给定的流通截面 1 和 2 处的静压力；

• Δp_{el}——表示流体自截面 1 流至截面 2 时，由于流体位能的改变而引起的静压力的变化，该项通常称为提升压降。若流体的位能是增加的，则提升压降为正值，如果流体的位能是减少的，则提升压降为负值。

单相流体的提升压降，只有在所给定的两个截面的位置之间存在一定的垂直高度差时才会出现。对水平通道来说不存在这个问题。该压降可用下式表示：

$$\Delta p_{el} = \int_{z_1}^{z_2} \rho g \sin\theta \mathrm{d}L$$

式中：Δp_{el}——提升压降，Pa；

ρ——流体密度，kg/m^3；

g——重力加速度，kg/m^2；

θ——通道轴线与水平面间的夹角，(°)；

z_1、z_2、L——分别为截面 1、2 的轴向坐标和通道长度，m。

• Δp_a——表示因流体速度发生变化而引起的静压力变化，该项称为加速压降。流体速度的变化可以是流通截面发生变化引起的，也可以是流体密度发生变化引起的；

由于流体密度的改变而产生的加速压降，其表达式为：$\Delta p_a = \int_{V_1}^{V_2} \rho V \mathrm{d}V$

式中：V_1、V_2 分别表示流体在截面 1 和截面 2 处的流速。因为 $\rho V = G$ 为一个常数，所以上式积分得：

$$\Delta p_a = G(V_2 - V_1)$$

式中的 G 是质量流速，kg/m^2 · h。若把 Δp_a 表示成流体密度或比容的函数，则可写成：

$$\Delta p_a = G^2\left(\frac{1}{\rho_2} - \frac{1}{\rho_1}\right) = G^2(v_2 - v_1)$$

液体冷却剂在只有温度改变而不产生沸腾时，它的密度变化是很小的。所以，液体冷却剂沿等截面直通道流动时，可忽略加速压降。

• Δp_f 和 Δp_c——通常把由摩擦引起的压力损失分为两类，一类是流体沿截面直通道流动时，由沿程摩擦阻力的作用而引起的压力损失，即摩擦压降 Δp_f；另一类是流体流过有急剧变化的固体边界时，如阀门、孔板、弯管和燃料组件定位格架等处时，所出现的集中压力损失，即形阻压降 Δp_c。

—计算单相流的摩擦压降采用 Darcy 公式：$\Delta p_f = f\dfrac{L}{D_e}\dfrac{\rho V^2}{2}$

式中：Δp_f——摩擦压降，Pa；

f——摩擦系数，无因次。它与流体的流动性质（层流与湍流）、流动状态（定型流动即充分展开的流动与未定型流动）、受热情况（等温与非等温）、通道的几何形状以及表面粗糙度等因素有关；

L——通道长度，m；

D_e——通道的当量直径，m；

ρ——流体密度，kg/m^3；

V——流体的速度，m/s。

—计算阀门、孔板、弯管的形阻压降

$$\Delta p_c = K\frac{\rho V_i^2}{2}$$

式中：Δp_c——形阻压降，Pa；

K——形阻系数，无因次；

ρ——流体密度，kg/m^3；

V_i——流体的速度，m/s。对于孔板，当截面突然扩大时，$i=1$；当截面突然缩小时，$i=2$。对于阀门、接管、弯管，i 不取任何值。

—计算燃料组件定位格架的摩擦压降

在计算燃料组件定位格架的摩擦压降时，以 Rehme 推荐的经验公式用得最广泛：

$$\Delta p_{gd} = K_{gd}\frac{\rho V_b^2}{2}$$

式中：Δp_{gd}——燃料组件定位格架的摩擦压降，Pa；

V_b——棒束中的流体平均速度，m/s；

K_{gd}——定位格架的形阻系数（$K_{gd}=K_d\Psi^2$），无因次，经验系数 K_d 为棒束中雷诺数 Re_d 的函数。

10.7.2 汽-水两相流动及其压降

10.7.2.1 两相流的流型

当汽-水两相介质在通道内流动时，可以有各种不同的存在形态（即流型）：有汽体以小汽泡的形式均匀散布在液体中的形态；有以大汽弹的形式存在于液体中的形态；还有液体以细小水滴分散在汽体中的雾状形态等等。显然，在这些不同的形态下，两相流的流动特性是不同的。在垂直加热通道内，随着冷却剂的向上流动，依次会出现液态单相流、泡状流、弹状流、环状流、雾环状流和雾状流等。汽泡首先在加热壁面的汽化核心上形成，在那里长大到一定程度后脱离壁面，这些小汽泡独立地随同液体向通道上方运动，故称为泡状流。泡状流通常出现在低含汽率的区域内。随着含汽率的增高，小的汽泡聚合而形成大的汽弹，在两个大汽弹之间，是夹杂着小汽泡的向上流动的水流。这种流型称为弹状流。当含汽率继续升高时，大汽弹汇合成为汽芯在通道中部流动，液相在壁面上流动，此时称为环状流。当壁面上的液体有一部分被汽体夹带时,称为雾环状流。由于壁面上的液体不断蒸发,液膜越来越薄,最后全部蒸干,但汽相中还有液滴存在,此时称为雾状流。

两相流的流型与压力、每一相的流量、热通道负荷、通道几何形状以及流动方向等多种因素有关。

10.7.2.2　两相流的特性参数

两相流的存在明显地改变了冷却剂的传热性能和流动特性,伴随相变所生成的汽泡还会减弱冷却剂的慢化能力。对于两相流来说,通道中各点的流体的状况会随时间而发生连续的变化,有时是液相,有时是汽相,即对某一相来说在时间域上是不连续的。虽然,在某一瞬时,两相流的行为仍然遵循质量守恒、动量守恒和能量守衡定律,但是,不连续现象的存在,大大增加了建立和求解这些方程的难度。因此,两相流对压水反应堆系统的设计和运行是非常重要的。在进行两相流的流动压降计算、传热计算和流动稳定性分析时,除要涉及具体流型之外,还必须确定通道中每一处两相间数量的比例关系,为此引入含汽量、空泡份额和滑速比的概念。

(1) 含汽量

在汽-水两相混合物中,定义了三种含汽量:

① 静态含汽量 x_s

对于不流动的系统,即在汽相和液相都没有运动的系统内,静态含汽量 x_s 定义为:

$$x_s = \frac{\text{汽液混合物内蒸汽的质量}}{\text{汽液混合物的总质量}} = \frac{\rho_g A_g}{\rho_f A_f + \rho_g A_g}$$

式中:A_g、A_f、ρ_g 和 ρ_f 分别表示在一个长度为 z 的体积元内,蒸汽所占据的截面积、液体所占据的截面积、蒸汽的密度和液体的密度。不言而喻,x_s 值的变化范围是 $0 \leqslant x_s \leqslant 1$。

② 真实含汽量 x

对于流动的系统,任何一个横截面上的真实含汽量 x 定义为:

$$x = \frac{\text{蒸汽的质量流量}}{\text{汽液混合物的总质量流量}} = \frac{\rho_g V_g A_g}{\rho_f V_f A_f + \rho_g V_g A_g}$$

式中:A_g、A_f、V_g、V_f、ρ_g 和 ρ_f 分别表示在一个长度为 z 的体积元内,蒸汽所占据的截面积、液体所占据的截面积、蒸汽的流速、液体的流速、蒸汽的密度和液体的密度。

真实含汽量 x 对分析过冷沸腾和烧干后的沸腾工况十分重要,因为在这两个区域内汽液两相间处于热力学不平衡状态。热力学平衡状态含汽量在这些区域是不适用的。

③ 平衡态含汽量 x_e

若汽液两相处于热力学平衡状态,则 x_e 可由下式确定:

$$x_e = \frac{(H - H_{fs})}{H_{fg}}$$

式中:H 是汽液两相混合物的焓,H_{fs} 是液体的饱和焓,H_{fg} 是汽化潜热。平衡态含汽量可以为负,也可以为正和大于 1。若 x_e 为负,则说明流体是过冷的;若 x_e 大于 1,则说明流体已为过热蒸汽。因此,在过冷沸腾区 x_e 不等于 x。

(2) 空泡份额

在静止的汽液混合物中,α 被定义为蒸汽的体积与汽液混合物总体积的比值,即

$$\alpha = U_g/(U_f + U_g) \tag{10-7-2}$$

式中：U_g——汽液混合物内蒸汽的体积；

U_f——汽液混合物内液体的体积。

而在流动系统中，在所考虑的区段内的空泡份额 α 是该区段蒸汽的体积与汽液混合物总体积之比。对于长度为 Δz 的微元段来说可以写出：

$$\alpha = A_g \Delta z/(A_f + A_g)\ \Delta z$$

式中：A_g 和 A_f 分别是蒸汽和液体在通道内所占的流通截面积。因为 $A_f + A_g = A$。于是上式简化为：

$$\alpha = A_g/A \tag{10-7-3}$$

式中：A 是通道的总流通截面积。由此可见，α 在数值上恰好等于蒸汽所占据的通道截面积的份额。

(3) 滑速比 S

在两相流中，蒸汽的平均速度和液体的平均速度可以相等，也可以不相等。若其中蒸汽的平均速度是 V_g，液体的平均速度是 V_f，则定义 V_g 与 V_f 之比为滑速比 S，即

$$S = V_g/V_f \tag{10-7-4}$$

在垂直向上流动的两相系统中，由于蒸汽的密度小，受到浮升力的作用，因而蒸汽的运动速度要比液体快，这样在蒸汽和液体之间便产生了相对滑移，所以 $V_f < V_g$，$S > 1$。

如果混合物的总质量流量为 W_t，则蒸汽的质量流量为 xW_t，而液体的质量流量为 $(1-x)W_t$。因为：$xW_t = A_g V_g \rho_g$；$(1-x)W_t = A_f V_f \rho_f$

所以：$V_g = xW_t/A_g\rho_g$；$V_f = (1-x)W_t/A_f\rho_f$

由此可得滑速比：

$$S = \frac{V_g}{V_f} = \frac{x}{1-x}\frac{A_f}{A_g}\frac{\rho_f}{\rho_g} \tag{10-7-5}$$

(4) 含汽量、空泡份额和滑速比间的关系

三者的关系为：

$$\frac{1-x_s}{x_s} = \frac{V_g}{V_f}\frac{1-x}{x} \tag{10-7-6}$$

式中：x_s——静态含汽率；

x——真实含汽率。

当 $S = V_g/V_f = 1$ 时 $x_s = x$。

10.7.2.3 两相流的基本方程

(1) 质量守恒方程，根据质量守恒定律得出；

(2) 动量守恒方程，根据动量守恒原理得出。

具体方程详见《反应堆工程原理(讲义)》(485 页)(凌贝贝编著)。

10.7.2.4 两相流的压降计算

许多涉及高温和高压的热工水力分析，可能不知道系统中相继出现的流动结构，因而也就不可能对特定的流动结构应用专门的处理方法。为此，专门研究了一种无须考虑流动结构而使之适用于进行热工水力分析的方法。通常根据预测可能出现的两相流流动结构，先建立一定的物理模型；继而按照所建立的物理模型合适地定义两相流的特性参数，如速度、温度、密度、黏度等；最后再应用有关标准流体力学和传热学方法对系统进行分析。目前广为应用的物理模型有“均匀流模型”和“分离流模型”两种。

(1) 一维稳态两相流动量方程

与分析单相流一样，动量方程同样是分析两相流压降的基础。严格定义的一维流动是指在与流线垂直方向上流体参数的变化，与流线方向上参数的变化相比较，可以略去不计的流动。简化的一维流动可以使复杂的问题得到简单处理，而其结果对实际运用仍可靠。简化的分析基础为：

① 两相为层状流动，各项均与通道壁面接触并有一公共分解面；

② 两相间存在质量交换；

③ 流动是稳定的，在垂直于流动方向的任一截面上，两相均具有各自的平均速度和平均密度，各点的压力相等；

④ 蒸汽和液体所占据的通道面积之和等于通道的总流通面积。

$$A\mathrm{d}p - \mathrm{d}F_{\mathrm{g}} - \mathrm{d}F_{\mathrm{f}} - g\sin\theta \mathrm{d}z(A_{\mathrm{f}}\rho_{\mathrm{f}} + A_{\mathrm{g}}\rho_{\mathrm{g}}) = \mathrm{d}(W_{\mathrm{f}}V_{\mathrm{f}} + W_{\mathrm{g}}V_{\mathrm{g}}) \tag{10-7-7}$$

式(10-7-7)即为一维稳态两相流动量微分方程。其中：W_{t}是总质量流量，A 是通道的总流通截面积。

(2) 均匀流模型的两相压降表达式

均匀流模型也称为“摩擦系数”模型或“雾状流”模型，它是把两相流看做是一个具有从每一相物性导出的平均物性的假想单相流。均匀流模型的基本假设是：

① 汽相和液相的流速相等($S=1$)；

② 两相间处于热力学平衡状态；

③ 使用合理确定的单相摩擦系数。

一般认为该模型适用于分析泡状流和滴状流。对于均匀流模型一维稳态流动的微分方程可直接由式(10-7-8)简化得到：

$$-A\mathrm{d}p - \mathrm{d}\,\overline{F} - A\bar{\rho} g\sin\theta \mathrm{d}z = W\mathrm{d}\,\overline{V} \tag{10-7-8}$$

由此式可以推导出均匀流模型的压降表达式，具体推导过程详见《核反应堆热工分析》(178 页)。

(3) 分离流模型的两相压降表达式

假定汽液两相完全分开，每组均以各自的平均流速沿通道的不同部分流动，这样的一种流动结构就称为分离流模型。其所依据的基本前提为：

① 汽相和液相的流速各自保持不变，但不相等；

② 两相间处于热力学平衡状态；

③ 应用经验关系式或简化的概念寻求两相流摩擦压降倍数和空泡份额与独立流动变量之间的表达式。

其表达式可表示为：

$$\frac{\mathrm{d}p}{\mathrm{d}z} = \left(\frac{\mathrm{d}p}{\mathrm{d}z}\right)_{\mathrm{f}} + G^2\frac{\mathrm{d}}{\mathrm{d}z}\left[\frac{x_{\mathrm{e}}^2 v_{\mathrm{gs}}}{\alpha} + \frac{(1-x_{\mathrm{e}})^2 v_{\mathrm{fs}}}{(1-\alpha)}\right] + g\sin\theta[\alpha\rho_{\mathrm{gs}} + (1-\alpha)\rho_{\mathrm{fs}}] \tag{10-7-9}$$

其具体推导见《核反应堆热工分析》(183 页)。

10.7.3　堆芯冷却剂流量的分配

为了在安全可靠的前提下尽量提高反应堆的输出功率，必须预先知道堆芯热源的空间分布和在各个冷却剂通道内的冷却剂流量。由于各种原因，进入堆芯的冷却剂并不是均匀分配的，主要因素有：

(1) 进入下腔室的冷却剂流量，不可避免地会形成大大小小的涡流区，从而有可能造成各冷却剂通道进口处的静压力各不相同。

(2) 各冷却剂通道在堆芯或燃料组件中所处的位置不同，其流通截面的几何形状和大小也就不可能完全一样。如处在燃料组件边、角位置上的冷却剂通道，其流通截面和处于中心处的就可能不一样。

(3) 燃料元件和燃料组件的制造、安装的偏差，会引起冷却剂通道流通截面的几何形状和大小偏离设计值。

(4) 各冷却剂通道中的释热量不同，引起各通道内冷却剂的温度（进而是热物性以及含汽量）也各不相同，从而导致通道中的流动阻力产生显著的差别，这是使流入各通道的冷却剂流量大小不同的一个重要原因。

由于堆芯冷却剂流动的复杂性，目前还不可能单纯依靠理论分析来解决堆芯的分配问题，而只能借助于描述稳态工况的冷却剂热工水力状态基本方程、已知的参量或边界条件以及一些经验数据或关系式，来求得可以满足工程上需要的堆芯流量分配的近似解。比较准确的流量分配，一般是在堆本体设计之后，根据相似理论，通过水力模拟试验测量出来的，不过这也只有测得冷态工况下的流量分布，有时甚至还要在反应堆的调试过程中进行实际的测量。

堆芯中成千上万个相互平行的冷却剂通道可以被看做是一组并联通道，而堆芯的上下腔室被看做这些平行通道的汇集处。依据计算模型的不同，并联通道通常被划分为闭式通道和开式通道两类。如果相邻通道的冷却剂之间不存在质量、动量和热量的交换，这些通道就被称为闭式通道，反之被称为开式通道。通常在热工水力计算中都是将堆芯冷却剂通道作为闭式通道处理的。对于闭式通道来说，只需考虑一维向上（或向下）的流动，不计相邻通道间冷却剂的质量、动量和热量的交换，所以这些方程的形式比较简单。

10.7.3.1 质量守恒方程

假设堆芯是由 n 个并联的闭式冷却剂通道组成（见图 10-7-1），冷却剂的总循环流量为 W_t，并联通道的各分流量分别为 $W_1, W_2, \cdots, W_n$，则质量守恒方程为：

$$(1-\xi_s)W_t = \sum_{i=1}^{n} W_i \tag{10-7-10}$$

式中的 ξ_s 称为旁流系数。等式左边项表示流经堆芯冷却剂通道的冷却剂流量。

10.7.3.2 动量守恒方程

冷却剂通道中的动量守恒方程仍然满足式(10-7-1)。若用一般的函数形式表示，则对第 i 个冷却剂通道可以写出：

$$p_{i,\text{in}} - p_{i,\text{out}} = f(L_i, D_{e,i}, A_i, W_i, \mu_i, \rho_i, x_i, a_i) \tag{10-7-11}$$

式中：$p_{i,\text{in}}$、$p_{i,\text{out}}$表示第 i 个冷却剂通道的进出口压力。L、D_e和 A 分别表示通道的长度、当量直径和流通截面积。W、μ、ρ、x 和 a 分别表示质量流量、黏度、密度含汽量和空泡份额。下标 i 表示通道的序数。

10.7.3.3 热量守恒方程

第 i 个冷却剂通道稳态工况下的热量守恒方程为：

$$W_i(H_{i,\text{out}} - H_{i,\text{in}}) = \int_0^L q_{l,i}(z)\mathrm{d}z \tag{10-7-12}$$

式中：$H_{i,\text{out}}$、$H_{i,\text{in}}$分别表示第 i 个通道冷却剂的出、进口焓，J/kg；$q_{l,i}(z)$表示第 i 个通道轴向高度 z 处的燃料组件的线功率，W/m。上式左边表示第 i 个通道内由冷却剂带走的热量，右边表示第 i 个通道燃料组件释出的热量。

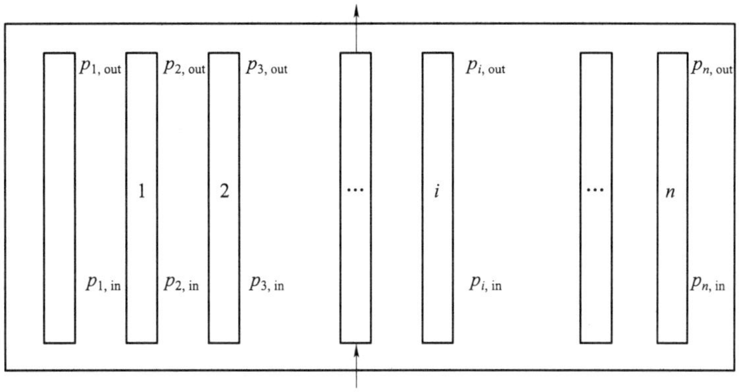

图 10-7-1 堆芯并联通道示意图

10.7.4 流动不稳定性

在加热的流动系统中，如果流体发生相变即出现两相流，流体不均匀的体积变化可能导致流体的不稳定。这里所指的不稳定是指：在一个质量流速、压降和空泡之间存在着热力-流体动力学联系的两相系统中，流体受到一个微小的扰动后所发生的流量漂移或者以某一频率的恒定振幅或变振幅进行的流量振荡。流动不稳定性不仅在热源有变动的情况下会发生，而且在热源保持恒定的情况下也会发生。

在反应堆堆芯、蒸汽发生器以及其他存在两相流的设备中，一般都不允许出现流动不稳定性，其主要原因如下：

(1) 流动振动会使部件产生有害的机械振动，而持续的流动振动会导致部件的疲劳破坏；

(2) 流动振动会干扰控制系统；

(3) 流动振动会使部件的局部热应力产生周期性变化，从而导致部件的热疲劳破坏；

(4) 流动振动会使系统内的传热性能变坏，使临界热流量大幅度下降，造成沸腾临界的过早出现。实验证明，当出现流动振动时，临界热流量的数值会降低 40%之多。

在两相系统中，可能出现的流动不稳定性主要有以下五种类型：

(1) 水动力不稳定性或 Ledinegg 不稳定性；

(2) 并联通道的管间脉动；

(3) 流型不稳定性；

(4) 动力学不稳定性；

(5) 热振荡。

对于以上的内容已经超出本教材的编写大纲。有兴趣的同志可以参见《核反应堆热工分析》及相关的热工水力教材。

10.7.5 自然循环

自然循环是在闭合回路内依靠热段(向上流)和冷段(向下流)中的流体密度差所产生的驱动压头来实现的流动循环。

自然循环对于核电厂具有重要意义:一方面自然循环是某些设备,如蒸汽发生器二次侧的流体工作的原理;另一方面对于某些反应堆系统来说,如果结构和回路布置设计的合理,就能够利用自然循环的驱动压头推动流体在回路中循环而不需要动力源,这在核电厂丧失强迫循环能力的情况下尤为重要。如利用这种驱动压头推动冷却剂在一回路中循环,带出堆内产生的热量(裂变热或衰变热),对于失去一回路强迫循环能力下的堆芯安全有重大的意义。

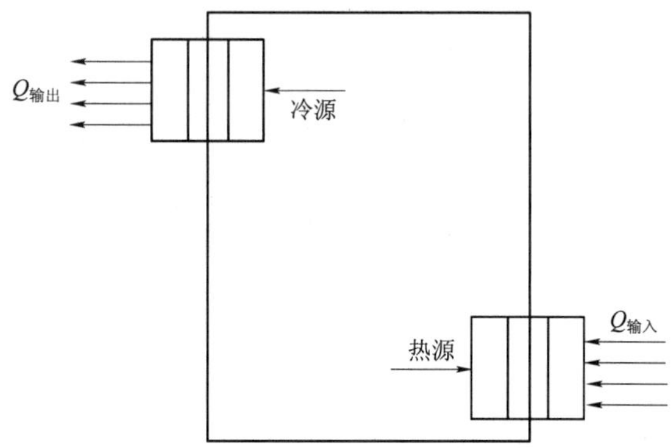

图 10-7-2 自然循环示意图

以下简单介绍自然循环的压降考虑与平衡流量确定。

对于图 10-7-2 这样一个封闭系统,流动的流体在热源吸收 $Q_{输入}$ 的热量,通过 W 质量流量的流体带到冷源,向外部释放出 $Q_{输出}$ 的热量,在建立平衡后,$Q_{输入}=Q_{输出}$。

对于这样一个系统

$$\Delta P_{t} = \sum_i \Delta P_{f,i} + \sum_i \Delta P_{ei} + \sum_i \Delta P_{c,i} + \sum_i \Delta P_{a,i} \tag{10-7-13}$$

$\sum_i \Delta P_{ei}$ 表示提升压降,$\sum_i \Delta P_{f,i}$ 表示沿程阻力压降,$\sum_i \Delta P_{c,i}$ 表示局部阻力压降,$\sum_i \Delta P_{a,i}$ 表示加速压降。

对于一个封闭系统 $\sum_i \Delta P_{a,i} = 0$,$\sum_i \Delta P_{t} = 0$,所以上式表示为:

$$\sum_i \Delta P_{f,i} + \sum_i \Delta P_{ei} + \sum_i \Delta P_{c,i} = 0 \tag{10-7-14}$$

利用此公式可以计算出自然循环流程。通过在不同质量流量 W 下计算的 $\sum_i \Delta P_{ei}$,$\sum_i \Delta P_{f,i} + \sum_i \Delta P_{c,i}$,可以得到图 10-7-3 的曲线。

从图 10-7-3 可以看出,驱动压头 $\sum_i \Delta P_{ei}$ 随质量流量的增加而减少;

阻力压降 $\sum_i \Delta P_{f,i} + \sum_i \Delta P_{c,i}$ 随质量流量的增加而增加。它们之间的交点即为自然循环流量。

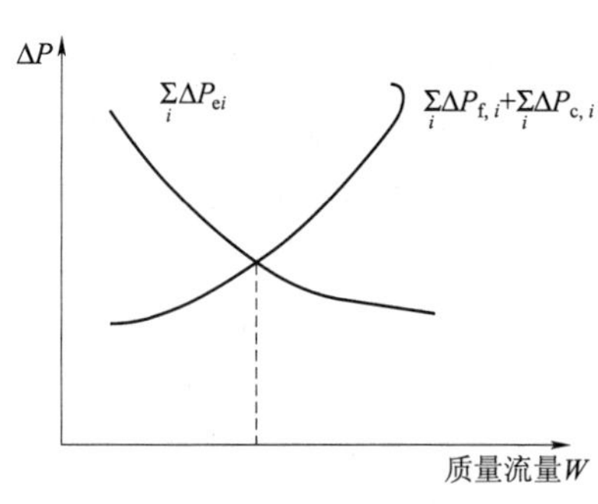

图 10-7-3 自然循环流量与压降图

复习思考题

一、选择题

1. 由于堆芯内的核反应释热，反应堆的总热功率表示式是(　　)

A. $P_{\mathrm{th,c}}=1.602\times10^{-7}E_{\mathrm{f}}N_{\mathrm{f}}\sigma_{\mathrm{f}}\overline{\Phi}V_{\mathrm{C}}$ W(瓦)

B. $P_{\mathrm{th,c}}=1.602\times10^{-8}E_{\mathrm{f}}N_{\mathrm{f}}\sigma_{\mathrm{f}}\overline{\Phi}V_{\mathrm{C}}$ W(瓦)

C. $P_{\mathrm{th,c}}=1.602\times10^{-7}E_{\mathrm{f}}N_{\mathrm{f}}\sum\overline{\Phi}V_{\mathrm{C}}$ W(瓦)

D. $P_{\mathrm{th,c}}=1.602\times10^{-6}E_{\mathrm{f}}\sum N_{\mathrm{f}}\sigma_{\mathrm{f}}\overline{\Phi}V_{\mathrm{C}}$ W(瓦)

2. 流量一定情况下，管路直径变大则阻力变________；管路直径一定，流量变小则阻力变________。如果有部分流体汽化而形成两相流，这时阻力要________。

A. 小　　B. 大　　C. 不变

3. 停堆后的核反应释热包括哪几方面？(　　)

A. 缓发中子引起的剩余裂变产生的功率

B. 裂变产物的衰变热

C. 中子俘获产物的衰变热

D. 主泵转动发出的热量

4. 已知堆芯热点处的热流密度 $q_R=1.42\times10^6$ W/m^2，该点计算得到的临界热流密度 $q_{\mathrm{DNB}}=2.84\times10^6$ W/m^2，该点的 DNBR 为(　　)

A. 2　　B. 1　　C. 2.5　　D. 0.5

5. 将堆芯燃料核反应释热量传输到反应堆外，依次经过：燃料元件内部(包括燃料芯块、间隙和包壳)的________，包壳外表面与冷却剂之间的________(包括单相对流、沸腾传热和热辐射等传热模式)，冷却剂的________三个过程。

A. 导热　　B. 传热　　C. 输热　　D. 对流

6. 过冷沸腾发生条件是液体温度________饱和温度和热面的温度________饱和温度。

A. 小于　　B. 大于　　C. 等于

7. 在反应堆寿期末，堆芯中央区某几根控制棒插入堆芯，会使径向功率峰值________，可以使中央区轴向功率峰值移向堆芯的________。

A. 提高　　B. 不变　　C. 降低　　D. 上半部

E. 下半部　　F. 中部

8. 随燃耗的加深，UO_2 熔点________；UO_2 的热导率________。

A. 不变　　B. 上升　　C. 下降　　D. 变大

E. 变小

二、填空题

1. 泡核沸腾传热的主要机理是________、________和________。

2. 自然循环的驱动力是由于流体的________。形成冷流体________和热流体________的流动。

3. 影响反应堆冷却剂流动稳定性的因素有：________、________、________和________。

4. 见下图，请标出池沸腾曲线上各区传热工况：

泡核沸腾和自然对流混合传热工况________；

临界热流密度工况________；

过渡沸腾传热工况________。

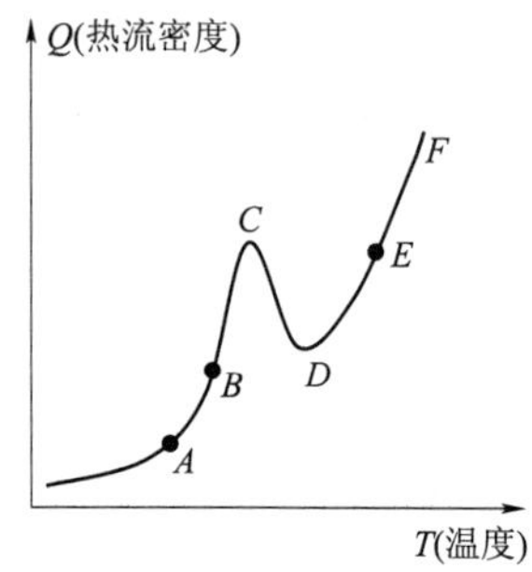

5. 在充分发展的流动泡核沸腾（欠热或饱和）工况下，泡核沸腾所传递的热流密度主要取决于壁面________和沸腾系统的________。

三、判断题

1. 传热方程数学表达式为：$Q=h\cdot\Delta t\cdot F$ 其中 h 传热系数，F 传热面积，Δt 温差。（ ）

2. 在停堆之后，燃料元件表面热流密度下降的速度与燃料剩余释热的下降速度相同。（ ）

3. 两相流的流型主要与系统的压力、流量、含汽率、壁面热流密度、通道几何形状和流动方向等因素有关系。（ ）

4. 核电厂的净效率指发电机输出电功率与反应堆热功率的比值。（ ）

5. 饱和汽的温度比饱和水的温度高。（ ）

第11章 核电厂效率与热力系统性能分析

对于核电厂而言，核安全永远是第一位的，但是随着设计水平的提高，管理经验的丰富，在核安全可以得到足够保证的基础上，常规岛热力循环效率的提高应逐步成为工作的另一个重点。这是因为核电厂是技术密集型、投资密集型的企业，初使投资大、建设周期长、管理成本高，很有必要充分发挥其性能与潜力，多发电、多供电；其次，随着我国未来20年核电厂大量的建设，核燃料价格必然呈上涨趋势，提高核燃料的利用率必将成为企业提升竞争力的关键元素。

本章主要叙述核电厂效率与热力系统性能分析。压水堆核电厂常规岛热力循环与常规火电厂热力循环相比，除主蒸汽参数和蒸汽再热系统以外，基本类似，因此，适用于火电厂的热经济指标和热力系统性能分析方法经过有针对性的改进也可用于核电厂。

11.1 汽轮机组的热力循环与效率

11.1.1 理想蒸汽热力循环

11.1.1.1 纯凝汽式汽轮机组的热力循环(朗肯循环)

压水堆核电厂常规岛与常规火电厂的热力循环有一些不同之处，其中一点就是主蒸汽参数不同，常规火电厂为过热蒸汽，而压水堆核电厂主蒸汽为饱和蒸汽。所以两者的朗肯循环 T-s(温-熵)图是不一样的。先看火电厂，图11-1-1为常规凝汽式汽轮机发电机组的示意图及朗肯循环 T-s(温-熵)图。工质(水)在锅炉B中定压加热、汽化和过热(T-s 图中4-5-6-1)后，进入汽轮机T中定熵膨胀做功(1-2)，做完功的蒸汽排入凝汽器CD，定压凝结成水，即循环的冷端损失(2-3)，凝结水经给水泵FP定熵压缩后进入锅炉(3-4)，进行热力循环。

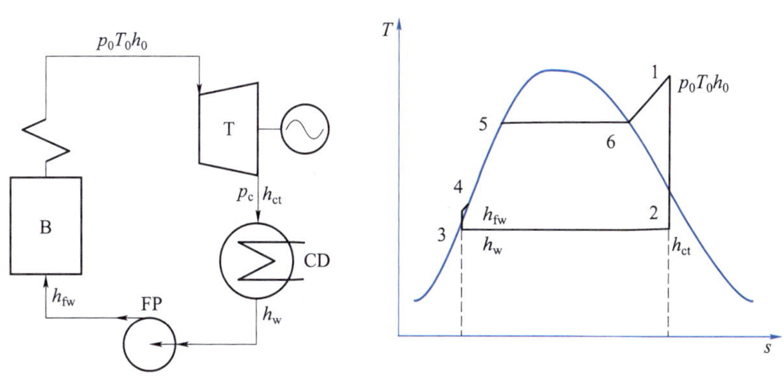

图11-1-1 纯凝汽式汽轮机发电厂及朗肯循环 T-s(温-熵)图

图 11-1-2 为压水堆核电厂常规岛纯凝汽式汽轮机发电机组的示意图及朗肯循环 T-s(温-熵)图。可见压水堆核电厂常规岛热力循环与常规火电厂热力循环非常类似,主要区别在于锅炉为蒸汽发生器所取代,主蒸汽参数由过热变为饱和。因此,下面的有关循环效率的描述即对两者都适用。

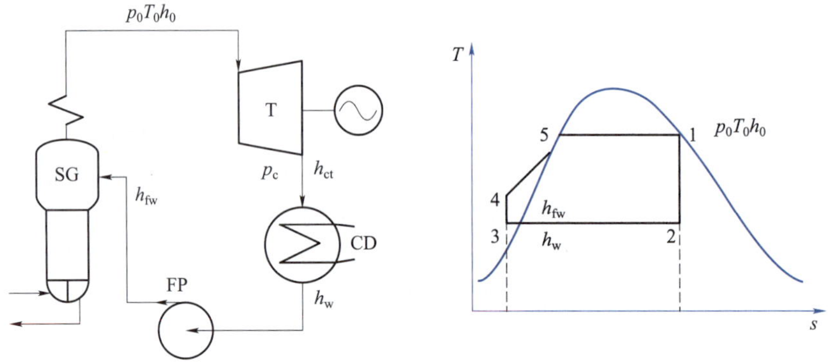

图 11-1-2 压水堆核电厂常规岛及朗肯循环 T-s(温-熵)图

循环效率(亦称净循环效率)η_t 表示每千克工质在循环中作的理想净功 W_t 与从锅炉中(蒸汽发生器)吸收的热量 Q_0 之比。即

$$\eta_t = \frac{W_t}{Q_t} = \frac{(h_0 - h_{ct}) - (h_{fw} - h_w)}{h_0 - h_{fw}} = \frac{(h_0 - h_{ct}) - (h_{fw} - h_w)}{(h_0 - h_w) - (h_{fw} - h_w)} \times 100\% \quad (11\text{-}1\text{-}1)$$

式中:h_0——新蒸汽比焓,kJ/kg;

h_{ct}——排汽比焓,kJ/kg;

h_w——凝结水比焓,kJ/kg;

h_{fw}——给水比焓,kJ/kg;

$h_0 - h_{ct}$——汽轮机的理想比焓降,即 1 千克蒸汽在汽轮机中定熵膨胀产生的理想功,常以 H 表示,kJ/kg;

$h_{fw} - h_w$——每千克水在给水泵中的比焓升,即给水泵消耗的定熵压缩功,kJ/kg。

在式(11-1-1)中,如果忽略给水泵的耗功,则

$$\eta_t \approx \frac{H_t}{h_0 - h_w} = \frac{(h_0 - h_{ct})}{(h_0 - h_w)} \times 100\% \quad (11\text{-}1\text{-}2)$$

在式(11-1-1)中,如果只在分子中不计给水泵的耗功(常称毛循环效率),则

$$\eta_t \approx \frac{H_t}{Q_0} = \frac{(h_0 - h_{ct})}{(h_0 - h_{fw})} \times 100\% \quad (11\text{-}1\text{-}3)$$

从朗肯循环看来,为提高效率,应提高主蒸汽参数和降低排汽压力,但这些受到技术经济条件和自然环境条件的限制。

对于常规火电厂而言,提高主蒸汽温度是提高循环效率最有力的手段,同时还能提高汽轮机的内效率。但汽温的提高,要受到耐热钢性能的限制。目前各国大容量机组的高温的部分多采用高级珠光体钢,汽温多为 535~538 ℃。高于这个温度,就要采用奥氏体钢,但它造价昂贵,工艺性能较差。由于近年来燃料价格的上涨,一些国家也有采用奥氏体钢将汽温提高到 550~565 ℃的趋势。提高主蒸汽压力也可以提高循环效率,但是必须伴随着汽

温的提高，否则不仅对提高循环效率影响甚微，而且会使内效率降低和排汽湿度增大。主蒸汽参数还和蒸汽流量有关。容量较小的机组，进汽流量较小，为保持进汽部分叶片必要高度以获得较高的内效率，蒸汽参数应适中而不宜太高。

对于压水堆核电厂来说，主蒸汽为蒸汽发生器产生的饱和蒸汽，其蒸汽参数受一回路冷却剂温度限制。当沸腾换热由核态沸腾变为膜态沸腾时，传热系数急剧降低，造成传热恶化。燃料棒包壳与冷却剂之间的换热基本上属于单相强迫对流换热和两相的过冷沸腾换热，而不允许出现过热沸腾情况，因此要提高一回路冷却剂温度必须提高系统压力。作为一回路冷却剂的水的临界参数为 $p_c=22.13$ MPa、$t_c=374.15$ ℃。也就是说，为防止一回路冷却剂过热沸腾，一回路最高极限温度为 374.15 ℃。况且提高一回路压力还受反应堆一回路压力容器及管道承压能力，以及安全性能的限制。因此，压水堆核电厂的主蒸汽参数，应按照反应堆一回路压力边界计算的极限压力和温度选取，一般不超过 6～8 MPa。例如堆型为 CP600 核电厂的蒸汽发生器出口主蒸汽压力为 6.71 MPa，温度 282.9 ℃，汽轮机入口新蒸汽压力为 6.41 MPa，相对于常规火电厂来说，蒸汽参数低很多，相应的汽轮机组效率就比常规电厂的要低。

降低凝汽式汽轮机的排汽压力可以提高循环效率。排汽压力除受到当地冷却水温的限制外，还受到末级叶片的高度、排汽口数、凝汽器尺寸、循环倍率、循环水泵耗功、真空系统等因素的影响。一般提高凝汽器真空度、降低排汽压力的主要途径有：提高凝汽器真空严密性；保证抽真空系统正常运行；降低高压扩容器及凝汽器本体扩容器引入的热负荷；避免凝汽器热井水位过高以防淹没换热管束；保持凝汽器钛管清洁度；提高循环水泵的性能等。

11.1.1.2　改进汽轮机组的热力循环

由于常规电厂与核电厂常规岛热力循环基本相似，指标计算方法也通用，所以本小节以常规电厂的示意图和温熵图为例来叙述改进汽轮机组的热力循环。

(1) 带给水回热系统的凝汽式汽轮机组

带给水回热系统的汽轮机组是利用汽轮机中间级的抽汽加热给水，如图 11-1-3 所示（带 3 级回热加热器 H）。

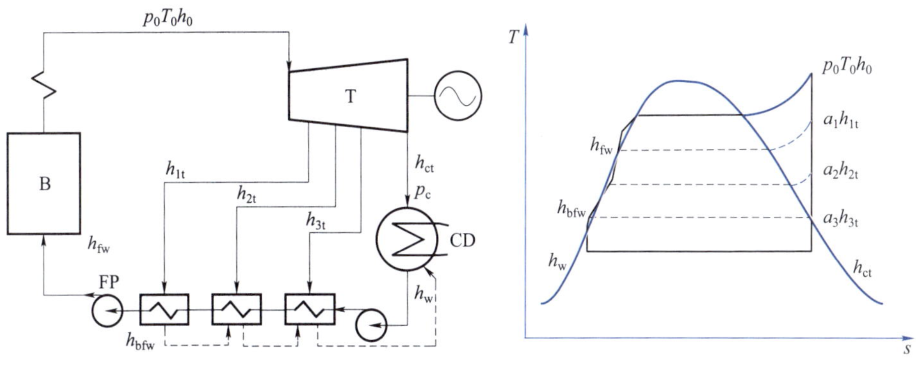

图 11-1-3　带给水回热系统的凝汽式汽轮机发电厂及 T-s 图

如果忽略水泵耗功，带给水回热系统的凝汽式机组循环效率为：

$$\eta_t = \frac{a_c(h_0 - h_{ct}) + \sum_1^n a_j(h_0 - h_{jt})}{a_c(h_0 - h_w) + \sum_1^n a_j(h_0 - h_{jt})} \times 100\% \tag{11-1-4}$$

式中：a_j——抽汽份额；

a_c——排入凝汽器的蒸汽份额；

h_{jt}——抽汽比焓，kJ/kg。

比较式(11-1-2)与式(11-1-4)可知，回热系统可以提高循环效率，且回热抽汽流在汽轮机中的做功量 $\sum_1^n a_j(h_0 - h_{jt})$ 越大，即给水温度 t_{fw} 越高、回热级数越多，则循环效率越高。从另一方面也可以得出这个结论，即汽轮机回热抽汽量做功没有冷源损失(该热量被利用来加热给水)，从而减少了整机的冷源损失，所以提高了效率。

由于回热具有明显的热经济效益，使它成为汽轮机最早最普遍采用的提高热经济性的基本手段。但是给水温度越高，将使锅炉(蒸汽发生器)设备投资增加；回热级数过多，也会增加汽轮机组的投资和维修费用。给水温度及回热抽汽点参数需经热平衡计算及技术经济比较来选择。国产 100 MW、125 MW 火电机组具有 7 级回热抽汽，国产 200 MW、300 MW、600 MW 火电机组具有 8 级回热抽汽。常规火电厂实用的给水温度是主蒸汽压力下饱和温度的 0.65～0.75 倍。CP600 核电厂具有三级低压加热器、三级高压加热器和一级除氧加热器共 7 级回热抽汽。三级高压加热器的抽汽来自高压缸的 3、5、7 级；除氧器的汽源来自 1、2 号低压缸的 2 级抽汽；1、2、3 号低压缸的抽汽分别来自 3 个低压缸的 6 级抽汽、3 个低压缸的 5 级抽汽和 3 号低压缸的 4 级抽汽。

(2) 带中间再热的凝汽式汽轮机组

带中间再热的凝汽式汽轮机组，一般简称再热式汽轮机组。蒸汽在高压缸 HT 做功后引至再热器 RH 中加热，再送至中、低压缸 MLT 中做功，如图 11-1-4 所示。观察 T-s 图可以看出，适当地选取中间再热参数可以提高循环效率。采用中间再热的另一个好处是可以减少低压部分的湿度，从而能使机组采取更高新蒸汽压力，增大单机功率，提高机组的经济性和设备的安全性。从理论上来说，中间再热可以多次，但采用二次以上的收益很小，故常见的只是一次中间再热。功率大于 100 MW 的火电机组普遍采用中间再热。再热蒸汽温度一般与主蒸汽温度相同。

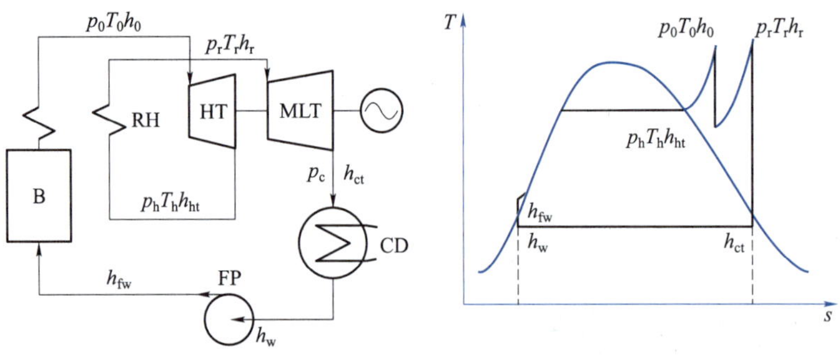

图 11-1-4　带中间再热的凝汽式汽轮机发电厂及 T-s 图

如果忽略水泵耗功，一次中间再热机组的循环效率为：

$$\eta_t = \frac{(h_0 - h_{ht}) + (h_r - h_{ct})}{(h_0 - h_w) + (h_r - h_{ht})} \times 100\% \tag{11-1-5}$$

式中：h_{ht}——定熵膨胀时高压缸排汽比焓，kJ/kg；

h_r——再热蒸汽比焓，kJ/kg。

实际上，带中间再热机组都带有给水回热系统，以更进一步提高循环效率。如图 11-1-5 表示带一次中间再热及四级回热的凝汽式汽轮机组的 *T-s* 图。第一级抽汽在高压缸，第二级抽汽在高压缸排汽处，第三级和第四级抽汽在中低压缸。

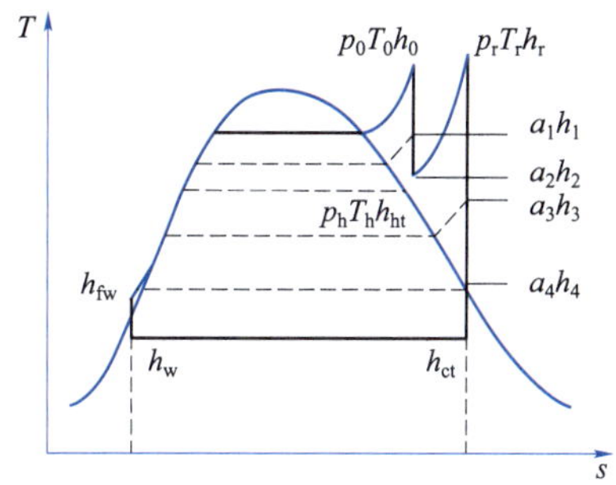

图 11-1-5　带一次中间再热及四级回热的凝汽式汽轮机组的 *T-s* 图

如果忽略水泵耗功，其循环效率为：

$$\eta_t = \frac{(1-a_1)(h_0 - h_{ht}) + a_c(h_r - h_{ct}) + a_1(h_0 - h_1) + a_3(h_r - h_3) + a_4(h_r - h_4)}{a_c(h_0 - h_w) + (1 - a_1 - a_2)(h_r - h_{ht}) + a_1(h_0 - h_1) + a_2(h_0 - h_2) + a_3(h_0 - h_3) + a_4(h_0 - h_4)} \times 100\% \tag{11-1-6}$$

式中：a_1、a_2、a_3、a_4——一、二、三、四级抽汽份额；

h_1、h_2、h_3、h_4——一、二、三、四级抽汽比焓，kJ/kg。

11.1.1.3　CP600 核电厂常规岛汽轮机组的热力循环

由于饱和蒸汽汽轮机的理想焓降较小，因而 CP600 核电厂常规岛汽轮机汽缸仅分高、低压缸，高、低压缸之间设置有汽水分离再热器(MSR)，先对高压缸排汽进行除湿，再对除湿后排汽进行再热，再热采用两级再热，加热汽源分别使用高压缸三级抽汽和主蒸汽。MSR 可以除去高压缸排汽中 98% 的水分，同时也加热高压缸排汽，使其具有一定的过热度，以降低低压缸排汽湿度，从而提高汽轮机内效率。CP600 核电厂是典型的压水堆核电厂，在蒸汽发生器中产生的饱和蒸汽，进入汽轮机中膨胀做功，蒸汽的压力和温度逐渐降低，离开高压缸末级叶片时，排汽湿度已高达 14%左右，如果不采取措施，低压缸末级的排汽湿度将达 24%左右，大大超过了 12%～15%的允许值，会对低压缸末级叶片产生严重腐蚀，同时也增加了湿汽损失。所以 CP600 核电厂设置汽水分离再热器不仅是提高机组热经济性的需要，也是保护汽轮机的一种必要措施。

图 11-1-6 为 CP600 核电厂常规岛汽轮机组热力系统示意图。忽略水泵耗功，其循环效率为：

$$\eta_t = \frac{\left[(1-a_{II})(h_0 - h_{ri}) - a_I(h_7 - h_{ri}) - \sum_{i=5}^{7} a_i(h_i - h_{ri})\right] + \left[(1 - a_{II} - a_I - a_S - \sum_{i=5}^{7} a_i)h_{ro} - \sum_{i=1}^{4} a_i h_i - a_c h_{ct}\right]}{(h_0 - h_{fw})} \times 100\% \tag{11-1-7}$$

式中：a_1、a_2、a_3、a_4、a_5、a_6、a_7 为一、二、三、四、五、六、七级抽汽份额；

a_{II}、a_I、a_S、a_c 为二级、一级再热抽汽份额，分离器疏水份额，低压缸排汽份额；

h_1、h_2、h_3、h_4、h_5、h_6、h_7、h_{ct} 为一、二、三、四、五、六、七级抽汽比焓和排汽焓。

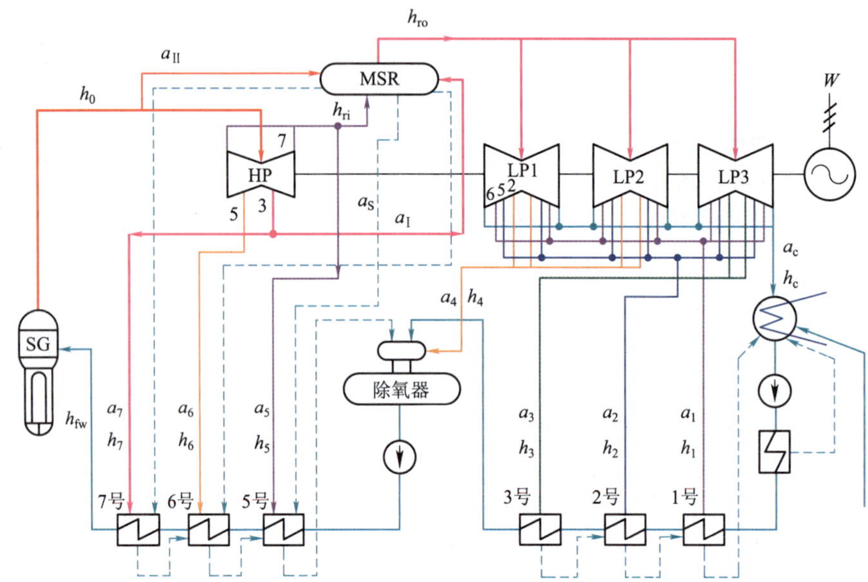

图 11-1-6　CP600 核电厂常规岛汽轮机组热力系统示意图

11.1.2　效率

在实际的汽轮发电机组中，理想焓降并不能全部变成电能，存在着蒸汽流动损失以及机械、电能损失。通常采用下列效率来考虑能量转变过程中的各项损失。

11.1.2.1　汽轮机内效率 η_i

为叙述简洁起见，以纯凝汽式机组为例，相对内效率为汽轮机的有效比焓降 H_i 与定熵比焓降 H_t 之比，即

$$\eta_i=\frac{H_i}{H_t}=\frac{h_0-h_c}{h_0-h_{ct}}\times 100\% \tag{11-1-8}$$

式中：h_{ct}——汽轮机理想排汽比焓，kg/h。

汽轮机内功率为：

$$P_i=q_{m0}H_t\eta_i/3\ 600(\text{kW})$$

式中：q_{m0}——汽轮机进汽流量，kg/h。

11.1.2.2　机械效率 η_m

机械效率为考虑机械损失后汽轮机联轴器端的输出功率（轴端功率）P_e(kW)与汽轮机内功率 P_i(kW)之比，即

$$\eta_m=\frac{P_e}{P_i}=\left(1-\frac{\Delta P_m}{P_i}\right)\times 100\% \tag{11-1-9}$$

式中：ΔP_m——机械损失，包括轴承摩擦损失、联轴器鼓风损失、带动主油泵及调速系统所消耗的功率，kW。

11.1.2.3　发电机效率 η_g

发电机效率为考虑电机损失后发电机输出的电功率 P_{el}(kW)与汽轮机轴端功率 P_e 之比，即

$$\eta_g=\frac{P_{el}}{P_e}=\left(1-\frac{\Delta P_g}{P_e}\right)\times 100\% \tag{11-1-10}$$

式中：ΔP_g——电机损失，包括发电机中电气方面的励磁、铁芯和线圈发热，以及机械摩擦、鼓风等损失消耗的功率，kW。

（1）汽轮发电机组的电效率

汽轮发电机组的电效率是发电机输出的电功率 P_{el} 与蒸汽在蒸汽发生器或者锅炉中总的吸热量 Φ_0（kJ/h）之比，即

$$\eta_{el}=\frac{3\ 600P_{el}}{\Phi_0}\times 100\%=\eta_t\eta_i\eta_m\eta_g \tag{11-1-11}$$

对于常规电厂来说，由于锅炉是最终热源，所以该电效率也是汽轮发电机组的厂毛效率。对于核电厂，蒸汽发生器只是常规岛的热源，所以汽轮发电机组的电效率也是常规岛的电效率。

（2）核电厂的厂效率

核电厂相比常规电厂多了一回路，因此厂电效率应将一回路考虑进去。即全厂毛电效率 η 是发电机输出功率 P_{el} 与反应堆热功率 P_{th} 之比：

$$\eta=\frac{P_{el}}{P_{th}}\times 100\% \tag{11-1-12}$$

计算净效率 η' 需减去厂用电功率 P_{ei}：

$$\eta'=\frac{P_{el}-P_{ei}}{P_{th}}\times 100\% \tag{11-1-13}$$

11.1.3　热经济指标

11.1.3.1　汽耗率 SR

汽耗是机组每生产 1 kW·h 电所需要的蒸汽量，即

$$\mathrm{SR}=\frac{q_{m0}}{P_{el}}\ [\mathrm{kJ/(kW\cdot h)}] \tag{11-1-14}$$

11.1.3.2　热耗率 HR

热耗是判断汽轮发电机组热力循环和运行情况的主要经济指标。它的定义是每生产 1 kW·h 电所消耗的热量，即

$$\mathrm{HR}=\frac{\Phi_0}{P_{el}}[\mathrm{kJ/(kW\cdot h)}] \tag{11-1-15}$$

其中，Φ_0 指的是蒸汽在锅炉的吸热量。

11.2　汽轮机相关概念

11.2.1　汽轮机的分类

汽轮机可按照不同的方法进行分类。

（1）按工作原理

- 冲动式汽轮机：蒸汽主要在喷嘴（或静叶片）中进行膨胀；

• 反动式汽轮机：蒸汽主要在静叶片中进行膨胀。

实际上目前的汽轮机很多既不是纯冲动式的，也不是纯反动式的。在许多汽轮机中既有反动级，也有部分采用冲动级。

(2) 按热力特性分

• 凝汽式汽轮机：排汽在低于大气压力下的真空状态进入凝结器凝结成水，应用最多，容量大于 100 MW 机组常带有中间再热；

• 背压式汽轮机：蒸汽在汽轮机里做功后，在高于大气压力下排出。排气可供热力用户或低压汽轮机用，又称前置式汽轮机；

• 抽汽式汽轮机：利用调整抽汽供热的汽轮机，部分做过功的蒸汽在一定压力下由汽轮机内抽出，供热力用户，其他部分继续做功，然后排入冷凝器。

(3) 按新蒸汽参数分

• 低压汽轮机：新蒸汽压力为 10～15 bar；
• 中压汽轮机：新蒸汽压力为 20～40 bar；
• 高压汽轮机：新蒸汽压力为 60～100 bar；
• 超高压汽轮机：新蒸汽压力为 120～140 bar；
• 亚临界汽轮机：新蒸汽压力为 160～180 bar；
• 超临界汽轮机：新蒸汽压力＞226 bar。

(4) 按蒸汽在汽轮机中的流动方向分

• 轴流式汽轮机：蒸汽在汽轮机中的流动方向平行于轴线；
• 辐流式汽轮机：蒸汽在汽轮机中沿半径流动。

(5) 按蒸汽在汽轮机中的流道数分

• 单流汽轮机：蒸汽通过一个流道进入汽轮机；
• 双流汽轮机：蒸汽通过两个流道进入汽轮机。

11.2.2 汽轮机容量的定义

(1) 汽轮机的额定功率

汽轮机的额定功率是指汽轮机在下列条件下运行：

• 蒸汽参数、转速、冷却水量及冷却水温等为额定值；
• 设计的回热系统和给水加热温度；
• 补给水为零；
• 用汽动给水泵的机组，汽动给水泵投运；
• 在扣除非同轴励磁机及其控制系统所耗电功率后，在发电机端连续地输出电功率。

(2) 最大连续出力

亦称额定出力、额定功率、额定负荷，其含义实质上与前面所述额定功率相同。

(3) 最大能力

亦称阀全开工况，在额定主蒸汽温度下，调节阀全开时，汽轮机发出的功率。

(4) 最大过负荷能力

调节阀全开时，端点参数处于过负荷状态下，即末级加热器旁路或主蒸汽压力超过额定功率，汽轮机能发出的功率。

(5) 经济功率

热耗率或汽耗率最小时的出力。

上述(2)～(5)的定义，并不是非常严格，有时一些汽轮机制造厂会有不同的定义。

11.2.3　核电厂汽轮机的特点

(1) 新蒸汽参数在一定范围内变化

对常规火电厂来说，汽轮机的新蒸汽参数(P_0、t_0)在运行期间是不变的(起、停过程及滑压运行时除外)。因此，锅炉运行人员的主要责任之一就是在运行中要始终尽可能保持锅炉出口的新蒸汽参数为额定值。

目前压水堆电厂中采用的是反应堆平均温度 t_{avg} 和汽轮机新蒸汽参数 P_0、t_0 都作适当变化，而变化又都不太大的控制方法。

CP600 核电厂反应堆的运行方式是反应堆入口温度几乎不变，t_{avg} 随功率增加而线性增加，t_0 随功率增加而线性减小。因此，蒸汽发生器的新蒸汽压力由零负荷的约 76 bar 到 100%负荷时 67.1 bar 的范围内变化。

(2) 新蒸汽参数低，且多用饱和蒸汽

对于压水堆核电厂来说，二回路新蒸汽参数取决于一回路的温度，而一回路温度又取决于一回路压力。提高一回路压力将使得反应堆一回路压力边界的结构及其安全保证措施复杂化。因此，压水堆核电厂汽轮机的新蒸汽压力，应按照反应堆压力容器计算的极限压力和温度选取，一般不超过 60～80 bar 的饱和蒸汽。对于 CP600 核电厂的汽轮机为 64.1 bar。

(3) 理想焓降小，容积流量大

一般饱和蒸汽汽轮机的理想焓降比高参数火电厂汽轮机的理想焓降约小一半。因此，在同等功率下核电厂汽轮机的容积流量比高参数火电厂汽轮机约大 60%～90%。

(4) 汽轮机中积聚的水分多，容易使汽轮机组产生超速

核电厂汽轮机各缸与再热器和加热器之间有大量蒸汽和延伸管道，所以在甩负荷时会使转子升速。另外，核电厂汽轮机内蒸汽湿度大，转子表面、汽轮机停止部件上和汽水分离器及其他部件上容易凝结水分，这些水分的再沸腾和汽化对汽轮机有加速作用。计算和经验表明，由于这一原因，在甩负荷时，水膜汽化可使机组转速增长 15%～25%。

11.2.4　CP600 核电厂汽轮机简介

CP600 核电厂汽轮机是哈尔滨汽轮机厂有限责任公司与美国西屋公司联合设计、合作制造的 600 MW 级核电机组，是一台单轴、四缸六排汽带中间汽水分离再热器的反动凝汽式汽轮机，型号为 HN642-6.41。

该汽轮机有一个高压缸，三个低压缸，均为双流式。四个高低压缸转子通过刚性联轴器接成一个轴系，再通过刚性联轴器与发电机转子相联。汽轮机的旋转方向为顺时针方向(由汽轮机向发电机看)，工作转速为 3 000 r/min。

该汽轮机的主要技术参数是：

汽轮机型式：单轴、四缸、六排汽

最大保证出力:689.024 MW

额定出力:643.85 MW

阀门全开出力:715.99 MW

主汽阀前额定汽压:6.41 MPa(绝对压力)

主汽阀前额定温度:279.9 ℃

再热阀前额定温度:265.2 ℃

主汽阀前蒸汽干度:99.5%

再热数:两级

配汽方式:节流调节(单阀控制)

最大保证负荷时背压:0.005 4 MPa(绝对压力)

额定负荷时背压:0.011 8 MPa(绝对压力)

最大保证出力进汽量:3 862 t/h

11.3 汽轮机组热力系统

11.3.1 发电厂原则性热力系统的组成

发电厂的原则性热力系统是以汽轮机及其原则性回热系统为基础,考虑锅炉(蒸汽发生器)与汽轮机的匹配及辅助热力系统与回热系统的配合而形成的。核电厂的热力系统是指常规岛的热力系统。

发电厂的热力系统主要是由锅炉(蒸汽发生器)、汽轮机和以下各局部热力系统所组成:新蒸汽及再热蒸汽系统;给水回热及除氧器系统;补充水引入;轴封汽及其他废热回收系统;热电厂的对外供热系统等。

发电厂原则性热力系统将电厂主要的主、辅热力设备组成一有机整体,以安全经济地进行热功转换。因此在拟定系统时需要涉及电厂及其主要设备的特性要求、相互关系及整体的经济性。

发电厂原则性热力系统拟定的主要目的是:

- 确定电厂在若干典型工况下,特别是设计工况下的热经济指标;
- 提供全厂热力系统的基本构成;
- 提供全厂主要的主、辅热力设备规格。

11.3.2 CP600 核电厂常规岛原则性热力系统

图 11-3-1 是 CP600 核电厂常规岛原则性热力系统简图。汽轮机有 7 级抽汽;回热系统包括 3 级低压加热器、三级高压加热器和一台除氧器。1、2 级低压加热器为三列并联连接的复合式加热器,第 3 级低压加热器为 3A、3B 并列运行。三级高压加热器也是 A、B 两列加热器并列运行。高低压加热器均为疏水逐级自流;再热系统包括两台并列运行的汽水分离二级再热器;主给水泵为电动给水泵。

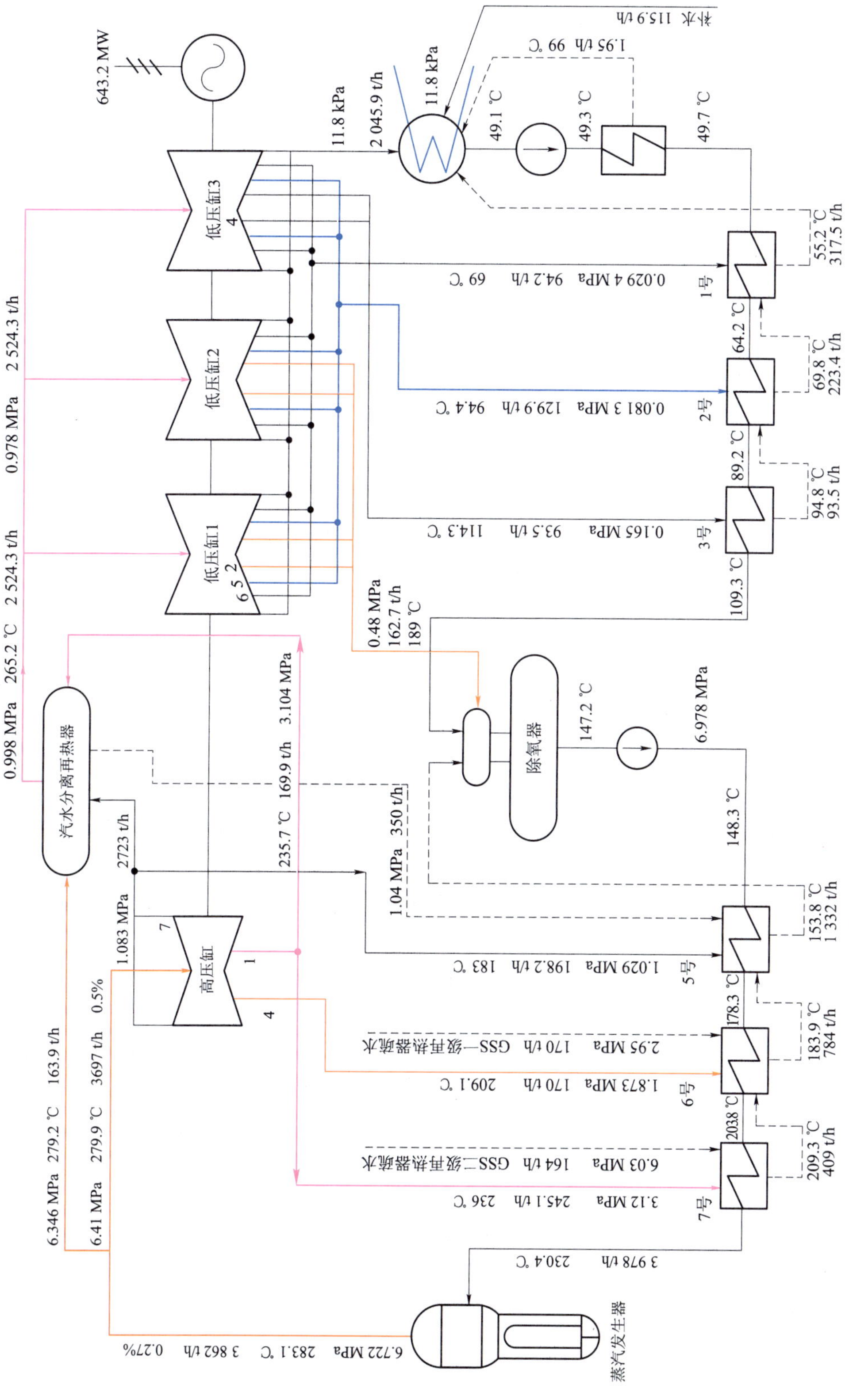

图11-3-1　CP600核电厂常规岛原则性热力系统简图

11.4 热力系统性能分析

热力系统性能分析，常称为热经济性分析，其实质是在当前边界条件下运行参数应达值已知的前提下，对各运行参数偏离其应达值对热力系统的热力循环经济性指标影响的定量分析。目前，国内常用的热经济性分析方法有常规热平衡法、矩阵分析法、热偏差法、等效焓降法和循环函数法等等，但都是在热平衡方法上发展起来的。本节将对其进行分别介绍。

11.4.1 常规热平衡法

常规热平衡计算法无法单独用于热经济性分析，但常用于计算机组运行工况热平衡图和热力系统设计计算。用于热力系统设计计算时，一般是给定功率后求解耗汽量，又叫定功率法。其计算步骤为：

(1) 给定机组功率，已知蒸汽初、终参数，给水温度，估算汽轮机进汽量，初步拟定近似的热力过程线、回热加热器的级数、型式和连接系统。

(2) 从高压到低压或从低压到高压依次对各个加热器进行热平衡计算，求出各级回热抽汽量，求出通过各段叶栅的蒸汽量和产生的功率，再扣出机械损失和电机损失，从而求得机组的功率。若求得的功率与给定功率不符，修正汽轮机进汽量重新计算，直到相符为止。

(3) 算得汽轮机进汽量后，进行汽轮机通流部分详细的热力计算和各级动静叶栅的设计。

(4) 当通流部分设计完后，若热力过程线有变化，再对回热系统及其热平衡计算作相应的修正，直到所拟定的热力过程线的内效率与最后计算结果的误差小于1%为止。

常规热平衡法的关键是回热系统中各加热器热平衡计算，即通过加热器热平衡求解各加热器抽汽量。对于常规火电机组，一般仅低压缸排汽和末一级或二级抽汽处于湿蒸汽区。由于其他各级抽汽均位于过热蒸汽区，因此抽汽焓可以通过测量蒸汽温度及压力两个参数并查水蒸气性质表获得。根据 ASME PTC6A—1982 标准，湿蒸汽区抽汽焓与排汽焓的确定方法可以通过低压缸做功过程线过热区外延至湿蒸汽区和联立热平衡方程、汽轮机功率方程及物质平衡方程，迭代解得湿蒸汽区抽汽焓及排汽焓。而对于压水堆核电厂常规岛热力系统而言，高压缸各级和低压缸绝大部分级都工作在湿蒸汽区，从而各级抽汽焓(除四段抽汽外)无法通过测量抽汽压力和温度来确定，因此无法就各加热器热平衡方程式进行联立求解。另外，由于各级抽汽状态点几乎都无法确定，也就无法将做功过程线进行拟合并外延至湿蒸汽区。故常规热平衡法无法从常规火电厂直接移植到压水堆核电厂常规岛上。但是，在各级加热器疏水量可测量的前提下，可以借助加热器热平衡解得各级抽汽焓，再联立汽轮机功率方程和物质平衡方程，求得排汽焓，从而就可获得热力系统当前运行工况的热平衡图。基于此热平衡图，就可以进行经济性指标计算。

矩阵分析法其实质就是常规热平衡法，只不过将各级加热器热平衡方程联立成线性方程组，然后将线性方程组转化成矩阵方程进行研究。矩阵分析法较常规热平衡法的优势在于，可以借助矩阵理论来分析问题和便于计算机编程计算。

11.4.2　热偏差法

热偏差法在常规火电机组中运用时，一般首先选取某些对机组热耗率影响较大且便于控制的参数，如主蒸汽压力、主蒸汽温度、再热蒸汽温度、再热蒸汽压损等作为监控参数，其次确定这些监控参数在不同工况下的应达值，然后根据厂家提供的修正曲线、热力学方法或经验公式，求取热耗率的修正系数，最后可以计算出运行参数偏离应达值所带来的能损变化。

性能考核试验时，往往很难将机组调整到厂家保证热耗率的考核工况，于是采用修正的办法，由当前试验工况下的热耗率修正出保证工况下的热耗率。这种修正方法实际上就是热偏差法。

11.4.3　等效焓降法

等效焓降法产生于 20 世纪六七十年代后期，首先由库兹涅佐夫提出，并在 20 世纪 70 年代逐步完善成熟，形成了一套完整的理论体系。

等效焓降法是一种定流量正平衡计算，无须像常规热平衡法那样对众多联立方程求解。它可用来计算热平衡中各类命题。由于是定流量，热力系统局部改变时，只引起局部范围内抽汽量和热量的改变，仅需在该局部范围内分析做功量的变化，即可求得该局部变化对整个系统的热经济效果。可见，当系统局部改变时，等效焓降法更具有优越性。

等效热降法主要用来分析蒸汽动力装置和热力系统。用于运行电厂的技术改造，尤其是热力系统节能技术改造，将收到良好效果，为改造提供确切的技术依据。等效热降法在诊断电厂能量损耗、查明能量损耗的大小、发现机组存在的缺陷和问题、指出节能改造的途径和措施，以及评定机组的完善程度和挖掘节能潜力等工作中将发挥重要作用。

在带有 z 级回热抽汽式汽轮机中 1 kg 蒸汽的实际焓降 H_0 为：

$$H_0 = (h_0 - h_c)\left(1 - \sum_1^z a_j Y_j\right)\ (\text{kJ/kg}) \tag{11-4-1}$$

式中：a_j——抽汽系数；

Y_j——做功不足系数。

H_0 等效于 $\left(1 - \sum_1^z a_j Y_j\right)$ kg 蒸汽在相同的初终参数下纯凝汽式机组的实际焓降，称之为等效焓降。

若热力系统中的第 j 级回热从外部获得热量 Q_j 而排挤了该 j 级的 1 kg 抽汽，被排挤的这 1 kg 蒸汽在汽轮机中从 j 级至排气口所作的内功 H_j 称之为被排挤抽汽的等效焓降，即

$$H_j = (h_j - h_c)\left(1 - \sum_{j+1}^z a_{ij} Y_{ij}\right)\ (\text{kJ/kg}) \tag{11-4-2}$$

式中：角码 j 为计算等效焓降的 j 级抽汽口，i 为 j 级被排挤 1 kg 抽汽所影响的 i 级（顺汽轮机汽流方向）抽汽口。

下式称之为抽汽效率 η_j，它表明 j 级抽汽热变功的程度：

$$\eta_j = \frac{H_j}{Q_j} \times 100\% \tag{11-4-3}$$

11.4.4 循环函数法

循环函数法是一种反平衡计算方法。它将任一复杂热力系统划分为主循环和若干并列的辅助循环。主循环是指不考虑任何附加成分(轴封、门杆漏气、抽汽器用器等)的回热系统。分别计算主、辅循环的热经济指标,最后综合成设计的整个循环的热经济指标。

循环函数法无须像常规正平衡法那样去求解众多联立方程,因此计算较方便。它可用来求解热平衡计算中各类命题。它引进了加热单元的概念。如果不同的方案仅涉及某一加热单元的变化,则只需要重新计算该单元的进水系数,方案中未变化的其他加热单元的进水系数不必再算。可见当系统局部变动时,循环函数法具有优越性。

11.5 机组的热性能

热性能(Thermal Performance Indicator,简称 TPI)曾经是世界核营运者协会(World Association of Nuclear Operators,简称 WANO)用来衡量核电厂管理业绩的性能指标之一,它反映了核电厂管理者在提高电厂热经济性方面所做的努力。与热效率等技术指标不同的是,它是一个管理指标。

11.5.1 定义

热性能指标定义为最佳可达毛热耗与实际毛热耗的修正平均值之比,用百分数表示。

毛热耗定义为一段时间内由反应堆堆芯所产生的热能除以发电机所产生的毛电能,单位为 kJ/kW·h。

最佳可达毛热耗(BAHR)为额定循环冷却水温度下,功率为 100%时电厂所能获得的最小或最佳毛热耗,单位为 kJ/kW·h。此值可由运行历史数据或试验结果获得,用以确定监督电厂性能的基准。最佳可达毛热耗亦可通过计算来建立。它应该反映电厂的现实构造与没有退化设备影响时的电厂能力。在测量毛热耗时应考虑退化部件对效率损失的贡献而加以修正。最佳可达毛热耗在建立以后应在必要时加以修正,以反映电厂构造的改进。由于电厂构造改进所带来的效率增加与降低的预期值应通过改进后的运行数据或试验加以验证。但是,对最佳可达毛热耗的调整不应反映退化设备的影响。

实际毛热耗的修正平均值(AAHR)由月度中每周的正常在线设备试验中获得,单位为 kJ/kW·h。这个修正平均值应将月度中的每周数据加以平均。而每次的实际毛热耗值应在 24 h 内取三套数据加以平均,每组数据覆盖 1 h,或利用时间权重平均因子。测量时的功率水平应大于 80%。当在低于 100%功率水平时进行测量,实际毛热耗应该按功率水平进行修正。当测量时的循环水进口温度不同于最佳可达毛热耗所规定的额定温度时,热耗也应该根据循环水温度进行修正。此时相应的循环水温度与输出电功率的曲线可用来进行此项修正。亦可通过循环水温度与当前功率水平的冷凝器背压的期望值与实际值进行比较分析后确定。

11.5.2 热性能指标的要素

WANO 对该指标有许多详细的解释说明,这里列举部分要点,这可以帮助我们更深刻地理解这个概念。

(1) 应该用毛热耗而不是净热耗来确定热性能指标。用毛热耗来确定热性能指标，就比较少受最佳可达毛热耗时的厂用负荷与实际测量时的厂用负荷差别的影响。

(2) 实际毛热耗通过所测得的反应堆堆芯产生的热能除以发电机所产生的毛电能获得。测量热能的方法通常有反应堆热平衡法等。由发电机产生的电能应在发电机出口测量。这些测量应参考额定情况进行修正。

(3) 最佳可达毛热耗应用下列方法中的一种来确定：

- 选择运行监测活动中或试验中所测得的最佳毛热耗，并修正到额定的循环水温度和100%的功率水平。选择这个数据时应对当前数据和历史数据进行总体评估，评估时应反映当前电厂的设计构造。例如，汽轮机转子的改进与更换、冷凝器换管、汽水分离器的更换或改造等活动之前的毛热耗历史数据就不会代表目前电厂的能力。最佳毛热耗应根据测量时电厂所存在的效率损失进行修正；
- 利用设计的最佳可达毛热耗。此时应考虑设计时的电厂构造与实际电厂构造之间的差别。这些差别可能由于设计计算中的假定不再适用，或实际设备与设计的预测值不匹配所引起的。可是，在新的最佳可达毛热耗的计算中不应考虑设备性能降低所带来的影响，除非有特别的申明。进行计算的热模型应该与电厂运行数据相比较以确保它们真正反映电厂构造与最佳性能；
- 进行一次详尽的热性能试验以确定机组在额定环境下所能达到的最低或最佳毛热耗，但是并不推荐进行大型性能试验，除非这种试验所带来的效益与成本比较后认为是值得的。

(4) 最佳可达毛热耗是考虑利用电动主给水泵时得出的，而在实际毛热耗的测量中如果用的是效率更高的汽动给水泵，则汽动给水泵所用的能量应该加在发电机所产生的毛热耗中。汽动泵的最初设计值可用来进行此项修正。这样就不会使那些既可使用电动泵也可使用汽动泵的电厂在使用效率更高的汽动泵时受到不应有的惩罚。

(5) 最佳可达毛热耗应根据蒸汽发生器堵管所引起的热耗降低进行修正。在这类修正中考虑的仅仅是蒸汽发生器堵管，而不应该考虑蒸汽发生器管道阻塞。

(6) 对于诸如阀门泄漏，加热器退出运行、控制系统故障等设备所引起的电厂正常在线系统的改变则不应认为是电厂构造的改变，因此最佳可达毛热耗不应该考虑这些因素，尽管这些设备故障已经找到原因或已准备维修或维修推迟。

(7) 用来修正实际毛热耗的冷却水进口温度(或冷凝器背压)与功率水平的关系曲线或系数应该进行适当的验证以确保能够真正反映目前电厂构造的性能。

11.5.3　热性能指标的意义与局限性

该指标的最大优点是即使海水温度或者功率水平不同，也可以互相比较而反映机组运行情况的好坏，这点是机组的效率指标所不能反映的。因为效率的不同有可能是由于海水温度或者功率不同等原因所致，并不能完全表明机组的管理状况的好坏。而热性能指标在计算过程中进行了海水温度和功率水平的修正，因此可以描述各种运行情况下机组管理的水平。

该指标也在一定程度上能够反映机组提高热效率的潜力。这条信息有时候是非常重要的,可以指导我们努力使机组发挥最大的运行能力。

但是热性能指标只能从总体上反映机组的运行情况,而不能说明具体系统的性能。即使热性能值很低,也无法单从该值判断是哪个环节的问题。要想反映具体设备、系统的性能情况还必须使用其他的指标。

复习思考题

一、选择题

1. 关于对给水进行回热,下面哪种说法是不正确的:(　　)

A. 由于用于加热给水的部分抽汽没有冷源损失,所以可以提高汽轮机的循环效率

B. 增加回热系统会增加投资成本,并增加了工艺系统的复杂性

C. 理论上可以认为给水温度越高、回热级数越多,则循环效率越高

D. 给水回热由于要使用汽轮机抽汽,所以减少了蒸汽做功量,因此降低了汽轮机循环效率

2. 下列说法不正确的是:(　　)

A. 核电厂的蒸汽参数相比较火电厂来说要低一些

B. 发电机效率为考虑电机损失后发电机输出的电功率与汽轮机轴端功率之比

C. 汽轮发电机组的电效率是发电机输出的电功率与蒸汽在蒸汽发生器或者锅炉中总的吸热量之比;对于常规电厂来说,由于锅炉是最终热源,所以该电效率也是汽轮发电机组的总毛效率。对于核电厂,蒸汽发生器只是常规岛的热源,所以汽轮发电机组的电效率也是常规岛的电效率

D. 一般额定功率相同的汽轮机,核电机组的效率比火电的高

二、判断题

1. 对于朗肯循环来说,要提高循环效率,应提高主蒸汽参数和降低排汽压力。(　　)

2. 对带中间再热的机组来说,中间再热可以增加整个循环的效率,但是不一定提高汽轮机的内效率。(　　)

3. 热性能 TPI 指标由于在计算中进行了功率和海水温度的修正,因此可以反映不同功率水平和海水温度下的机组营运水平。(　　)

第 12 章　堆芯燃料管理

在核电厂中，燃料组件通常要在反应堆内辐照三个循环甚至更长的时间，而且价格昂贵。因此如何合理使用燃料组件并发挥其最大的功效是核电厂堆芯燃料管理的一项重要目标，它直接涉及核电厂的经济效益。另外，在堆芯设计完成后，堆芯是否运行在安全状态，堆内工况是否控制在允许范围内也属于堆芯燃料管理的内容。堆芯燃料管理的目的是：在满足电力系统能量需求的前提下，以及在核电厂安全运行设计规范和技术要求的限值内，尽可能地提高核燃料的利用率，降低核电厂的单位能量成本。

堆芯燃料管理工作包括核燃料管理、堆芯监督管理及燃料性能跟踪等内容。

12.1　核燃料管理

12.1.1　基本物理量

(1) 换料周期与循环长度

反应堆两次停堆换料之间的时间间隔称为一个换料周期。反应堆每经历一个换料周期就经历了一个运行循环。一个运行循环所经历的运行时间（以等效满功率天 EFPD 表示）称为该循环的循环长度。

循环长度的选取直接影响核电厂的经济效益。若循环长度较短，则反应堆初始剩余反应性比较小，核燃料的比装量（即单位功率所需要的核燃料的装载量）也比较小，从而有利于核电厂的经济性；另外循环长度短将导致循环燃耗和组件卸料燃耗深度下降，使电厂的容量因子减小，经济性下降。因此，循环长度的选取必须综合考虑以上两方面的因素。同时，由于一年中夏、冬两季是电力需求相对较高的季节，核电厂停堆换料的时间应尽量避开这两个季节。实际上各个循环长度的制定需要考虑的因素还有很多（如避开两台机组同时换料大修等），因此需要对循环长度做一定的运筹分析。CP600 核电厂目前使用的堆芯设计软件是 FRAMATOME 公司的 INCORE 软件包，其中的 CYCLOPE 程序可以利用瞬时循环模型给出 k_{eff}、循环长度、20 个循环的分区燃耗和平衡循环的预期值等。利用此程序可以进行燃料管理的初步研究，优化燃料管理。

(2) 批料数 n 和一批换料量 N

由于反应堆内中子注量率分布的不均匀性，堆芯内各个燃料组件的燃耗深度都不相同。一般而言，堆芯中心区域的组件燃耗较深，而靠近堆芯边缘的组件燃耗较浅。因此，为了提高核燃料的利用率，反应堆内的燃料组件是分批卸出堆芯的。在每次换料时，往往只将燃耗较深的那部分燃料卸出堆芯，而其余燃耗较浅的则继续留在堆内进入下一循环的运行。这种换料方式称为分批换料。

假设反应堆内燃料组件总数为 N_{t}，每次换料更换的燃料组件数为 N，则定义 $n=N_{\mathrm{t}}/N$ 为批料数，称 N 为一批换料量，n 为批料数。在循环长度不变的情况下提高批料数 n 可以加深燃料的平均卸料燃耗深度，但同时也必须提高新燃料的富集度。目前根据 CP600 核电厂混合堆芯及提高换料富集度项目的计算结果，平衡循环换料堆芯每次装入^{235}U富集度为3.70%的新燃料组件36组，全堆芯共有组件121组，因此批料数n介于3到4之间。

(3) 循环燃耗B^c和卸料燃耗B^d

堆内所有燃料组件在经历一个运行循环后所净增的平均燃耗深度称为该循环的循环燃耗，用B^c表示。新燃料组件从入堆芯开始，经历若干循环最后卸出堆芯时所达到的燃耗深度称为卸料燃耗深度，用B^d表示。

CP600核电厂混合堆芯及提高换料富集度项目论证的结果：

- AFA2G：平均批卸料燃耗小于42 GWd/tU，燃料组件最大燃耗小于44 GWd/tU，燃料棒最大燃耗小于52 GWd/tU；
- AFA3G组件的燃耗限值如下：平均批卸料燃耗小于45 GWd/tU，燃料组件最大燃耗小于49 GWd/tU，燃料棒最大燃耗小于57 GWd/tU。

12.1.2 核燃料管理的目标及主要任务

12.1.2.1 核燃料管理的目标

核燃料管理的最基本要求是要满足电厂安全运行的需求。为了确保核电厂安全、可靠地运行，换料设计必须严格遵守核电厂最终安全分析报告第16章运行技术规格书、中华人民共和国核工业行业标准、压水堆核电厂反应堆核设计准则"EJ318-92"和核安全法规HAF 310的规定，以满足所有堆芯运行限值及条件。因此，对于每一个确定的换料方案都要进行相应的安全评价。例如在堆芯燃料管理方案的设计中必须满足热工方面的安全要求：燃料的中心温度要低于熔点(RCCA准则)；燃料元件表面热流密度低于发生DNB的临界热流密度(DNB准则)。在这两个要求中，前者限制了反应堆中最大线功率密度，后者跟具体的释热和传热工况有关。为此，必须要计算和监督堆芯中功率密度的分布和温度场分布，使其能满足热工上的要求。

其次从燃料经济性方面考虑，核燃料管理需要确定反应堆的初始装载方式，优化选择最佳的换料周期和装换料方案、策略以及有关的控制管理程序。在核电厂，燃料的燃耗深度直接关系到燃料的利用率，通常核电厂建成投产后，整个核电厂的系统设计基本固定，即堆芯的尺寸、燃料组件的设计、控制保护系统以及冷却剂系统等方面都已确定，即反应堆的几何曲率基本固定。而不同方案的核燃料管理可以有不同的材料曲率，得到不同的堆芯后备反应性。因此，对核燃料管理进行优化可以获得最佳的燃耗深度，降低燃料成本和改善反应堆的运行性能。装换料方案和策略主要涉及换料时堆芯需要更换的燃料数量，确定新燃料组件^{235}U的富集度，确定新燃料组件和已辐照燃料组件在堆芯内的布置，从而获得换料后的堆内燃料组件富集度的最佳分布。这要求堆芯换料方案选择时必须从安全运行和经济效益两方面综合考虑，堆芯功率分布不均匀系数尽可能小同时又能获得较长循环燃耗的燃料装载方案可作为优选方案。装换料方案还必须与控制棒和毒物补偿(可溶硼及可燃毒物)两种控制调节方案共同确定。总之，核燃料管理及优化是一个复杂多变量的运筹问题。

12.1.2.2 核燃料管理主要任务

概括而言，核燃料管理的主要任务是在满足电力系统的能量需求和在核燃料资源结构的约束内，在电厂设计规范和技术要求的限制下，为核电厂一系列的运行循环做出经济安全的全部决策。其核心问题就是如何在保证电厂安全运行的前提下，使核电厂的单位能量成本降至最低。

具体地说，堆芯燃料管理策略以及换料方案的确定，包括以下决策变量：

- 批料数 n 或一批换料量 N
- 循环长度 T
- 新燃料的富集度 ε
- 循环功率水平 P
- 燃料组件在堆芯的装载方案 A
- 控制毒物在堆芯的布置和控制方案 P'

上述决策变量之间存在着密切的相互影响和相互耦合的关系，在分批换料方案中，一组燃料组件往往要在堆内停留至少三个循环才卸出堆芯，因此上一循环的决策变量势必会影响下一循环的结果，也就是说各循环之间存在强烈的耦合关系。因此，优化上述决策变量必须进行多循环分析。另外，在对 ε、P' 变量进行分析和决策时，必须考虑空间效应进行两维或三维计算。在多循环燃料管理计算的基础上，还要进行单循环燃料管理的优化。单循环燃料管理优化是根据已初步确定的 ε、n、T 等条件来确定燃料组件和毒物在堆内的空间布置，以获得最佳的换料方案。

实际燃料管理过程可以如图 12-1-1 所示。

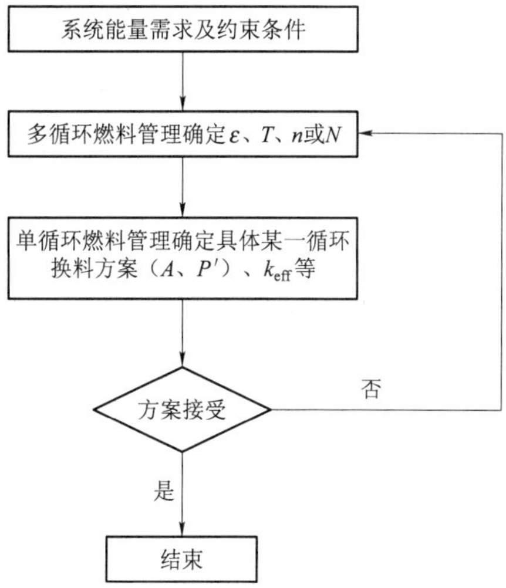

图 12-1-1　燃料管理基本方案基本流程

12.1.2.3　初始堆芯及换料堆芯的核设计

在单循环燃料管理中，一个核心问题是要确定优化的换料方案。在工程上，通常先用计算速度较快同时又能保证一定精度的计算模型和软件对成百上千个换料方案进行初步筛选，得出相对较好的换料方案，然后再应用精确的堆芯物理/热工水力模型对所选方案进行全面的、精确的计算和安全评价。

在换料堆芯的初步设计阶段，主要是针对各种不同换料方案的基本参量进行初步评价，不要求也不可能对每个方案进行全面、精确计算。在最终给出的核设计报告中提供反应堆设计和运行所需的全部技术参数，具体包括（以 CP600 核电厂压水堆为例）：

- 堆芯装载方式，包括卸出哪些旧料、新料以及需要重新入堆的旧料在堆芯的位置、方位角（首循环还包括可燃毒物的装载位置）；
- 反应堆启动物理实验以及运行所需的堆芯参数（如控制棒价值、堆芯首次临界硼浓度等参数）；
- 寿期内燃耗计算结果，包括寿期内燃料成分、反应性或临界可溶硼浓度随时间、燃耗的变化；
- 寿期内不同燃耗不同状态下的堆芯功率分布和功率峰因子；
- 反应性控制和运行图；
- 堆芯动态特性参数（如燃料和慢化剂温度系数，硼微分价值，不同状态下氙毒的计算结果等）和换料设计安全评价的参数（如堆芯功率密度等）。

12.1.2.4 核材料衡算

对于一个持有放射性同位素物质的单位，首先要向国家核材料管制办公室和国家核安全部门提出核材料持有许可证的申请，并提交审批和审评文件，同时必须建立核材料衡算制度、实物盘存制度、原始记录与报告制度。健全核材料衡算测量系统。核材料衡算工作的主要内容，是以做好国内核材料管制和国际核保障工作为出发点的，其核材料衡算工作有：

- 划分核材料平衡区（MBAs）和关键测量点（KMPs）；
- 建立和维护核材料衡算管理的记录与报告系统；
- 通过对核材料的实物盘存，定期确定在每一个平衡区内所存的核材料量；
- 划分两次相邻的实物盘存之间的核材料平衡间隔，以计算盘存周期内的 MUF 值；
- 制定测量控制程序，以确定测量和定标以及原始记录和数据的校正精度；
- MUF（不平衡差）值的调整，以限制不明损失；
- 分析衡算数据，以确定引起 MUF 值不为零的原因和查出记录的不可测量损失中的重大错误。

12.1.3 换料堆芯方案设计

在分批换料时，新的燃料组件应如何布置，已辐照燃料组件又应如何更换，这是换料方案设计应解决的问题。最简单的情况是假设在堆芯中采用均匀的装载方式，即在整个堆芯中采用相同富集度的燃料组件。在这种装料方式下，堆芯中心区域的中子注量率很高，寿期初堆芯的功率峰因子很大，因而限制了反应堆的功率输出。另一方面由于堆芯中心区功率密度大，该区域的燃料消耗也很快；而堆芯边缘区域则刚好相反。这样，在换料时卸出的核燃料中，许多燃料元件的燃耗深度很浅，反应堆的平均卸料燃料深度也很浅，这也是均匀装载的一大缺点。基于这些原因，目前动力堆一般都不采用这种方式进行装料和换料。

为了克服均匀装料的缺点，通常采用非均匀的分区装料方式，在这种装料方式下，把堆芯按照径向分成若干区域，然后在不同区域装载富集度和燃耗深度各不同的燃料组件。例如，CP600 核电厂 1 号机组首循环堆芯装料，从中心到边缘分为三区，三区燃料^{235}U 的富集度分别为 1.90%、2.60%和 3.10%。非均匀装料方式中，换料堆芯的新料和旧料在堆芯中的布置可以有多种方案选择：

（1）内-外装载方案（in-out）

在这种换料方案中，把堆芯自内向外分为三个区域，把新燃料组件装在堆芯的中心区域，把辐照过一个循环的燃料组件布置在第二区域内，而在最外区域布置辐照两个循环的燃料组件。换料时，把最外区域的燃料组件卸出，然后把中间两区的燃料组件依次分别移至第二区域和最外区域，并在中心区域装入新燃料组件，此换料方式通常称为 in-out。这样的装料方式可以使燃料的燃耗比较均匀，相对于均匀装载可以取得较高的平均卸料燃耗深度。同时由于富集度高的燃料组件放在中心区域，使得反应堆的中子泄漏损失较小，反应堆的寿期比较长。它的最大缺点是：寿期初堆芯中心区域的中子注量率很高，堆芯的功率不均匀系数很大，限制了反应堆的功率输出。而且在大型堆芯中，在燃料富集度不同区域的交界处，中子注量率的分布有显著突变，引起较大的局部功率峰因子。因此，在动力堆的实际运行中一般不采用这种换料方式。

(2) 外-内装载方案(out-in)

Out-in 装料方式刚好与上述装料方式相反，即新燃料组件装在堆芯的边缘区域，把辐照一个循环的燃料组件布置在第二区域内，而在中心区域布置辐照两个循环的燃料组件。换料时，把中心区域的燃料组件卸出，然后把边缘区域的燃料组件按批依次分别移至第二区域和中心区域，在最外围区域装入新燃料组件，此种换料方式称为 out-in。这种换料方案由于新燃料组件是排在堆芯边缘而中心区域则是辐照过两个循环燃耗比较深的燃料组件，因而达到了展平堆芯中子注量率的作用，使得功率峰因子下降。它的缺点是中子泄漏损失较大，使堆芯循环寿期有所减少。

(3) 低泄漏装载方案(LLLP)

对于压水堆核电厂来说，低泄漏装载方案(LLLP)是堆芯燃料管理的一种新概念。这种换料方案改善了铀的利用，也增加了换料的灵活性。低泄漏装载方案是将新燃料组件的多数布置在离开堆芯边缘，并靠近中心区域的位置上，而把辐照两个循环以上燃耗深度较大的燃料组件安置在堆芯的最外区域，把辐照一个循环和/或两个循环的燃料组件连同新燃料组件一起分散交替(不完全棋盘格式)地布置在堆芯的中间区域。这种装载方式的优点在于：堆芯边缘的中子注量率较低，减少了中子泄漏，提高了中子利用的经济性和堆芯的反应性，延长了堆芯循环寿期；另外，由于快中子泄漏率降低，减少了反应堆压力容器的中子注量率，降低了对压力容器的热冲击和辐照损伤，从而延长了压力容器和反应堆的使用寿命。

但是低泄漏装载也带来新的问题。由于新燃料组件装在堆芯内部，使功率峰因子比外-内装载方案更高。为了得到可接受的功率分布，除了恰当地选择组件进行合理布置外，一般要采用加可燃毒物的方法(可燃毒物棒硼-10 或者含钆燃料组件)来抑制功率峰因子，以达到允许的数值。但是可燃毒物棒的使用也带来了另一个副作用，即在循环寿期末毒物(如硼-10)有可能未能全部烧完，残留一小部分，这就减少了反应堆的剩余反应性，缩短了堆芯的寿期，带来所谓的残硼反应性惩罚。另一方面在低泄漏装载方式中，由于采用了大量的可燃毒物，而可燃毒物随着燃耗深度增加将不断消失，因此功率峰值可能随燃耗的增加而增大(而在传统的外-内装载方式，新燃料组件装在堆芯最外区域，除第一循环外，一般不采用可燃毒物棒，因而其功率峰值将随着燃耗的增加趋于减少。所以在设计时，只要保证循环寿期初满足功率峰值的限制条件就可以了)。所以在低泄漏装载方案中应检验整个循环寿期内功率峰因子的变化是否满足安全约束条件。低泄漏装载方案的堆芯装换料方案设计要比通常的装换料方案设计复杂得多。除了要确定各种燃料组件在堆芯的布置外，还需要解决含可燃毒物的合理布置的问题。因此，低泄漏装载方案对燃料组件的布置设计要求比较严格，需要通过大量计算和优化后确定。一般长燃料循环(18 个月换料)必须采用低泄漏的装载方案才能实现。

(4) CP600 核电厂堆芯换料方案

CP600 核电厂目前采用的是部分外-内装料方案。堆芯最外层区域是采用相同富集度的新燃料组件；而原来在最外层和内层区域未被换掉的已辐照过的燃料组件，将分散交替(不完全棋盘格式)地装到堆芯内层区域。图 12-1-2 是 CP600 核电厂 1 号机组首循环堆芯装载图。堆芯由 121 组燃料组件组成，为了展平堆芯功率分布和实现分区换料，第一循环堆芯燃料按 ^{235}U 不同的富集度分三区装载。富集度分别为 3.10%、2.60%和 1.90%的燃料组件数分别为 40、40 和 41。低富集度燃料组件放在堆芯中部，这样降低了局部功率峰因子。1 号机组第二、三循环堆芯都采用 out-in 方式换料，第四循环堆芯采用改进的 out-in 方式，下面详述第四循环堆芯换料(见图 12-1-3)。

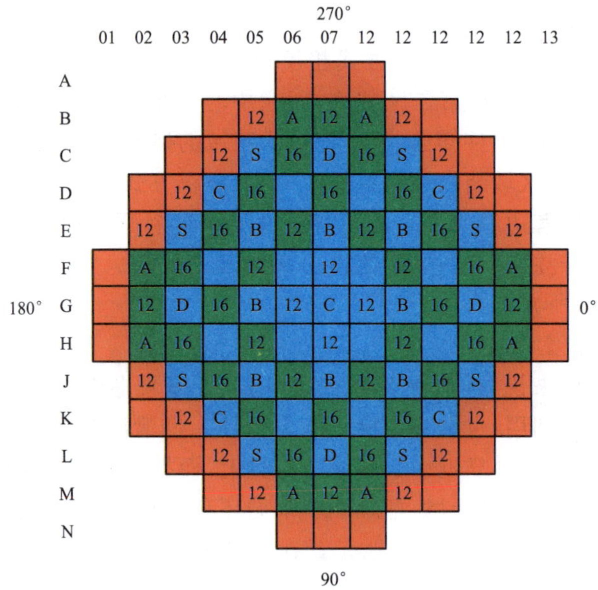

图 12-1-2 首循环堆芯装载图

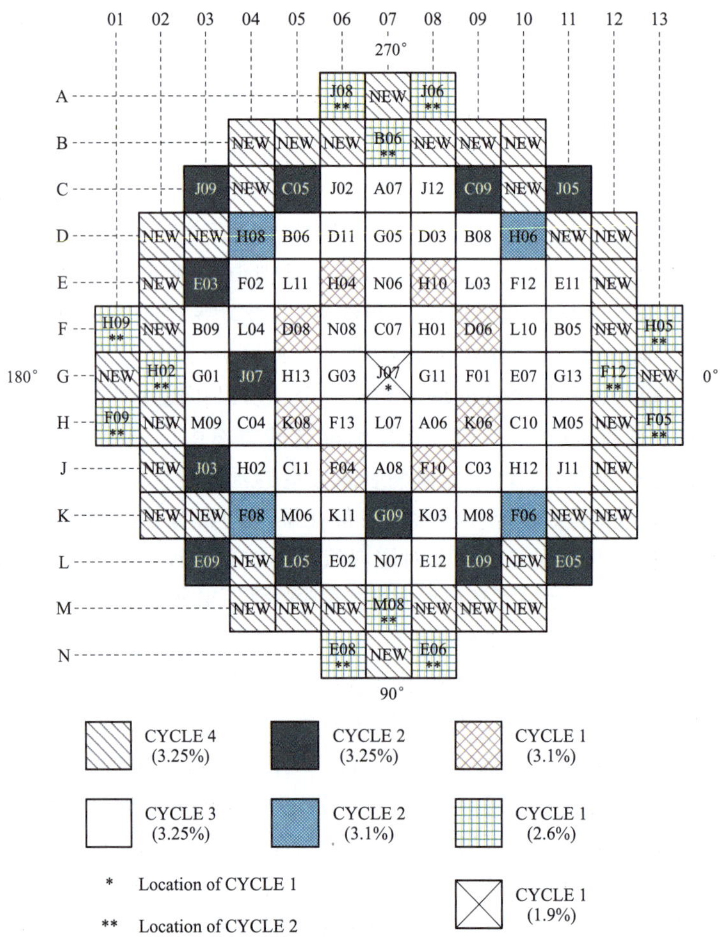

图 12-1-3 1 号机组第 4 循环堆芯布置图

① 卸出第三循环堆芯的燃料组件有：

17 组富集度为 1.90%的 AFA2G 燃料组件(1 区)；32 组富集度为 3.10%的 AFA2G 燃料组件(3 区)。

② 装入第四循环堆芯的燃料组件有：

- 36 组富集度为 3.25%的 AFA2G 新燃料组件(6 区)；
- 第一循环卸出辐照一个循环的 1 组富集度为 1.90%的(1 区)AFA2G 燃料组件；
- 第二循环卸出辐照两个循环的 12 组富集度为 2.60%的(2 区)AFA2G 燃料组件；
- 第三循环停堆后仍留在第四循环堆芯的 72 组 AFA2G 燃料组件：

—8 组辐照三个循环富集度为 3.10%的 3 区燃料组件；

—4 组辐照两个循环富集度为 3.10%的 4a 区燃料组件；

—20 组辐照两个循环富集度为 3.25%的 4b 区燃料组件；

—40 组辐照一个循环富集度为 3.25%的 5 区燃料组件。

③ 堆芯换料基本上采用“外-内”方式，但有 12 组辐照过的燃料组件放在堆芯外围。

在第四循环堆芯装载中，堆芯外围布置了 12 组从第二循环末卸出的辐照过两个循环的 2.60%富集度的旧组件，大大降低了外围的功率峰因子，在这 12 组旧组件附近的中子注量率很低，只有堆芯平均中子注量率水平的 60%～70%。第四循环的燃料循环长度为 10 745 MWd/tU(309.7EFPD)。

目前，CP600 核电厂的燃料管理计算主要使用 INCORE 程序包中如下三个程序：

- CELTE 用于温度计算；
- ARMEL 用于确定与燃耗相关的多群常数；
- NARVAL 用于径向功率分布的二维计算。

CELTE 用于计算燃料芯块稳态径向功率和温场分布，以及 ^{238}U、^{240}Pu 的有效共振温度。该程序计算得到的有效温度用于 ARMEL 栅元计算中共振吸收的修正。

ARMEL 是栅元能谱-燃耗计算程序，由 TEMPEST、MUFT 和 CINDER 三个程序耦合而成。该程序计算各种类型栅元的中子能谱，用计算求得的能谱加权处理多群截面，生成少群截面。该程序在各燃耗步计算核密度随时间的变化，程序中所用的微观截面基本上是从 ENDF/B 库中得到的，为了更好地符合 CP600 核电厂临界试验和测量结果，做了适当的调整。ARMEL 还可以求解各种核的反应链，用于计算裂变产物的核密度和截面。

NARVAL 是二维二群稳态扩散燃耗程序，程序具备倒换料功能。此外，该程序能自动进行临界硼浓度搜索，利用程序的反馈功能计算慢化剂温度系数、Doppler 系数或功率系数，以及堆芯径向或轴向的稳定性。

(5) 换料策略研究

换料策略研究工作包括：新型燃料组件的设计及兼容性分析；概念设计；过渡堆芯、混合堆芯及平衡堆芯的热工水力设计、核设计、事故分析、安全评价及安全分析；技术规范的修改；燃料循环的经济分析；换料大修、废物处理等经济分析及机组可利用率的分析。

随着新换料策略的提出及高性能燃料组件的出现，采用先进的换料策略及高性能的新型燃料组件是换料堆芯设计的必然趋势。这样换料堆芯可以和初始堆芯有较大的差异，这就给换料堆芯设计管理带来很大的发挥余地。初始堆芯通常分为三区(即三种富集度)装料，传统的换料策略为每次换出 1/3 或 1/4 燃料组件，由外向内倒料。循环周期一般为 12

个月左右。新的换料策略主要有这几种类型：

- 少批量的换料(每次换料 1/4 或 1/5)；
- 长循环换料(循环寿期达 18 个月或 24 个月)；
- 低泄漏换料及以上换料策略的某种组合或过渡类型。

核电厂应根据机组的设计参数及安全裕量，可选用的燃料组件设计参数，电网对核电厂的需求情况及核电厂自身的技术目标等条件进行换料策略研究，以适应市场的需要和发展。CP600 核电厂混合堆芯论证就属于变更换料策略的研究。

综上所述，换料堆芯设计工作包括：换料设计通知、换料堆芯装载图的搜索及换料计划、燃料管理计划、核设计、热工水力设计、安全评价、启动物理试验报告和运行数据包。换料设计通知应包括第 N 循环的能量需求、第 N 循环可使用的燃料组件数及富集度、N-1 循环的预计停堆燃耗深度及燃耗窗口、$N+1$ 和 $N+2$ 循环的能量需求。燃耗窗口是 N-1 循环预计停堆燃耗的允许误差(通常可取±500 MWd/tU)，它为 N-1 循环的停堆日期留下一定的机动性。燃耗窗口不能取得太大，否则会给第 N 循环的堆芯设计带来困难且有可能造成燃料的浪费(弃料)。

另外，堆芯燃料管理的多变性也常常给燃料管理工作带来很多麻烦。一些预测不到的因素(如非计划停堆等)常常需要改变换料计划，从而需要对堆芯燃料管理进行再分析和调整。例如，如果在反应堆运行过程中或在 N-1 循环卸料后，突然发现某些燃料元件包壳破裂或发现原来预备在第 N 循环使用的燃料组件破损，并且不能入堆再使用时，就需要改变原来的换料计划，进行紧急换料设计、堆芯装载图的搜索及安全评价。紧急换料设计一般要求在 1～2 周内完成。

一般来说，核电厂所采用的换料燃料组件的设计应当与初始堆芯的燃料组件相同。但由于燃料组件的设计在不断地改进，经常有性能更高的新型组件推向市场。当采用新型燃料组件时，必须注意与原有燃料组件的兼容性，并要非常小心地设计过渡堆芯(使用两种或多种不同型号燃料组件的堆芯)。采购新燃料组件时应当使每个机组有一定数量的备用新组件，以便在换料时万一发现组件损坏情况下使用。换料堆芯一般是按 1/4 对称设计的，故备用组件数应当是 4 的整数倍。

堆芯燃料管理的最佳分析是一件复杂工作，它不仅要考虑到堆芯的几何形状、控制管理方案以及堆芯中核性能和热工-水力性能之间的配合等因素，而且还要受到外界条件的限制。

12.2 堆芯监督管理

12.2.1 堆芯监督管理的目标和主要任务

堆芯监督管理的目的是保证安全使用反应堆中的核燃料，保证满足核燃料设计和电厂设计所规定的限制。由于燃料的有效使用要求具有很高的性能水平，同时又要求各种参数保持在已证明的安全范围内，所以对堆芯监督管理的要求是很严格的。

堆芯监督管理的主要工作：

- 收集和更新基准资料，包括设计资料、试验结果和各种规定的监测数据等；

- 制定堆芯监督管理大纲、试验大纲、换料大纲、破损燃料的监测大纲，并付诸实施；
- 预计所有堆芯状态，必要时验证这些预计；
- 监测各项参数，确保其满足运行限值和安全系统的定值。

对于核电厂的物理人员来说，堆芯监督管理工作主要包括启动物理试验、定期物理试验和堆芯跟踪管理。其中，启动物理实验和定期物理实验在第 9 章中已经讲过，本章不再介绍。

12.2.2　堆芯跟踪管理(监测)

堆芯跟踪管理工作包括堆内中子注量率（功率）分布测量及测量数据的处理；在整个循环寿期内对功率分布（包括功率峰因子、组件平均功率、轴向功率偏差及功率象限倾斜）、硼浓度、控制棒棒位、放化分析、燃耗分布进行监测与分析；定期向燃料组件供货商和换料堆芯设计服务商提供跟踪记录。

在反应堆启动、功率运行、停堆、试验和装换料过程中，由于多种原因，轴向功率分布会快速变化。这种变化可以通过移动控制棒和调整某些运行参数（如功率水平、冷却剂平均温度）来加以控制。但是径向功率分布只会随着燃料的燃耗非常缓慢地变化，而且是不可以控制的。在堆芯跟踪过程中，应重点监测径向功率分布（通常以 F_{xy}、$F_{\Delta H}$ 以及功率象限倾斜为表征）。如果在监测过程中发现异常，必须非常仔细地加以分析，并按技术规格书的要求进行处理。因此，在堆芯运行管理过程中必须对堆芯运行参数连续的或以适当的频率间断地进行有效监测管理，以确定堆芯状态是否符合运行限值和条件。需监测的主要参数如下：

- 堆芯输出的热功率；
- 堆芯中子注量率分布；
- 堆芯中子注量率的变化率；
- 控制棒和各区中子吸收体的位置和布置方式、硼浓度；
- 冷却剂压力、流量、平均温度、冷段温度及热段温度；
- 堆芯出口温度、功率象限倾斜(QPTR)；
- 反应堆冷却剂的放化参数。

另外，应监测所有安全系统的安全性、可靠性，并确认其处于准备状态，待执行其功能的状态。当监测的参数与限值不一致时，应采取适当行动使反应堆处于安全状态。

12.2.3　电厂燃料管理与堆芯监督规程及报告

堆芯燃料管理规程可以分成四个层次，即政策（大纲）、管理规程、执行规程和技术规程。图 12-2-1 给出 CP600 核电厂堆芯燃料管理规程的结构图。

在核电厂运行期间，必须采用综合记录制度进行基准资料的收集和扩充。对堆芯监测的各项工作（包括计算数据）都要以报告的形式进行总结、分析并收集形成报告。并作为堆芯监督管理的历史数据进行存档。这样可以从实践经验中得到有关安全运行方面的经验，从而提高核电厂安全运行管理的水平，同时，也为发展中国核电事业积累经验而做出贡献。

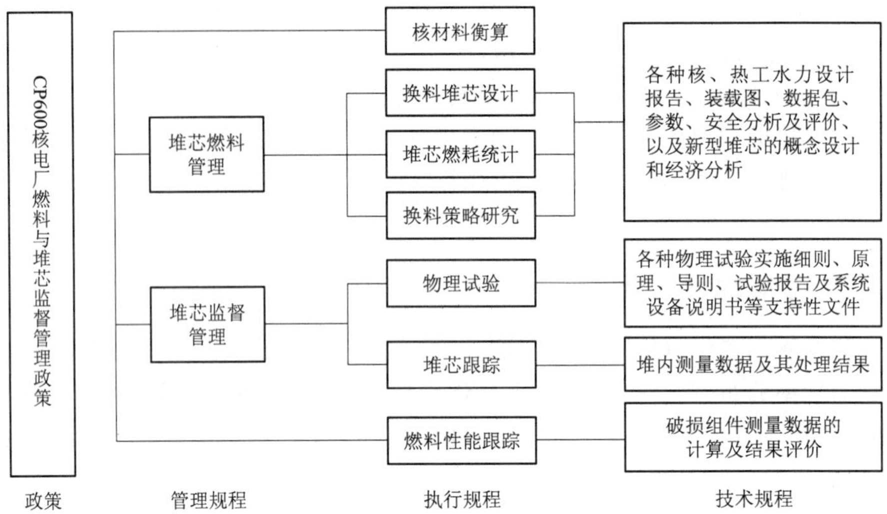

图 12-2-1　燃料与堆芯管理

12.3　燃料性能跟踪

燃料性能跟踪包括燃料组件辐照性能跟踪、燃料组件破损监测以及破损燃料组件的处置。

辐照性能跟踪工作包括记录燃料组件功率史及燃耗史;卸料时观测燃料组件变形情况、测量变形尺寸(必要时);水下电视外观检查等。

燃料组件破损监测包括测量冷却剂中裂变产物的活度,根据技术规格书限值判断有无燃料组件破损,以及在出现破损时判断破损组件能否继续运行或运行时附加限制条件;利用计算机软件分析检测得到的活度,判断燃料组件破损的数量等;卸料时用漏损检测设备检查破损组件并对破损情况作出定性和/或定量分析;定期向燃料组件供货商和/或换料堆芯设计服务商提交活度测量记录。

破损燃料组件的处置要根据核电厂的燃料管理政策及技术规格书的要求来确定处置方案。对于破损燃料组件可以采用三种处置政策:① 不再入堆使用;② 经过修补后继续使用;③ 根据漏损检测的定量结果,按技术规格书的要求判定是否可以继续使用或报废。对于不再入堆使用的破损燃料组件的处置办法与乏燃料处置办法相同。对于未达到燃料组件供货商保证的燃料深度而又决定不再入堆使用的破损燃料组件,核电厂可以根据合同向燃料组件供货商提出索赔要求。

12.4　运行梯形图的原理

梯形图是表示轴向功率偏差的允许值与相对堆功率关系的控制图,是控制反应堆运行的主要依据之一。运行梯形图的主要作用是监督反应堆的运行状况,同时也可以用它对反应堆轴向燃耗进行调整和管理。

12.4.1　梯形图包络线的定义和物理意义

Mode A 控制模式的梯形图由 AB、BC、CD、DE 和 EA 线段围成(如图 12-4-1 所示)。

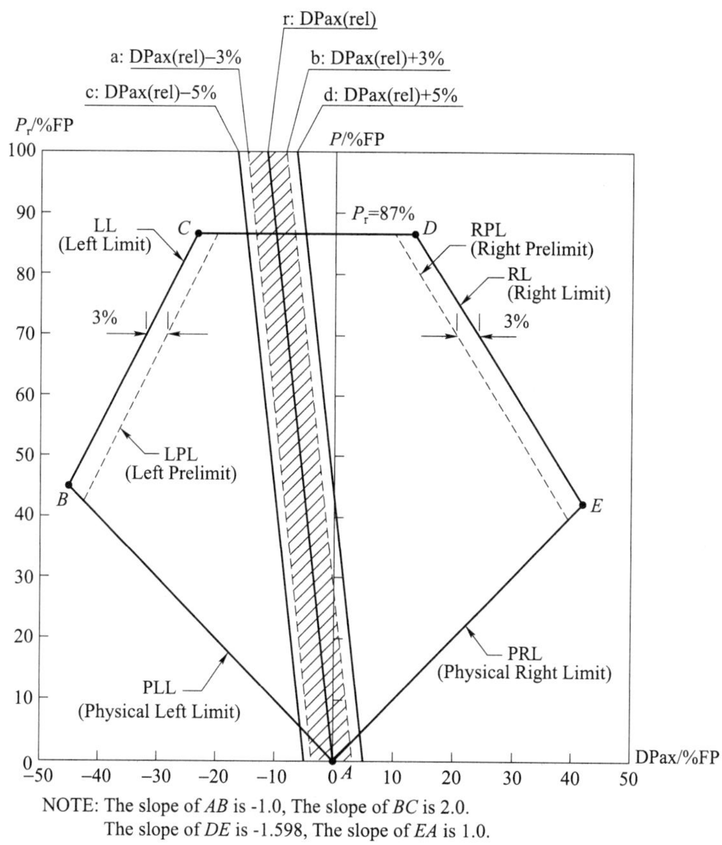

图 12-4-1　CP600 核电厂运行梯形图

• AB 线:左物理线,该线以下的区域为不可能区。该线上各点代表全部堆功率均由堆芯下部产生;

• EA 线:右物理线,该线以下的区域为不可能区。该线上各点代表全部堆功率均由堆芯上部产生;

• BC 线:它主要是由Ⅰ类工况下各种可能瞬态的 F_q—AO 蝇迹图(如图 12-4-2 所示)换算而成的。

F_q—AO 蝇迹图是由模拟试验并通过大量瞬态计算得到的。模拟的Ⅰ类工况运行瞬态的条件是:

80%寿期内采用负荷跟踪模式运行叠加遥讯调频(±5%)的 12-3-6-3 负荷跟踪模式;

80%寿期后采用基本负荷运行模式,并叠加遥讯调频(±5%)。

在这两个条件下,根据各种可能的棒位、硼浓度、燃耗、负荷变化等给出大量的运行状态点,每一点均可在 F_q—AO 蝇迹图上得到一个斑点。作这些斑点的包络线,使在包络线上的 F_q 总比在同一 AO 下的模拟试验得到的 F_q 大。

根据 $P_r = k/F_q$（对于二期 $k=2.35$）和 $\Delta I = \mathrm{AO} \times P_r$ 可以求出 F_q—AO 蝇迹图上直线 ab 在梯形图上的映象直线 AB。

当运行点超过左限制线时，会触发 C21 信号，使汽轮机以 200%P_n/分的速率快速降负荷，由于反应堆功率自动跟踪二回路功率，所以也将以相应的速率降功率。

- CD 线：功率限制线，对该线以上的高功率运行状态要求更严格；
- DE 线：右限制线。它主要是由考虑了 DNB 准则和失流、正常给水丧失等Ⅱ类工况的 F_q—AO 蝇迹图换算而成的。

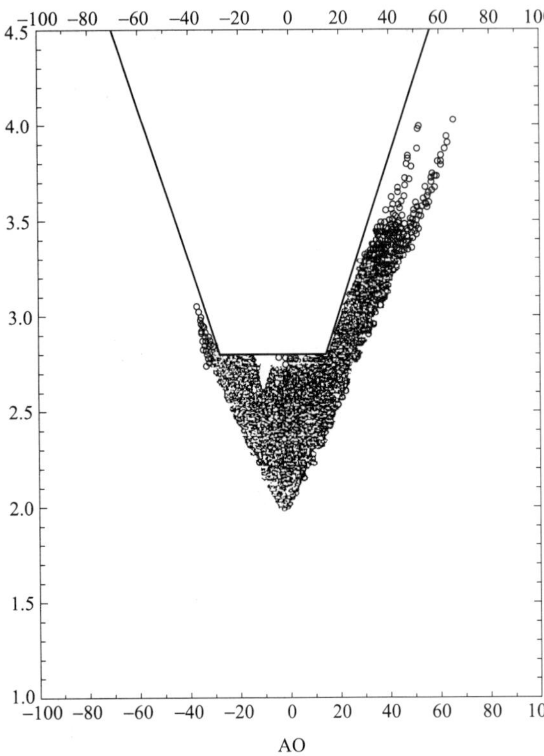

图 12-4-2 CP600 核电厂设计 F_q—AO 瞬态蝇迹图

12.4.2 AO 与 ΔI 的参考值区域

堆芯内每一点的线性功率密度值表征堆内的功率分布。对于给定的燃料棒，其线性功率密度是沿棒长度方向变化的，即轴向功率分布。而对于一个固定的轴向高度 z，线性功率密度沿着直径方向的变化称为径向功率分布。堆内的功率分布就是由轴向功率分布和径向功率分布两部分组成。

在反应堆运行过程中，为了避免堆内局部区域出现热点，要求反应堆堆芯功率分布应尽可能地均匀或平坦。为了获得径向功率分布的均匀性，采用燃料组件不同富集度的分区装载、相同富集度不同燃耗组件的分区布置、同一区域相同燃耗组件的合理对称布置，以及可燃毒物棒和控制棒的径向对称布置等措施。换句话说，径向功率分布的均匀性已在换料设计中得到保证。

所以对运行中的堆芯功率分布监督主要是集中在监督堆芯轴向功率分布上。而影响堆芯轴向功率分布的因素有：慢化剂温度效应、多普勒效应、氙毒效应、可燃毒物效应和控制棒的移动等。上述影响贯穿于整个堆芯寿期。

在反应堆正常运行期间内，AO 和 ΔI 在大部分时间里是不等于零的。这意味着堆芯的上、下部功率不对称，特别是在负荷跟踪运行时 AO 和 ΔI 有较大的变动。在负荷跟踪降功率运行时，控制棒组跟随负荷的变化而插入堆芯，堆芯功率分布向下移动，在负荷跟踪提升功率运行时，控制棒组提出堆芯，堆芯功率分布向上移动。控制棒的移动除了导致轴向功率分布的变化外，还同时可能导致产生氙振荡，这会使得轴向功率分布变得越来越畸形，最终导致热点的变化。为了避免热点产生，也为了降低氙振荡的概率，在反应堆运行过程中，必须将 AO 和 ΔI 控制在一定的范围内，如图 12-4-3 所示。

CP600 核电厂是采用常轴向功率偏移控制法（Constant Axial Offset Control）控制方式设计堆芯的核电厂。常轴向功率偏移控制法是指在任何功率水平下保持同样的轴向功率分布形状，也就是以一个恒定的 AO 值作为目标来控制反应堆的运行。这个恒定的目标值 AO_{ref} 又称为轴向功率偏移参考值，其物理意义是：在额定功率稳定运行下，氙平衡及控制棒全部提出（或温度调节棒处于其运行带中间）状态下，堆芯自然存在的相对功率偏差。即：

$$AO_{ref} = \frac{P_T - P_B}{P_N} \times 100\% \tag{12-4-1}$$

对于一个新堆首循环，随着燃耗的加深，AO_{ref} 将很明显的由负向正变化。轴向功率偏差参考值 ΔI_{ref} 与 AO_{ref} 的关系式如下：

$$\Delta I_{ref} = AO_{ref} \times P_r \tag{12-4-2}$$

当 $P_r = 0\%$FP 时，$\Delta I_{ref} = 0$；

当 $P_r = 100\%$FP 时，$\Delta I_{ref} = AO_{ref}$。

即，当 AO_{ref} 恒定运行时，ΔI 的目标值 ΔI_{ref} 由运行功率 P 所决定。

$P_r - AO$、$P_r - \Delta I$ 关系如图 12-4-4 所示。由图可见，AO 和相对功率水平无关。

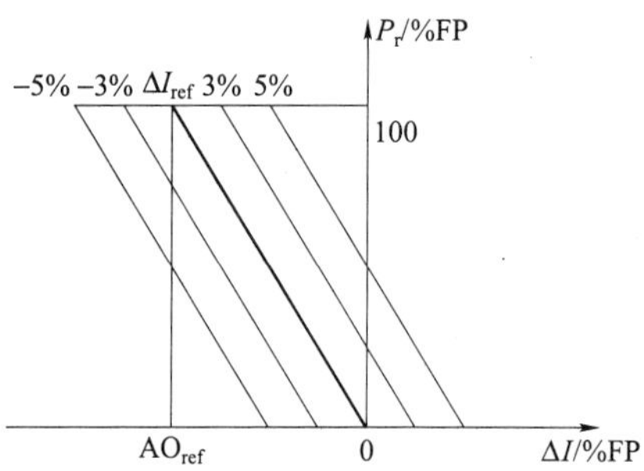

图 12-4-3　ΔI 运行范围控制

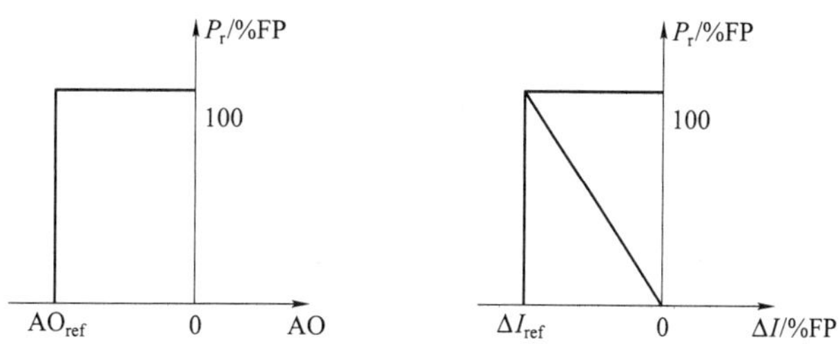

图 12-4-4　$P_r - AO$、$P_r - \Delta I$ 关系图

12.4.3　功率分布限制

通过对轴向功率分布研究表明，为了保证堆芯运行的安全，AO 的变化必须限制在一定的范围内，为此必须遵守如下三个准则：

- 堆芯不熔化准则；
- 偏离泡核沸腾（DNB）准则；
- 失水事故（LOCA）准则。

其中以 LOCA 准则制约性最强。

（1）堆芯不熔化准则

燃料芯块温度不能超过二氧化铀的熔化温度。对于未辐照的二氧化铀的熔点为 2 800 ℃，对应的线功率密度为 750 W/cm。由于辐照的影响，每加深燃耗 10 000 MWd/tU，二氧化铀的熔点下降 32 ℃。因此，为了防止二氧化铀的熔化，作为超功率保护的依据，CP600 核电厂工程施工设计报告中选定燃料芯块中心温度不得超过 2 590 ℃，对应的线功率密度为 590 W/cm（工况 II），对应的包壳温度限值为 1 240 ℃。考虑到不确定性的裕度，燃料棒中心温度及相应的最大线性功率密度限值为：

芯块中心最高温度为 1 937 ℃，最大线功率密度为：378.1 W/cm。

该准则用于限制热点处的线功率密度，并且用来确定超功率 ΔT 保护通道的定值。

(2) 偏离泡核沸腾(DNB)准则

偏离泡核沸腾准则是通过烧毁比 DNBR 来表达的。DNBR 定义为某一点的临界热流密度与该点在相同的热工水力条件下实际热流密度之比,如下:

$$\text{DNBR}=\frac{\text{某一点的临界热流密度}}{\text{该点的实际热流密度}}$$

DNB 准则要求堆芯内的任何一点,堆芯的 DNBR 值必须大于 DNBR 设计限值。在 CP600 核电厂混合堆芯论证报告中 DNBR 设计限值如下:

• 全流量工况:AFA2G 燃料组件 DNBR 计算采用 WRB-1 关系式,用确定论方法,其最小 DNBR 限制为 1.23;AFA3G 燃料组件,DNBR 计算采用 FC 关系式,用确定论方法,其最小 DNBR 限制为 1.20。

• 失流事故工况:AFA2G 燃料组件 DNBR 计算采用 WRB-1 关系式,用确定论方法,其最小 DNBR 限制为 1.24;AFA3G 燃料组件,DNBR 计算采用 FC 关系式,用确定论方法,其最小 DNBR 限制为 1.21。

DNBR 准则用于限制与功率分布有关的热管因子,是决定超温 ΔT 保护定值的依据。

(3) 失水事故(LOCA)准则

在发生失水事故的情况下,应该避免出现燃料包壳熔化。设计计算结果表明燃料包壳不能超过的最高温度是 1 204 ℃(ECCS 准则),线功率密度小于 378.1 W/cm。包壳温度达到最高值取决于以下几个方面:

• 燃料中原先积蓄的能量,即事故发生前燃料的线功率密度所确定的能量;

• 一回路上破口的尺寸和位置,破口使得包壳-水之间的传热系数恶化;

• 安全壳的容积,它影响事故发生后达到的平衡压力,从而影响了传热系数。通过各种模拟计算,可以了解对于一个给定的安全壳容积和破口尺寸,燃料包壳温度所能达到的最大变化值。

对应于堆功率为 $P_r=0\sim100\%$FP 时,热点因子 F_q^T 为:

$$F_q^T=\frac{P_{max}}{P_{avg}\times P_r} \tag{12-4-3}$$

前面已经提到过,为了避免热点的产生,必须对 F_q^T 加以限制。由于 LOCA 准则制约性最强,可用 LOCA 准则来限制 F_q^T,取 $P_{max}<378.1$ W/cm(实用阈值),则失水事故准则可由下式表示:

$$F_q^T\cdot P_r<\frac{378.1}{P_{avg}} \tag{12-4-4}$$

对于 CP600 核电厂,额定热功率为 1 930 MW,$P_{avg}=160.89$ W/cm。因此,失水事故准则为:

$$F_q^T\cdot P_r<\frac{378.1}{160.89}=2.35 \tag{12-4-5}$$

所以失水事故(LOCA)准则是用于限制堆芯线功率密度的依据。

综上所述,燃料不熔化准则、偏离泡核沸腾(或 DNB)准则和失水事故有关准则都限制了 AO 的变化,其中以失水事故有关准则制约性最强,成为建立安全运行区域的基本依据。

12.4.4 堆芯熔化预防措施

为了遵守上述准则,在实际运行过程中要求必须通过对某些可测参数的监督,来确定反应堆堆芯始终处于安全准则要求的限制范围内运行。这样就要求在 AO 与 F_q 之间建立一个遵守三准则的关系式。

在 F_q 与 AO 之间确定满足三准则的关系，就是确定了堆芯的安全准则。以 CP600 核电厂 1 号机组第一循环为例，通过对第一循环不同燃耗时刻所有工况 I 瞬态的计算分析，给出了堆芯不同状态下的轴向功率偏移 AO 与热通道因子 F_q 的对应关系，如前面图 12-4-2 所示，图中共包括 33 322 个瞬态点，通过这些瞬态蝇迹点得到的 F_q－AO 包络线可表示如下：

$$F_q=\begin{cases}1.75-3.5\text{AO} & \text{AO}<-27.1\% \\ 2.7 & -27.1\%\leqslant \text{AO}\leqslant 14.6\% \\ 2.19+3.5\text{AO} & \text{AO}>14.6\%\end{cases} \tag{12-4-6}$$

(1) P_r-ΔI 关系式

为了运行控制的需要，应将 F_q－AO 关系转换成 P_r-ΔI 关系式。对于运行功率为 $P_r=0\sim100\%P_n$，引入系数 $K=P_{max}/160.89$。由于：

$$F_q=P_{max}/(160.89\times P_r)$$

得到：$F_q=K/P_r$

又因：$\text{AO}=\Delta I/P_r$

把上面 F_q和 AO 两式代入(12-4-6)式就得到 P-ΔI 关系式：

$$P_r=\begin{cases}K/1.75+0.02\Delta I & \Delta I<-0.154K \\ K/2.7 & -0.154K\leqslant\Delta I\leqslant0.066\,5K \\ K/2.19-0.015\,98\Delta I & \Delta I>0.066\,5K\end{cases} \tag{12-4-7}$$

这是一个梯形曲线，在这个梯形内，所有可预料到的状态的最大线功率密度都具有低于最大线功率密度 P_{max}的性质。

(2) P-ΔI 保护梯形关系式

为了防止燃料芯块的熔化，必须遵守堆芯不熔化准则，$P_{max}<590$ W/cm。把 $K=590/160.89=3.67$ 代入(12-4-7)式，式中 P_r由额定功率的相对值(%)改为额定功率的绝对值(%P_n)表示，则得到满足不熔化准则的 P-ΔI 保护梯形关系式，即其边界用下式表示：

$$P_r=\begin{cases}1.820+2.0\Delta I & \Delta I<-32.0\% \\ 1.18 & -32.0\%\leqslant\Delta I\leqslant16.6\% \\ 1.445-1.598\Delta I & \Delta I>16.6\%\end{cases} \tag{12-4-8}$$

图 12-4-5 给出了超功率保护梯形图。在这个 P-ΔI 保护梯形关系式中考虑了 2%的设计裕量。

(3) P-ΔI 运行梯形关系式

为了在失水事故情况下，确保燃料包壳不熔化，P_{max}实际取值为 378.1 W/cm。因此有

$$K=378.1/160.89=2.35$$

如果进一步考察 F_q－AO 图包络梯形“底”的数值，当考虑出现燃料芯块密实性能恶化时，$F_q=2.76$；当不考虑燃料芯块密实性能恶化时，$F_q=2.69$。从安全上考虑，应取 $F_q=2.69$。把 $K=2.35$ 代入式(12-4-7)就可以得到遵守失水事故准则的所有运行工况都位于式(12-4-9)所决定的 P-ΔI 梯形之内。由上面可导出工况 I 的轴向功率偏差 ΔI 的梯形限制包络线，梯形边界可表示为：

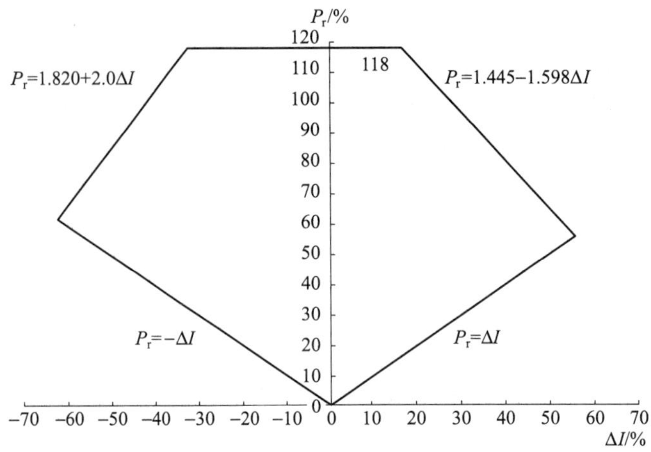

图 12-4-5　功率保护图

$$P_r=\begin{cases}134.2+2.0\Delta I & \Delta I<-23.6\% \\ 87 & -23.6\%\leqslant\Delta I\leqslant12.7\% \\ 107.3-1.598\Delta I & \Delta I>12.7\%\end{cases}\tag{12-4-9}$$

图 12-4-6 给出了工况Ⅰ运行图，其边界是根据式(12-4-9)绘制的，图中还给出了 BOL 轴向功率偏差目标值 ΔI_{ref} 及其运行带 $\Delta I_{ref}\pm5\%$，ΔI_{ref} 是随燃耗变化的。设计计算表明，梯形图内瞬态是偏于安全的。对于主调节棒组的咬量位置与调节棒组的插入限值之间的各种运行瞬态，其 $F_q\cdot P_r$ 均小于 2.35。沿轴向上任一点的最大轴向功率分布 $Q(z)$ 分布如图 12-4-7 所示。

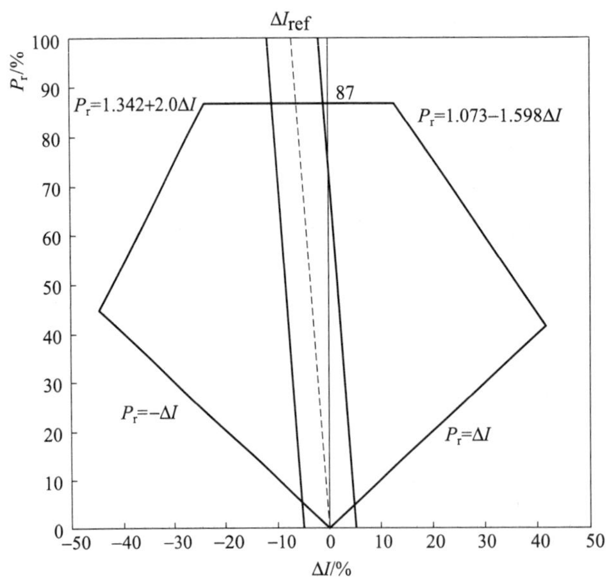

图 12-4-6　运行图和 ΔI 包络线

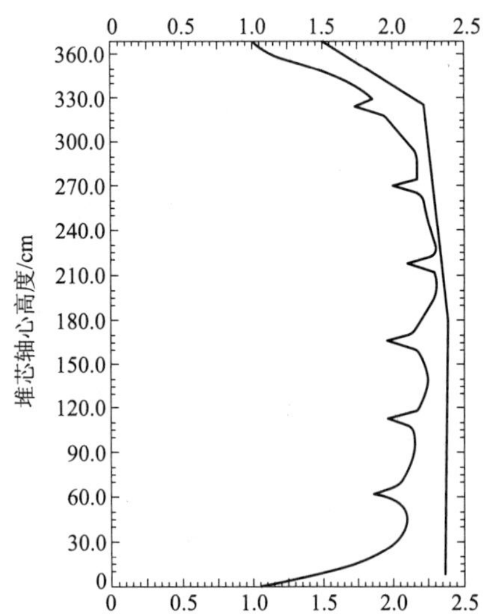

图 12-4-7　F_q 包络线

在工况Ⅰ运行图内，每一个坐标点(P_r，ΔI)都被认为是一个正常运行状态，这许许多多状态点又可认为是工况Ⅱ的起始点，非正常运行工况大都是由正常运行时如控制棒动作失灵，或操作人员误操作等因素引起的。在工况Ⅱ下，必须保证燃料棒的完整性，它是通过限制最大线功率密度 590 W/cm 来实现的。表 12-4-1 给出了用于确定超功率保护图的堆芯径向功率峰因子 F_{xy}。

表 12-4-1　循环 1 确定功率保护图的径向功率峰因子 F_{xy}

堆芯控制棒的插入状态	F_{xy}
ARO	1.376
D	1.537
D、C	1.601
D、C、B	1.838
D、C、B、A	1.728
D、C、A	2.049
A	1.735

这些瞬态蝇迹所确定的一个梯形包络线意味着对于一个给定的 AO，不管反应堆工况 Ⅰ 还是工况 Ⅱ，热点因子 F_q 总是小于或等于包络线所规定的极限值，这是一个最大限值，超过限值堆芯运行状态就会恶化。

(4) 保护梯形图和运行梯形图

根据式(12-4-8)和式(12-4-9)可在 P-ΔI 平面上给出保护梯形图和运行梯形图，如图 12-4-8 所示。图中 $ABCDO$ 梯形为堆芯燃料芯块不熔化的保护梯形。图中 $EFGHO$ 为运行梯形。在正常运行期间，即功率水平在(87%～100%)P_n 之间运行时，允许功率偏差 ΔI 在 $\Delta I_{ref} \pm 5(\% P_n)$范围内。

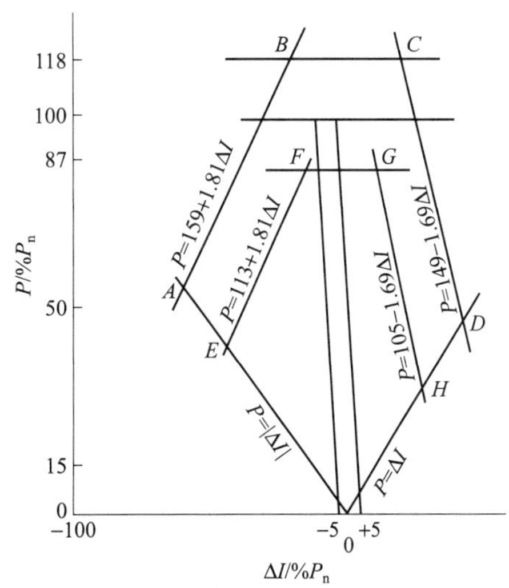

图 12-4-8　保护梯形与运行梯形图

图中 AOD 即 $P \leqslant |\Delta I|$ 区域是物理不可能运行的区域，也就是物理极限区域。因为，根据定义：$P = P_T + P_B$ 和 $\Delta I = P_T - P_B$，假如 $P < \Delta I$，当 $\Delta I > 0$ 时，则 $P_T + P_B < P_T - P_B$，故 $2P_B < 0$。这是不可能的。对于 $\Delta I < 0$ 和 $P < -\Delta I$ 也可以得到同样的结论。

12.4.5　运行梯形图的限值

由前面所讨论可知，运行梯形图的设计始终遵循三准则：

- 堆芯不熔化准则：燃料棒中心最高温度远低于 2 590 ℃的设计限值，而最大线功率密度远低于 590 W/cm 的设计限值。
- DNB 准则：DNBR>1.23(WRB-1 公式)(此处以 CP600 核电厂堆芯施工核设计报告为例，不考虑混合堆芯计算结果)。
- LOCA 事故准则：最大线功率密度为 378.1 W/cm(实用阈值)。

一个实际运行梯形图的制定非常复杂，除了遵循上述准则外，还要考虑运行的经济性，以及反应堆运行寿期中可能出现的各种现象。因此，实际运行梯形图的限值与理论运行梯形图的限值是不完全相同的。

（1）轴向功率分布 LOCA 限值图

LOCA 事故是设计基准事故，是用来定义正常运行极限的。当事故发生时，堆芯重新淹没后要防止燃料包壳熔化，就必须限制堆芯的余热（考虑堆芯重新淹没系统的能力），进而对正常运行瞬态工况时的线性功率密度分布和最大线性功率密度进行限制。同时，在 LOCA 事故情况下，堆芯应急冷却系统和堆芯运行条件必须使得包壳温度低于 1 204 ℃（ECCS 准则），基于这个最大的包壳温度限值，LOCA 事故发生前的正常运行瞬态下的最大线性功率密度也必须要限制在一定的范围内。由设计表明，只要轴向功率分布满足如下关系式，ECCS 准则就能够得到遵守：

$$Q(z)\cdot P_r < Q^L(z) \tag{12-4-10}$$

式中：$Q^L(z)$为轴向功率分布限值（即 LOCA 功率包络线），如图 12-4-7 所示。

（2）功率保护梯形图限值

在 P-ΔI 坐标平面上的任何一个坐标点（P，ΔI）都可以作为Ⅱ类运行工况的起始点，但是只有那些处于满足堆芯熔化准则要求的保护梯形图内的点才能在Ⅱ类运行工况的时候保证燃料棒的完整性。因此，确定保护梯形图的边界是非常重要的。对于不同类型的反应堆，保护梯形图是不相同的，就是同一反应堆在不同的循环中也会因为一些条件的改变而不同。图 12-4-5 是 CP600 核电厂 1 号机组第一循环反应堆的超功率保护梯形图。尽管梯形图各有不同，但其形状及保护功能却是相同的。即确定第一道屏障的完整性。对实际的保护来说，还要考虑以下几个因素的影响：

- 热工仪表测量的 2％误差；
- 信号传送过程中的 2％误差；
- 功率分布测量的 5％误差。

因此，$\Delta I=0$ 时，功率变化紧急停堆设定值为 109％FP。

（3）轴向功率偏差的运行控制

Mode A 运行方式的运行范围如图 12-4-6 所示。它是根据运行梯形图原理建立起来的，是依据运行梯形而确定的实用规则。该规则既考虑了在失水事故情况下的安全性，又考虑了运行的经济性。

- 运行功率 $P>87\%P_n$：

轴向功率偏差必须严格保持在 $\Delta I_{ref}\pm5(\%P_n)$运行带内，否则会导致报警或自动快速降负荷、甚至停堆。

- 运行功率在 $15\%P_n<P<87\%P_n$：

在常轴向偏移控制方式运行下，ΔI 要求维持在 $\Delta I_{ref}\pm5(\%P_n)$运行带范围内。在某些特殊情况下（如启动试验）可能会偏离运行带，但是：

—在 12 h 内，偏离运行带的累积时间禁止超过 1 h（为了避免触发氙振荡）；

—超出运行图的运行会导致报警或引起自动快速降负荷动作甚至停堆。

- 运行功率 $P<15\%P_n$：

由于在低功率下运行没有任何氙峰出现的危险，也没有违反 DNBR 和 LOCA 事故准则的危险，所以不限制轴向功率偏差，运行不受限制。

(4) 运行梯形图限值

一系列的模拟瞬态分析证明，在正常运行过程中只要坐标点$(P,\Delta I)$维持在运行图中，就能保证在Ⅰ和Ⅱ类运行工况下 DNB 准则得到遵守。

而针对 LOCA 事故准则和 ECCS 准则，只要轴向功率分布满足式(12-4-10)堆芯就是安全的。只要遵循技术规格书上的相应规定，上述准则就能得到保证。

ΔI 的正负对事故中关键安全参数的影响(定性分析)：

- 当堆芯在 $\Delta I<0$ 状态上运行时，堆芯下部积聚的裂变产物比上部多，在大破口失水事故发生的情况下，堆芯内冷却剂很快就会排光，整个堆芯处于裸露状态。由于堆芯下部积累了较多的裂变产物，大量的衰变热使得堆芯下部燃料组件的包壳温度增高很快，有可能超出极限温度而导致堆芯熔化。左边界的设置就是为了限制堆芯下部功率，使得堆芯下部功率不能过高，以便减少裂变产物的积累，从而避免失水事故发生时堆芯熔化的危险。该边界与自动降功率信号 C21 相连，当运行点达到这条边界时，反应堆自动降功率。
- 堆芯在 $\Delta I>0$ 状态下运行时，堆芯上部功率要大于下部功率。如果上部功率过大，即 ΔI 正的太多，一旦要求插棒降功率时，ΔI 会向负的方向移动，而氙毒的效应会使 ΔI 更负，从而导致严重的氙振荡；同时堆芯在 $\Delta I>0$ 状态下运行时，堆芯上部将会积累过多的裂变产物，在一回路出现破口(中、小破口)事故时，堆芯上部失水，如果失水时间较长，堆芯的冷却条件恶化，裂变产物积累过多的地方释放出来的热量将会使得包壳温度升高过快，包壳温度有可能达到或超过 ECCS 准则对温度的极限要求。对右边界进行严格限制一方面可以避免产生严重氙振荡，另一方面可以使得堆芯上部功率不能过高，从而避免失水事故发生时堆芯熔化的危险。

12.5　堆芯物理限值

对于不同的反应堆，堆芯物理限值有不同的要求。这里给出 CP600 核电厂施工设计报告中主要的堆芯物理限值。

12.5.1　反应性限值

(1) 反应性限值

绝对不允许反应性大于缓发中子有效份额 β_{eff}。

(2) 反应性的运行限值

在运行中还要考虑反应堆系统材料可接受的热冲击的限制及控制保护系统的反应快慢等综合因素，不能以 β_{eff} 作为反应性的限值，而用一个较小的反应性作为运行限值。CP600 核电厂技术规格书中，对反应性的运行限值的规定是在 1 min 内功率不能增加 10 倍，即倍增周期不得短于 18 s。

(3) 次临界度的限值

根据技术规格书规定，冷停堆的次临界度必须大于 5 000 pcm；热停堆的次临界度必须大于 1 000 pcm；停堆裕度：寿期初>1 000 pcm 和寿期末>2 000 pcm。

12.5.2　升功率速率限制

- 升功率速率不得大于每分钟 5%额定功率。

• 燃料芯块与包壳相互作用形成的应力还提出以下要求：在反应堆换料停堆或有燃料组件装卸操作的停堆之后的重新启动反应堆期间，在15%FP到100%FP的阶段，功率提升速率限制在3%FP/h以下（特殊情况详见技术规格书）。

12.5.3 热工水力限值

（1）线功率密度的限值

未经辐照过的二氧化铀的熔点为2 800 ℃，每加深燃耗10 000 MWd/tU，二氧化铀熔点下降32 ℃。为了防止燃料芯块中心熔化，作为超功率保护的依据，设计中选定计算的燃料棒中心温度不得超过2 590 ℃。为确保不超过这个限值，保守地规定在最大超功率事故（工况Ⅱ）下，堆芯热点处的最大线功率密度必须小于590 W/cm。在额定功率运行时，燃料棒中心最高温度为1 100 ℃左右，相应最大线功率密度为378.1 W/cm。这些值都远在限值以内。

（2）偏离泡核沸腾比DNBR的限值

由WRB-1公式计算得到，DNBR＞1.23。CP600核电厂工程施工设计报告中给出，CP600核电厂工程反应堆堆芯采用Mode A控制模式运行，在Ⅰ类工况下，轴向余弦功率分布下堆芯DNBR最小，为2.16（混合堆芯论证中有所更改）。

（3）“运行梯形”对运行状态的限制

要求反应堆只能在“运行梯形”所界定的范围内运行，它们的边界是根据DNBR＞1.22计算得到的。

复习思考题

一、填空题

1. 反应堆两次停堆换料之间的时间间隔称为一个________。

2. 一个运行循环所经历的运行时间（以等效满功率天EFPD表示）称为该运行循环的________。

3. 目前根据CP600核电厂混合堆芯的计算结果，平衡堆芯每次装入新燃料________组，批料数n介于3到4之间。

二、选择题

1. 为了保证堆芯运行的安全，AO的变化必须限制在一定的范围内，为此必须遵守如下三个准则：（　　）

A. 堆芯不熔化准则　　B. 偏离泡核沸腾（DNB）准则

C. 失水事故（LOCA）准则　　D. 负荷跟踪准则

2. CP600核电厂首循环装料采用了下列哪些富集度的燃料组件：（　　）。

A. 3.1%　　B. 2.6%　　C. 1.9%　　D. 3.7%

3. $\Delta I=0$时，功率变化紧急停堆设定值为109%FP，主要考虑了以下哪些因素：（　　）

A. 热工仪表测量的2%误差
B. 信号传送过程中的2%误差
C. 功率分布测量的5%误差
D. 理论计算误差10%

三、判断题

1. 良好的堆芯燃料管理和无序的燃料管理对电厂运行、安全和经济效益是无影响的。( )

2. 不同的堆芯装载方式对该循环的循环长度是没有影响的。( )

3. 堆芯不熔化准则指的是燃料芯块温度不能超过二氧化铀的熔化温度,由于辐照的影响,每加深燃耗10 000 MWd/tU,二氧化铀的熔点下降32 ℃。( )

4. CP600核电厂目前采用的是低泄漏年换料制。( )

第 13 章 堆芯换料设计基础

13.1 堆芯装载方案的设计、审查和确定

换料堆芯装载方案设计是根据电厂的能量需求而进行的一项燃料组件选择过程和被选燃料组件在堆芯布置方案的分析过程。换料堆芯装载方案的设计不仅要满足电厂的能量需求，还必须要满足电厂最终安全分析报告中的安全规定，因此其直接关系到核电厂的安全性能和经济效益。

13.1.1 能量需求的确定

根据电厂生产规划部门的需求确定换料堆芯的能量需求。

13.1.2 燃料组件的选择

换料堆芯使用燃料组件的原则是：

- 确保入堆燃料组件的完整性，以保证换料堆芯的安全性；
- 为满足电厂能量需求，尽可能的选择后备反应性大的燃料组件；
- 在能满足电厂能量需求的前提下，为提高燃料组件的利用率和展平堆芯功率分布，适当选择后备反应性较小的已辐照燃料组件。

13.1.3 堆芯装载方案的设计

使用相关的堆芯稳态扩散燃耗程序搜索堆芯装载方案，一般至少要求设计院给出三个推荐方案。在堆芯装载方案的设计过程中，需遵循以下几个原则：

- 为防止出现堆芯局部功率较高，造成燃料组件产生过热点而破损，装载方案必须达到较平坦的功率分布，一般用径向功率峰值因子 F_{XY} 来量化；
- 寿期初的慢化剂温度系数（简称 MTC）为非正值；
- 停堆裕量（简称 SDM）满足事故分析的假设要求。

换料堆芯装载方案的设计循环长度应满足电厂本循环的能量需求。为评价前一循环（即第 $n-1$ 循环）换料堆芯停堆燃耗窗口对第 n 循环换料堆芯的影响，需推荐方案的长、短燃料循环窗口的计算结果。同样为评价第 n 次换料堆芯的后续影响，一般还要求至少给出后续的两个循环，即第 $n+1$、$n+2$ 循环的换料堆芯装载方案。

13.1.4 堆芯装载方案的审查和确定

根据电厂本循环的能量需求以及中长期的燃料管理规划（该燃料管理规划中应包含电厂中长期的大修窗口安排），电厂在三个推荐堆芯装载方案中审查并确定其中一个作为最终堆芯装载方案。在审查确定最终装载方案时，一般遵循以下原则：

- 换料堆芯装载方案满足换料堆芯核设计准则；

- 换料堆芯装载方案满足相关燃料循环换料堆芯设计通知书的要求；
- 换料堆芯装载方案所使用的燃料组件是可用的，并在设计过程中遵循了正确的燃料组件倒换设计准则；
- 换料堆芯装载方案应从核安全和经济性两个方面考虑是较好的。

13.2　燃料管理中长期规划

燃料管理中长期规划应是核电厂生产主线的重要组成部分，它与电厂中长期的发电规划、生产成本和经济效益规划紧密联系，其核心问题就是如何在保证电厂安全运行的条件下，使核电厂的单位能量成本最低。

在燃料管理中期规划中一般主要需要考虑解决如下问题：

- 尽可能地避免电厂各机组的大修工期重叠；
- 大修工期尽可能避开春节假期和电网用电高峰期；
- 通过优化燃料管理策略，提高电厂年均负荷因子；
- 通过优化燃料管理策略，提高电厂核燃料利用率。

对于一个 $1/n$ 换料类型的核电厂而言，燃料管理中长期规划年数至少应大于或等于 n。这样才能较准确地估算出电厂的组件平均卸料燃耗、年均燃料成本以及年均负荷因子等指标。由于每次换料堆芯的实际装载情况与电厂燃料管理中长期规划略有偏差，因此电厂中长期的燃料管理规划应随之滚动更新。

复习思考题

简答题

1. 简要说明在堆芯装载方案的设计过程中，需遵循的几项原则。
2. 审查确定最终装载方案时，一般遵循哪些原则？

复习思考题参考答案

第 2 章:

一、填空题

1. 自持链式裂变、核聚变　2. 约 10^{-14} 秒、瞬发中子　3. 氙、钐、毒物

二、选择题

1. ABC　2. ABCDEF　3. ABCD

三、判断题

1. ×　2. ×　3. √　4. √　5. ×　6. √　7. √　8. ×　9. √

第 3 章:

一、选择题

1. A　2. B

二、判断题

1. ×　2. ×　3. √　4. √　5. √　6. √　7. √　8. √

第 4 章:

一、填空题

1. 燃料温度系数、慢化剂温度系数、空泡系数、功率系数、压力系数

2. 温度变化一度引起的反应性的变化、瞬发、慢化剂温度、缓发

3. 减小、减少、减小

4. 左侧、负

二、选择题

1. B　2. ABCD　3. ACD

三、判断题

1. ×　2. √　3. ×

第 5 章:

一、选择题

C

二、填空题

控制棒、化学补偿、可燃毒物棒控制

三、判断题

1. ×　2. ×　3. √　4. √　5. ×　6. ×　7. √　8. √

第 6 章:

一、选择题

1. B　2. C　3. D　4. A　5. ABC

二、判断题

1. √ 2. √ 3. ×

三、填空题

1. 源量程、中间量程、功率量程
2. 5%、10%、咬量

第7章:

一、填空题

1. 氙毒、钐毒、动态平衡
2. 短、^{135}Xe
3. 氙毒、燃料温度效应、慢化剂温度效应、燃耗、钐毒
4. ^{135}Xe 吸收的热中子数/可裂变材料吸收的热中子数
5. 15～30 小时

二、选择题

1. A 2. C 3. A 4. A

第8章:

一、选择题

1. C 2. A 3. ABCDE 4. B 5. C

二、判断题

1. √ 2. × 3. √ 4. √ 5. √ 6. × 7. √

第9章:

一、填空题

1. $^{252}C_f$(锎-252)、^{124}Sb-Be(锑-铍)、不采用
2. 提高启动的测量准确度和克服测量上的盲区,保证安全
3. B,A、B 一样高
4. $n=\dfrac{S_0}{1-k_{eff}}$
5. 稀释:$Q=V_0\ln\dfrac{C_{B_{初}}}{C_{B_{末}}}$或$Q=168\ln\dfrac{C_{B_{初}}}{C_{B_{末}}}$

   硼化:$Q=V_0\ln\dfrac{C_{B_{REA}}-C_{B_{初}}}{C_{B_{REA}}-C_{B_{末}}}$或$Q=168\ln\dfrac{C_{B_{REA}}-C_{B_{初}}}{C_{B_{REA}}-C_{B_{末}}}$
6. 7 天(每周)、30EFPD、90EFPD
7. 26、18　　8. 5 000
9. 3 倍源量程计数率、1×10^5 cps
10. 30、4、38、循环备用
11. 1%$\Delta\rho$(或 1 000 pcm)
12. 1EFPD=1 930/55.599 5=34.713 MWd/tU
13. 30 倍徙动长度、10^{13} n/cm^2 · s
14. 电流、电压

二、选择题

1. A 2. ABCD 3. ABC 4. ABCD 5. ABCDE 6. ACD

第 10 章:

一、选择题

1. A 2. AAB 3. ABC 4. A 5. AB 6. AB 7. CE 8. CE

二、填空题

1. 汽-液置换传热、微对流传热、汽化潜热传热

2. 密度差、向下、向上 3. 压力、功率、流速、过冷度

4. AB、C、CD 5. 过冷度、压力

三、判断题

1. √ 2. × 3. √ 4. × 5. ×

第 11 章:

一、选择题

1. D 2. D

二、判断题

1. √ 2. × 3. √

第 12 章:

一、填空题

1. 换料周期 2. 循环长度 3. 36

二、选择题

1. ABC 2. ABC 3. ABC

三、判断题

1. × 2. × 3. √ 4. ×

第 13 章:

简答题

1. 简要说明在堆芯装载方案的设计过程中,需遵循的几项原则。

答:

- 为防止出现堆芯局部功率较高,造成燃料组件产生过热点而破损,装载方案必须达到较平坦的功率分布,一般用径向功率峰值因子 F_{XY} 来量化;
- 寿期初的慢化剂温度系数(简称 MTC)为非正值;
- 停堆裕量(简称 SDM)满足事故分析的假设要求。

2. 审查确定最终装载方案时,一般遵循哪些原则?

答:

- 换料堆芯装载方案满足换料堆芯核设计准则;
- 换料堆芯装载方案满足相关燃料循环换料堆芯设计通知书的要求;
- 换料堆芯装载方案所使用的燃料组件是可用的,并在设计过程中遵循了正确的燃料组件倒换设计准则;
- 换料堆芯装载方案应从核安全和经济性两个方面考虑是较好的。